Web

开发人才培养系列丛书

U0254413

HTML+ CSS+DIV

网页设计与布局

第3版 | 微课版

刘小娇 袁雪萍 ⊙ 主编　　**陈艳华 于志刚** ⊙ 副主编

人民邮电出版社

北　京

图书在版编目（CIP）数据

HTML+CSS+DIV 网页设计与布局：微课版 / 刘小娇，袁雪萍主编. -- 3 版. -- 北京：人民邮电出版社，2025. -- （Web 开发人才培养系列丛书）. -- ISBN 978-7-115-66235-4

Ⅰ．TP312；TP393.092.2

中国国家版本馆 CIP 数据核字第 2025Y3M716 号

内 容 提 要

本书围绕 HTML 基础、CSS 技术、DIV 网页布局及 JavaScript 语言进行讲解，主要内容包括认识网站开发，网页文字和图片，超链接，表格，多媒体和列表，表单，认识 CSS，设置文字和文本样式，设置背景、边框、边距和补白，设置表格、列表和滚动条样式，CSS3 特效和动画，控制元素布局，网页布局与设计技巧，JavaScript 快速入门，网页布局综合案例等。本书从第 2 章开始，每个知识点都会对应一个实例讲解，让读者在不断学习理论知识的同时可以通过开发工具实际编写对应的网页。通过这种"边学边练"的方式，读者可以巩固和加深对每个知识点的理解。此外，本书的前 14 章每章都附有习题和上机指导，以供读者在课后练习和上机实验，从而加强对知识点的掌握。

本书结构合理、条理清晰、实用性强，可作为高等院校计算机科学与技术、网络工程等相关专业"网页设计"课程的教材，也可供网页设计与制作人员自学参考。

◆ 主　　编　刘小娇　袁雪萍

　副 主 编　陈艳华　于志刚

　责任编辑　张　斌

　责任印制　陈　犇

◆ 人民邮电出版社出版发行　　北京市丰台区成寿寺路 11 号

　邮编　100164　电子邮件　315@ptpress.com.cn

　网址　https://www.ptpress.com.cn

　涿州市京南印刷厂印刷

◆ 开本：787×1092　1/16

　印张：16.75　　　　　　　　2025 年 2 月第 3 版

　字数：480 千字　　　　　　 2025 年 2 月河北第 1 次印刷

定价：59.80 元

读者服务热线：(010)81055256　印装质量热线：(010)81055316
反盗版热线：(010)81055315

前言

网站是互联网的基本载体，也是信息交流的重要"桥梁"。无论对于企业、政府机构还是普通个人，网站都是传播信息、提供服务和实现互动的主要工具。通过网站，信息可以快速传播，确保准确性和时效性。一个专业、美观的网站能够给用户留下深刻的印象，从而提升企业的品牌形象。通过网站，企业可以向用户展示其专业能力、产品优势和服务特色，增强用户对企业的信任和认可。随着Web 技术的深入发展，对 HTML、CSS、JavaScript 这 3 种网站开发语言的掌握显得越来越重要，而且这些语言在未来会占有更加重要的地位。

本书以 HTML 为基础，紧紧围绕 CSS3 技术、DIV 网页布局及 JavaScript 语言进行了深入讲解，以清晰的思路、精练的实例带领读者快速入门，并逐步掌握网页设计的知识。本书注重将基础理论与实际应用开发相结合，以一个知识点对应一个实例的方式，让读者以"边学边练"的高效学习方式轻松掌握书中的所有知识。另外，本书还侧重网页开发方法的介绍，所选实例都具有较强的概括性和实际应用价值。

本书是作者根据多年从事网络程序设计工作和讲授计算机专业相关课程的实践和教学经验，在已编写的多部讲义和教材的基础上编写而成的。本书内容充实，循序渐进，选材上注重系统性、先进性和实用性；重视实践，精选大量例题，所有例程均已在 Dreamweaver CS6 上调试通过，可直接引用，读者也可按照书中提示自己动手编写程序。

随着网站开发技术的不断更新，我们的第 2 版图书的内容已经无法满足读者的需求，因此第 3 版基于第 2 版的技术细节，在内容和形式上进行了更新，突出了以下几个特点。

（1）配套微课视频讲解，让读者可以直观地看到网页的实际效果。

（2）全书贯彻一个知识点对应一个实例的模式，让读者可以边学边练，高效掌握知识点。

（3）代码添加行号，标注关键语句，老师讲解时可以更详细地指出网页的关键点所在。

（4）内容上去掉过时的知识点，添加了 HTML5 和 CSS3 的新内容，尤其是新增了对 CSS3 中设置动态网页等技术的讲解。

（5）新增了 JavaScript 语言的相关讲解，内容主要包括 JavaScript 语言的基础语法及其对应的网页开发方法和属性使用。

本书分为 4 篇。第一篇（第 1 章）为网站和网页基础知识，让读者认识什么是网站开发；第二篇（第 2～6 章）为 HTML 学习篇，内容包括网页文字和图片、超链接、表格、多媒体和列表、表单；第三篇（第 7～11 章）为 CSS 学习篇，内容包括认识 CSS，设置文字和文本样式，设置背景、边框、边距和补白，设置表格、列表和滚动条样式，CSS3 特效和动画；第四篇（第 12～15 章）为布局学习篇，内容包括控制元素布局、网页布局与设计技巧、JavaScript 快速入门、网页布局综合案例——BABY HOUSING 网上商店。

　　由于编者水平有限，书中难免存在疏漏和欠妥之处，希望广大读者批评指正。

编　者

2024 年 10 月

目 录

第一篇

第 1 章
认识网站开发

1.1 网站开发概述............................ 2
    1.1.1 网页构成元素....................... 2
    1.1.2 网站建设流程....................... 3
    1.1.3 网站开发软件....................... 4
1.2 HTML 简介.............................. 5
    1.2.1 HTML 基本概念...................... 5
    1.2.2 HTML 基本结构...................... 5
1.3 一个简单的 HTML 实例................. 6
    1.3.1 编写 HTML 代码..................... 6
    1.3.2 运行 HTML 文件查看效果......... 6
1.4 HTML 基本标签......................... 7
    1.4.1 文件类型指令标签................. 7

1.4.2 文件类型标签....................... 7
1.4.3 HTML 头标签......................... 7
1.4.4 页面标题标签....................... 8
1.4.5 HTML 主体标签...................... 8
1.5 HTML 页面的元信息.................... 9
    1.5.1 页面的关键字....................... 9
    1.5.2 页面的对外说明................... 9
    1.5.3 网页的作者信息................... 9
    1.5.4 网页的开发语言................... 9
    1.5.5 页面的定时跳转................... 10
1.6 小结.................................... 10
习题 10
上机指导.................................. 10
    实验一.................................. 10
    实验二.................................. 11

第二篇

第 2 章
网页文字和图片

2.1 文字格式.............................. 13
    2.1.1 文字大小........................... 13
    2.1.2 字体............................... 14
    2.1.3 文字颜色........................... 15
    2.1.4 加粗与斜体....................... 16
    2.1.5 插入线与删除线................. 17
    2.1.6 上标与下标....................... 18
2.2 文字排版.............................. 18

2.2.1 文本缩进........................... 18
2.2.2 换行............................... 19
2.2.3 段落............................... 20
2.2.4 预定义格式....................... 20
2.2.5 水平分隔线....................... 21
2.3 在网页中插入图片................... 22
2.4 HTML5 文档结构标签................ 23
2.5 小结.................................... 25
习题 25
上机指导.................................. 25
    实验一.................................. 25
    实验二.................................. 26

< 1 >

第 3 章
超链接

3.1 创建超链接 27
　　3.1.1 超链接标签 27
　　3.1.2 链接地址 28
　　3.1.3 打开链接的方式 29
3.2 锚点 30
　　3.2.1 创建锚点 30
　　3.2.2 链接到本页锚点 31
　　3.2.3 链接到其他网页的锚点 31
3.3 图片的超链接 32
　　3.3.1 将整个图片设置为超链接 32
　　3.3.2 设置图片热点区域 33
3.4 小结 34
习题 34
上机指导 35
　　实验一 35
　　实验二 35
　　实验三 37

第 4 章
表格

4.1 创建表格 38
4.2 表格属性 39
　　4.2.1 表格宽度 39
　　4.2.2 表格高度 40
　　4.2.3 表格背景图片 41
　　4.2.4 单元格间距 42
　　4.2.5 表格内单元格与文字的距离 44
4.3 表格边框 45
　　4.3.1 边框宽度 45
　　4.3.2 边框颜色 46
4.4 设置表格行的对齐方式 47
　　4.4.1 垂直对齐方式 47
　　4.4.2 水平对齐方式 48
4.5 列和行的合并 49
　　4.5.1 列的合并 49
　　4.5.2 行的合并 50
4.6 表格结构 51
　　4.6.1 表头 51
　　4.6.2 主体 52
　　4.6.3 表尾 53
4.7 表格标题 55
4.8 表格嵌套 56
4.9 小结 57
习题 57
上机指导 58
　　实验一 58
　　实验二 59
　　实验三 60

第 5 章
多媒体和列表

5.1 多媒体元素 61
5.2 视频元素 62
　　5.2.1 插入视频元素 62
　　5.2.2 循环播放视频 62
　　5.2.3 自动播放视频 63
　　5.2.4 设置视频封面 64
5.3 音频元素 64
5.4 无序列表 65
　　5.4.1 无序列表结构 65
　　5.4.2 无序列表的列表项目样式 66
5.5 有序列表 67
　　5.5.1 有序列表结构 67
　　5.5.2 有序列表的列表项目样式 68
5.6 嵌套列表 69
5.7 定义列表 70
5.8 目录列表 71
5.9 小结 71
习题 72
上机指导 72
　　实验一 72
　　实验二 72

< 2 >

实验三 73

第6章
表单

6.1 添加表单 74
　6.1.1 链接跳转 74
　6.1.2 链接跳转方式 75
　6.1.3 表单名称 75
6.2 输入标签 76
　6.2.1 文本框 76
　6.2.2 密码框 76
　6.2.3 单选按钮 77

6.2.4 复选框 78
6.2.5 "提交"按钮 79
6.2.6 "重置"按钮 79
6.2.7 图像按钮 80
6.2.8 文件域 80
6.2.9 隐藏域 81
6.3 下拉列表 82
6.4 文本域 83
6.5 小结 84
习题 84
上机指导 84
　实验一 84
　实验二 85
　实验三 86

第三篇

第7章
认识 CSS

7.1 CSS 简介 88
7.2 CSS 的设置方法 88
　7.2.1 内联样式表 88
　7.2.2 内部样式表 89
　7.2.3 外部样式表 90
　7.2.4 引用多个外部样式表 91
　7.2.5 使用@import 引用外部样式表 92
　7.2.6 CSS 注释 92
7.3 选择器 93
　7.3.1 元素选择器 93
　7.3.2 类选择器 94
　7.3.3 ID 选择器 97
　7.3.4 包含选择器 97
　7.3.5 分组选择器 100
　7.3.6 通用选择器 101
　7.3.7 子选择器 103
　7.3.8 相邻选择器 104
　7.3.9 属性选择器 105
7.4 伪类和伪元素 109

7.4.1 伪类 109
7.4.2 伪元素 110
7.5 CSS 优先级 110
7.6 CSS 中的单位 112
　7.6.1 颜色单位 112
　7.6.2 长度单位 113
　7.6.3 时间单位 113
　7.6.4 角度单位 114
　7.6.5 频率单位 114
7.7 小结 114
习题 114
上机指导 114
　实验一 115
　实验二 115
　实验三 116

第8章
设置文字和文本样式

8.1 设置文字样式 117
　8.1.1 设置文字字体 117
　8.1.2 设置文字大小 118

< 3 >

8.1.3 设置粗体 119
8.1.4 设置文字颜色 120
8.1.5 设置斜体 120
8.1.6 综合设置 121
8.2 设置文本样式 122
8.2.1 设置阴影效果 122
8.2.2 设置大小写转换 123
8.2.3 设置文本缩进 124
8.2.4 设置文本的水平对齐方式 125
8.2.5 设置文本的垂直对齐方式 126
8.2.6 设置文本流入方向 127
8.2.7 设置文本修饰 128
8.3 空格与换行 129
8.3.1 空格的处理方式 129
8.3.2 字内换行 131
8.4 设置间距 132
8.4.1 设置行间距 132
8.4.2 设置字间距 134
8.4.3 设置词间距 135
8.5 小结 137
习题 137
上机指导 137
实验一 137
实验二 138
实验三 138

第9章
设置背景、边框、边距和补白

9.1 背景颜色 139
9.2 背景图像 140
9.2.1 设置背景图像 140
9.2.2 设置固定背景图像 141
9.2.3 设置背景图像平铺方式 142
9.2.4 背景图像定位 144
9.3 边框 145
9.3.1 设置边框样式 145
9.3.2 设置不同的边框样式 147
9.3.3 设置边框宽度 148

9.3.4 设置不同的边框宽度 148
9.3.5 设置边框颜色 149
9.3.6 设置不同的边框颜色 150
9.3.7 综合设置边框效果 151
9.4 边距 152
9.4.1 设置上边距 152
9.4.2 设置下边距 153
9.4.3 设置左边距 154
9.4.4 设置右边距 154
9.4.5 综合设置边距 155
9.5 补白 156
9.5.1 设置顶端补白 156
9.5.2 设置底部补白 156
9.5.3 设置左侧补白 157
9.5.4 设置右侧补白 157
9.5.5 综合设置补白 158
9.6 小结 159
习题 159
上机指导 159
实验一 160
实验二 160
实验三 161

第10章
设置表格、列表和滚动条样式

10.1 表格 162
10.1.1 合并表格边框 162
10.1.2 设置表格边框间距 163
10.1.3 设置表格标题位置 164
10.1.4 设置表格布局 165
10.2 列表 166
10.2.1 设置列表符号样式 167
10.2.2 使用图片设置列表符号样式 169
10.2.3 列表符号显示位置 170
10.2.4 综合设置列表样式 171
10.3 滚动条 172
10.3.1 设置滚动条颜色 172
10.3.2 设置滚动条宽度 173

< 4 >

10.4　小结 174
习题 174
上机指导 174
　　实验一 174
　　实验二 175
　　实验三 176

第11章
CSS3 特效和动画

11.1　圆角 177
　　11.1.1　设置边框为圆角 177
　　11.1.2　设置每个圆角 178
11.2　透明度 179

11.3　背景 180
11.4　渐变 181
　　11.4.1　线性渐变 181
　　11.4.2　径向渐变 182
11.5　2D 和 3D 转换 184
　　11.5.1　2D 转换 184
　　11.5.2　3D 转换 185
11.6　过渡 187
11.7　动画 188
11.8　小结 190
习题 191
上机指导 191
　　实验一 191
　　实验二 191

第四篇

第12章
控制元素布局

12.1　块级元素和内联元素 194
　　12.1.1　块级元素和内联元素的概念 194
　　12.1.2　div 元素和 span 元素 194
12.2　定位 196
　　12.2.1　定位方式 196
　　12.2.2　偏移 196
　　12.2.3　综合应用 197
　　12.2.4　定位元素的层叠顺序 199
12.3　浮动 200
　　12.3.1　浮动的概念 200
　　12.3.2　设置浮动 201
　　12.3.3　清除浮动 201
12.4　溢出与剪切 202
　　12.4.1　设置溢出效果 202
　　12.4.2　设置水平方向内容超出范围的
　　　　　　处理方式 204
　　12.4.3　设置垂直方向内容超出范围的
　　　　　　处理方式 204

　　12.4.4　内容的剪切 205
12.5　对象的显示与隐藏 206
12.6　小结 207
习题 207
上机指导 208
　　实验一 208
　　实验二 208
　　实验三 209

第13章
网页布局与设计技巧

13.1　网页布局 210
　　13.1.1　网页大小 210
　　13.1.2　网页栏目划分 211
　　13.1.3　表格布局 212
　　13.1.4　CSS 布局 214
13.2　CSS 布局技巧 215
　　13.2.1　一栏布局 215
　　13.2.2　二栏布局 216
　　13.2.3　多栏布局 217

< 5 >

13.3 CSS 盒子模型 218
  13.3.1 盒子模型的概念 218
  13.3.2 设置外边距 218
  13.3.3 设置边框样式 220
  13.3.4 设置内边距 221
13.4 小结 221
习题 222
上机指导 222
  实验一 222
  实验二 223
  实验三 224

第 14 章
JavaScript 快速入门

14.1 初识 JavaScript 225
  14.1.1 JavaScript 语言的组成 225
  14.1.2 嵌入方式 229
  14.1.3 注释 231
14.2 对元素的动态操作 231
  14.2.1 document 对象 231
  14.2.2 获取元素中的内容 232
  14.2.3 修改元素内容和属性值 234
  14.2.4 修改元素样式 235
14.3 事件 237
  14.3.1 事件方法的基本语法 237
  14.3.2 鼠标事件 237
  14.3.3 键盘事件 238

  14.3.4 表单事件 239
14.4 小结 240
习题 240
上机指导 241
  实验一 241
  实验二 242
  实验三 242

第 15 章
网页布局综合案例——
BABY HOUSING 网上商店

15.1 案例分析 244
15.2 内容分析 245
15.3 原型设计 245
15.4 布局设计 246
  15.4.1 整体样式 246
  15.4.2 页头部分 246
  15.4.3 中间内容部分 250
  15.4.4 页脚部分 254
15.5 交互效果设计 255
  15.5.1 顶部导航栏 255
  15.5.2 主导航栏 256
  15.5.3 登录账号和购物车 256
  15.5.4 图像边框 257
  15.5.5 商品分类 257
15.6 Banner 自动轮播效果 257
15.7 小结 258

< 6 >

第一篇

第 **1** 章　认识网站开发

上过网、浏览过网页的人很多，但并不是所有人都了解什么是网络、网站、网页。现在，让我们步入这个网络世界。本章先介绍什么是网站开发。

1.1　网站开发概述

网站是指按照一定的规则用网页开发工具制作出的用于展示特定内容的相关网页的集合。而网页是指在浏览器上登录一个网站后所看到的页面。网页由文本、图像、音频等通过超链接的方式有机地组合而成。因此，学习网站开发本质上就是学习网页制作。

1.1.1　网页构成元素

网页是用 HTML（Hypertext Markup Language，超文本标记语言）编写而成的一种文件，将这种文件放在 Web 服务器上可以让互联网上的其他用户浏览。例如我们访问百度网站，看到的就是百度网站的网页。网页是通过 HTTP（Hypertext Transfer Protocol，超文本传送协议）传递给浏览者的。网站显示的第一个网页称为首页。

网页的构成元素很丰富，可以是文本，也可以是图像，甚至可以将一些多媒体文件（如音频、视频等）插入网页。网页具体构成元素如下。

1. 文本

网页信息以文本为主，这里文本指的是文字。在网页制作过程中，开发人员可以通过字体、大小、颜色、底纹、边框等选项来设置文本的属性。中文文字常设置为宋体、9 磅（pt）[或 12 像素（px）]、黑色，用色不宜太杂乱。关于大段文本的样式编排，建议参考一些优秀杂志或报纸的样式。

2. 图像

图像可以使网页的视觉效果更加丰富多彩，网页支持的图像格式包括 JPG、GIF 和 PNG 等。网页常用的图像主要包括如下几类。

（1）Logo：用于代表网站形象或栏目内容的标志性图像，一般在网页左上角。

（2）Banner 广告：用于宣传网站内某个栏目或活动的广告类图像，以 GIF 或 PNG 格式为主。

（3）图标：主要用于导航，相当于路标，在网页中具有重要的作用。

（4）背景图：用于装饰和美化网页，通常位于网页背景处。

3．超链接

超链接是网站的"灵魂"，它是从一个位置指向另一个位置的链接，如指向另一个网页或者指向当前网页中的不同位置。超链接可以指向一张图片、一个电子邮件地址、一个文件、一个程序或者本页中的其他位置。超链接的载体可以是文本、图片或者视频等。超链接广泛存在于网页的图片和文字中，用于提供与图片和文字内容相关的链接。在超链接上单击，即可链接到相应地址（URL）。鼠标指针指向设有超链接的位置时，默认会变成小手形状。可以说，超链接是网页的一大特色。

4．表格

表格在网页中的作用非常大，它可以用来布局，设计各种精美的网页效果，也可以用来组织和显示数据。

5．表单

表单主要用来收集用户信息，实现浏览者与服务器之间的信息交互。

6．导航栏

导航栏是一组便于用户访问网站内部各个栏目的超链接。导航栏中超链接的载体可以是文字，也可以是图片。导航栏可以包含多级菜单。

7．其他元素

除了上面几种基本的网页构成元素，网页中还可能有音频、视频等，它们可以为浏览者提供更丰富的浏览体验。

1.1.2 网站建设流程

在学习创建网站之前，首先要了解网站建设的基本流程，明确网站的设计目标和定位，从而提高设计效率。

1．网站需求分析

创建网站要考虑用户的各种需求，并以此为基础来开展网站建设。因此，网站需求分析是网站创建过程中的重中之重。网站需求分析一般包括以下几点。

（1）了解相关行业的市场情况，如在网上了解相关公司开展业务的市场情况。

（2）了解主要竞争对手的情况。

（3）了解网站建设的目标是宣传商品、开展电子商务活动，还是建立一个综合性网站。

（4）了解用户的实际情况，明确用户需求。

（5）进行市场调研，分析同类网站的优劣，并在此基础上形成自己网站的大体架构。

2．网站整体规划

良好的网站整体规划是成功创建网站的关键。在制作网页前，要规划好整个网站的风格、布局、服务对象等，并选择适合的服务器、编程语言和数据库平台。

（1）规划网站结构时，要注意明确网站的每个文件、文件夹（一般用文件夹保存文件）及它们之间存在的逻辑关系。

（2）文件夹命名要合理，要做到"见其名知其意"。

（3）如果是多人合作开发，还要规划好各自的开发内容，并注意统一编程风格等。

3．收集资料与素材

网站整体规划好后，就要根据需要来收集网页制作过程中可能会用到的资料和素材，通常包括文

< 3 >

字资料、图片素材、视频素材等，并要将它们分类保存。收集优先顺序是先收集、整理好资料，再根据这些资料收集必要的设计素材。

4．制作网页

一个网站往往包含很多网页，具体制作网页的过程如下。

（1）创建网页框架：在整体上布局网页，可以根据导航栏、按钮等的占位规则，将网页划分为几个区域。

（2）制作导航栏：浏览网站离不开导航栏，因此导航栏要单独设计、制作。

（3）添加网页对象：分别编辑各个网页，将网页对象添加到网页的各个区域，并设置好格式。

（4）设置超链接：为网页的相应部分设置超链接，这样，整个网站的网页就整合起来了。

5．域名和服务器空间的申请

网站制作完成后，要申请一个域名。有了域名后，在世界的任何地方只要在浏览器的地址栏中输入地址，就能看到网站的内容。域名很重要，因为一个好的域名可能拥有巨大的商业价值。

注册域名后，还要有空间来存放网站的内容，因此，还要申请服务器空间。

6．测试与发布网站

网站发布前要进行细致周密的测试，以保证正常浏览和使用。其主要测试内容如下。

（1）测试服务器的稳定性、安全性。

（2）程序及数据库测试，网页兼容性测试（如浏览器兼容性、显示器兼容性）。

（3）检查文字、图片、链接是否有错误。

7．后期维护与更新

发布网站后，要定期对网站的内容进行维护与更新。维护与更新的内容如下。

（1）服务器及相关软硬件的维护：评估可能出现的问题，设置响应时间。

（2）数据库维护：确保有效利用数据是网站维护的重要内容，因此要重视数据库的维护。

（3）内容的更新、调整：根据网站推广要求等，对网站内容进行及时更新或调整。

此外，应制定网站维护的相关规定，将网站维护制度化、规范化。

1.1.3　网站开发软件

用于网站开发的软件很多，本书将以 Adobe 公司的 Dreamweaver CS6 为开发工具进 行讲解。Dreamweaver CS6 不仅适用于专业开发人员，也是便于新手学习开发的软件之一。下面讲解 Dreamweaver CS6 的使用方法。

打开 Dreamweaver CS6，会出现一个程序启动界面，如图 1.1 所示。该界面分为 3 栏：第一栏为"打开最近的项目"，这里将呈现出打开过的历史文件，最下面的"打开…"用于打开文件夹后选择要打开的文件；第二栏为"新建"，用于选择新建项目的语言环境（因为本书介绍的是 HTML 方面的内容，所以应该选择第一个"HTML"）；第三栏为"主要功能"，用于介绍 Dreamweaver CS6 软件自带的功能。

在"新建"栏中单击选择"HTML"，进入程序工作界面，如图 1.2 所示。在该界面中可以选择 4 种视图方式：代码视图、拆分视图、设计视图、实时视图。开发人员通常会选择代码视图来编写代码，然后用设计视图来查看页面效果，而不是直接选择设计视图，用自带的插件来完成网页的制作。这是因为使用设计视图设计的网页往往会产生很多的"废"代码和不符合 Web 标准的代码。

< 4 >

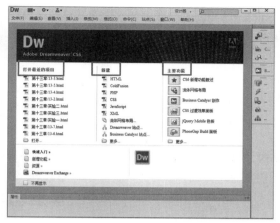

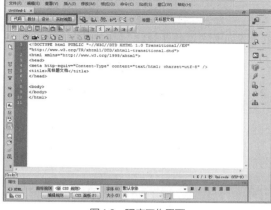

图 1.1　Dreamweaver CS6 程序启动界面　　　　　　图 1.2　程序工作界面

打开程序工作界面后，就可以在界面中编写 HTML 代码了。

1.2 HTML 简介

我们通过浏览器访问的网站通常是基于 HTML 形成的。因此要想学习网站开发，首先需要了解什么是 HTML 以及 HTML 的基本结构。

1.2.1　HTML 基本概念

HTML 是一种用来制作超文本文件的简单标记语言。用 HTML 编写的超文本文件称为 HTML 文件，它独立于各种操作系统。20 世纪 90 年代以来，HTML 被全球广域网用作其信息表示语言。

超文本文件可以包含图片、音频、动画、影视等内容，而不仅仅是包含文本信息。另外，超文本文件还可以通过超链接从一个页面跳转到另一个页面，从而实现与世界各地的主机相连接。

1.2.2　HTML 基本结构

HTML 文件包括文件头和文件主体两部分。文件头中主要是对这个 HTML 文件进行的一些必要的定义，文件主体中的内容才是真正要显示的各种文件信息。一个 HTML 文件包含各种 HTML 元素，如图片、段落、表格等。这些 HTML 元素在页面中需要使用标签来分隔，因此也可以说 HTML 文件就是由各种 HTML 元素和标签组成的。

一般情况下，HTML 文件的基本结构如下。

```
1    <html>                    /* HTML 文件的开始标签，表示这是一个 HTML 文件 */
2       <head>                 /* 文件头的开始标签，这对标签之间的是头部信息 */
3          头部信息              /* 文件头的内容，也叫作文件的头部信息 */
4       </head>                /* 文件头的结束标签 */
5       <body>                 /* 文件主体的开始标签 */
6          文件主体，正文部分     /* 文件的主体部分，是文件真正要显示的信息 */
7       </body>                /* 文件主体的结束标签 */
8    </html>                   /* HTML 文件的结束标签 */
```

可以看出，<html>标签在最外层，在这对标签之内的就是 HTML 文件的全部内容。

< 5 >

注意：有些页面中会省略<html>标签，这是因为.html 文件或.htm 文件被 Web 浏览器默认为 HTML 文件。另外，当 HTML 文件中不需要头部信息时，可以省略文件头标签。而<body>标签一般不能省略，它表示正文内容的开始。

1.3 一个简单的 HTML 实例

前面简单介绍了 HTML 文件的基本概念和基本结构，本节通过一个简单的 HTML 实例来引导读者学习 HTML 标签，了解 HTML 文件的创建和运行方式。

1.3.1 编写 HTML 代码

HTML 文件对编写工具的要求并不高，可以在 Dreamweaver 中编写，也可以在最简单的文本编辑工具中编写。下面使用记事本编写第一个 HTML 文件，具体的步骤如下。

（1）在计算机桌面上右击并在弹出的快捷菜单中选择"新建"|"文本文档"命令，然后双击桌面上的"新建文本文档"，打开记事本，如图 1.3 所示。

（2）在新建文本文档中直接输入如下内容。

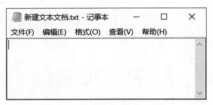

图 1.3　空白的新建文本文档

```
1    <!DOCTYPE html>
2    <html>
3    <head>
4    <title>一个简单的 HTML 实例</title>
5    </head>
6    <body>
7        <h2 align="center">第一个 HTML 文件</h2>
8        <hr width="70%">
9        <p>下面跟我进入 HTML 的领域</p>
10       <p>来领略这个奇妙而多彩的世界！！</p>
11   </body>
12   </html>
```

其中，第 7 行用<h2>标签设置字号以显示文字"第一个 HTML 文件"并居中；第 8 行显示一条水平线，宽度为页面宽度的 70%；第 9 行与第 10 行显示相应的文字。

（3）输入代码以后，选择"文件"|"保存"命令。

（4）在桌面上右击"新建文本文档"，在弹出的快捷菜单中选择"重命名"命令，然后设置文本文档的名称为"1.1.html"，如图 1.4 所示。

图 1.4　保存的 HTML 文件

1.3.2 运行 HTML 文件查看效果

编写好文件的源代码并保存后，就可以通过 Edge 浏览器来查看 HTML 文件的页面效果了。双击 1.1.html 文件，其效果如图 1.5 所示。

这段代码包括如下几个部分。

（1）HTML 的部分基本标签：包括文件类型指令标签<!DOCTYPE>、文件类型标签<html>、HTML 头标签<head>和 HTML 主体标签<body>。

（2）HTML 的头部信息：包括页面标题标签<title>（该标签也是 HTML 的基本标签）。

（3）HTML 的页面内容：页面中插入了 3 种 HTML 元素，分别是一个二级标题、一条水平线以及两段文字。这 3 种元素使用的标签不同，显示的效果也不同，后面的章节还将详细介绍，这里不赘述。

图 1.5 运行效果

1.4 HTML 基本标签

学习 HTML 要从基本的标签开始。前面已介绍 HTML 的基本标签主要包括文件类型指令标签、文件类型标签、HTML 头标签、页面标题标签以及 HTML 主体标签，下面对它们依次进行详细介绍。

1.4.1 文件类型指令标签

文件类型指令标签<!DOCTYPE>用于指定网页所使用的 HTML 版本和类型。该标签会告知浏览器的解析器使用哪个 HTML 版本的规范解析这个文件。不同版本的 HTML 文件，<!DOCTYPE>说明的具体内容不同，主要分为以下两种。

（1）在 HTML5 中，说明文件类型的语法如下。

```
<!DOCTYPE html>
```

（2）在 HTML 4.0 中，说明文件类型需要引用 DTD（Document Type Definition，文档类型定义）。DTD 会规定标记语言的规则，语法如下。

```
<!DOCTYPE HTML PUBLIC "-//W3C//DTD HTML 4.01 Transitional//EN"
"http://www.w3.org/ TR/html4/loose.dtd">
```

1.4.2 文件类型标签

文件类型标签<html>是双标签，用来标识该文件是 HTML 类型的文件并标记文件的起始和结束位置，其语法如下。

```
01  <html>
02  </html>
```

这对标签是最基本的标签，它表示这段代码是用 HTML 描述的。

1.4.3 HTML 头标签

HTML 头标签是以<head>为开始标签、以</head>为结束标签的双标签。它用于包含当前文件的相关信息，一般包括标题、基底信息、元信息等。CSS 样式通常也定义在头标签中。

通常 HTML 头标签之间的内容被称为 HTML 的头部信息。这部分内容一般不会在页面上直接显示，而是通过另外的方式起作用。例如，定义在 HTML 头标签之间的标题不会显示在页面中，但是会

< 7 >

在浏览器的标题栏中出现。

HTML 的头部信息通常包含表 1.1 所示的部分或全部标签。当然，这些标签也可以省略。

表 1.1　HTML 的头部信息包含的标签

标签	功能
<base>	用于设置当前文件的 URL 基准，被称为基底网址
<basefont>	用于设置基准文字的样式，包括文字的字体、字号、颜色等
<title>	用于设置页面的标题（显示在浏览器的标题栏中）。该标签属于 HTML 的基本标签，开发人员一般情况下都会设置该标签的内容，以帮助浏览者了解页面的主题
<isindex>	用于说明该文件可检索的网关脚本，由服务器自动建立
<meta>	文件的元信息标签，用于设置文件本身的一些信息，如设置关键字、页面的作者等
<style>	用于设置 CSS 样式表的内容
<link>	用于设置与该文件相关的外部文件的链接
<script>	用于设置页面脚本程序的内容、语言等

1.4.4　页面标题标签

页面标题标签是一种特殊的标签，它设置的内容并不显示在页面中，而是显示在浏览器的标题栏中，用来说明文件的用途。因此，在设置该标签时，要使其能够体现整个页面的主题。一般情况下，每个 HTML 页面都应该有标题。

在 HTML 文件中，页面标题信息设置在文件头，也就是位于<head>与</head>标签之间。页面标题标签以<title>开始，以</title>结束，是一个双标签，其语法如下。

```
<title>标题内容</title>
```

在 HTML 文件中，页面标题只能有一个，用于帮助浏览者更好地识别页面。下面通过代码（见 1.2.html）来展示页面标题的效果。

```
1    <!DOCTYPE html>
2    <html>
3    <head>
4    <title>HTML 基本标签</title>
5    </head>
6    <body>
7    </body>
8    </html>
```

其中，第 4 行位于<title>与</title>标签之间的内容就是页面标题，本页面的标题是"HTML 基本标签"。将这段代码保存后，在浏览器中打开 1.2.html，其运行效果如图 1.6 所示。

图 1.6　页面标题运行效果

1.4.5　HTML 主体标签

HTML 主体标签是以<body>为开始标签、以</body>为结束标签的双标签。它用于包含当前文件的页面内容。也就是说，在<body>与</body>标签之间的内容是页面中真正要显示的内容，包括文字、图像、表格等。

　　\<body\>标签可以包含多种属性，用于设置页面的背景、字体等。这些属性后面的章节会详细介绍，这里不多说明。

1.5　HTML 页面的元信息

　　通过前面的学习，读者已经知道了 HTML 的基本标签。除此之外，HTML 页面的元信息也十分有用。\<meta\>标签提供的信息对于浏览者是不可见的，一般用于定义页面信息，如关键字、作者等。一个 HTML 页面中可以有多个\<meta\>标签。

1.5.1　页面的关键字

　　keywords 的中文意思是"关键字"，它用于说明页面包含的关键字等，提高页面被搜索引擎搜索到的概率。其语法格式如下。

```
<meta name="keywords" content="关键字" />
```

　　content 属性的值为设置的具体关键字。

　　注意：一般可设置多个关键字，用英文半角逗号分开。由于很多搜索引擎限制关键字的数量，因此关键字要简洁精练。

1.5.2　页面的对外说明

　　description 的中文意思是"描述"，它用于描述页面的主要内容、主题等（合理设置也可以提高页面被搜索引擎搜索到的概率）。其语法格式如下。

```
<meta name="description" content="对页面的描述" />
```

　　content 属性的值为设置的页面具体描述内容。content 属性的值最多可以包括 1024 个字符，但因为搜索引擎一般只显示大约前 175 个字符，所以描述内容还是短小、简洁为好。

1.5.3　网页的作者信息

　　author 的中文意思是"作者"，它用于设置网页的作者信息，在比较专业的网站经常会被用到。其语法格式如下。

```
<meta name="author" content="作者名称" />
```

　　content 属性的值为设置的作者名称。

1.5.4　网页的开发语言

　　content-type 的中文意思是"内容类别"，它用于设置网页的类别和语言字符集。其语法格式如下。

```
<meta http-equiv="content-type" content="text/html; charset=utf-8" />
```

　　以上 content 属性的值代表网页采用 HTML 代码输出，语言字符集为 utf-8，这也是制作网页最常用的。

说明：语言字符集是比较复杂的知识领域，读者初学时，将 charset 设置为 utf-8 即可。

1.5.5 页面的定时跳转

refresh 的中文意思是"刷新"，它用于设置多长时间页面自动刷新一次，或者过多长时间自动跳转到其他页面。其语法格式如下。

```
<meta http-equiv="refresh" content="5" />
```

例如，以上代码中，content 属性的值代表页面自动刷新的时间间隔为 5s。

另一种语法格式如下。

```
<meta http-equiv="refresh" content="30;URL=www.ryjiaoyu.com" />
```

以上 content 属性的值代表 30s 后页面跳转到 www.ryjiaoyu.com 网站。

1.6 小结

本章首先介绍了网站开发以及 HTML 的基本概念，让读者对网站开发有总体的了解；然后通过一个实例展现 HTML 文件的基本内容，以及不同标签的显示效果，让读者对 HTML 有直观的认识。本章还介绍了 HTML 文件的基本标签，包括文件类型指令标签、文件类型标签、HTML 头标签、页面标题标签和 HTML 主体标签。可以说，这些标签是 HTML 文件不可或缺的组成部分。

习题

1. 网站建设流程有＿＿＿＿、＿＿＿＿、＿＿＿＿、＿＿＿＿、＿＿＿＿、＿＿＿＿、＿＿＿＿7 步。
2. 网页的基本构成元素有＿＿＿＿、＿＿＿＿、＿＿＿＿、＿＿＿＿、＿＿＿＿、＿＿＿＿、＿＿＿＿7 种。
3. 文件类型标签正确的是＿＿＿＿。
   A. <head>   B. <html>   C. <body>   D. <link>
4. 下列不属于文件头标签的是＿＿＿＿。
   A. <title>   B. <meta>   C. <body>   D. <base>
5. HTML 的基本结构是什么？

上机指导

本章涉及的知识点包括网站开发、HTML 基本概念、HTML 基本标签及 HTML 页面的元信息等。这些知识点都是下一步学习复杂 HTML 的基础。下面通过上机操作巩固本章所学的知识点。

实验一

实验内容

在浏览器中通过开发者工具查看网页的源代码和网页结构。

< 10 >

实验目的

巩固知识点——查看网页的基本结构和组成网页的标签。

实现思路

打开浏览器，在地址栏中输入百度首页的地址 https://www.baidu.com，进入页面后按键盘上的 F12 键打开浏览器自带的开发者工具。在开发者工具中寻找并打开"元素"选项卡后可以查看网页的 HTML 结构以及使用到的所有 HTML 标签，如图 1.7 所示。

图 1.7　在开发者工具中查看网页的源代码和网页结构

实验二

实验内容

在记事本工具中输入一段简单的网页代码，即编写一个包含文件头、标题、文件主体 3 部分的 HTML 文件。

实验目的

巩固知识点——了解一个普通 HTML 文件包含文件头、标题、文件主体 3 部分内容。

实现思路

打开记事本，在其中输入以下代码。

```
1  <!DOCTYPE html>
2  <html>
3  <head>
4  <title>我的网页</title>
5  </head>
6  <body>
7      我的网页主体
8  </body>
9  </html>
```

选择"文件"|"另存为"命令，保存时，文件类型选择"所有类型"，然后输入文件名，注意扩展名为.htm 或者.html。

< 11 >

第二篇

第2章 网页文字和图片

　　文字是设计网页的基础，图片则使网页的内容更加丰富。使用 HTML 代码编辑网页文字和图片可以达到与在 Word 软件中设计文档几乎一样的效果。当然，使用标签设计网页文字和图片不如使用菜单设计 Word 文档方便。但正是网页的这种标签属性，才使得网页具有跨平台的特性，可以在任何一种平台上显示。

2.1 文字格式

　　文字格式主要是用一些 HTML 标签来标记文本，如更改文字的大小、字体、颜色等属性，还能为文本增加加粗、斜体、上标、下标等修饰效果。

2.1.1 文字大小

　　在 HTML 中，<font>标签可以通过属性设置文字的样式，包括文字的大小、颜色、字体等。其中，设置文字大小的属性为 size。其语法格式如下。

```
<font size="n">文字</font>
```

其中，*n* 的有效范围是 1~7。

　　【示例 2-1】看下面的例子，注意加粗的代码。

```
1   <!DOCTYPE html>
2   <html>
3   <head>
4   <title>文字大小</title>
5   </head>
6   <body>
7   这是默认的文字大小<br/>
8   <font size="1">1 号字体大小</font><br/>
9   <font size="2">2 号字体大小</font><br/>
10  <font size="3">3 号字体大小</font><br/>
11  <font size="4">4 号字体大小</font><br/>
12  <font size="5">5 号字体大小</font><br/>
13  <font size="6">6 号字体大小</font><br/>
14  <font size="7">7 号字体大小</font><br/>
15  </body>
16  </html>
```

第 8 ~ 14 行分别为文字内容设置字号。示例 2-1 运行效果如图 2.1 所示。从图 2.1 中可以看出，size 属性的值越大，在浏览器中显示出来的文字就越大。当然，size 属性的值不可能无限大。size 属性的值如果大于 7，则显示的文字大小与 size="7"的文字大小相同；如果小于 1，则显示的文字大小与 size="1"的文字大小相同。

2.1.2　字体

网页的文字可以设置多种字体，中文字体有宋体、仿宋、黑体等，英文字体有 Arial、Times New Roman 等。为了保证网页的通用性，HTML 的早期版本是不允许为文字指定字体的。从 HTML 3.2 开始，才可以为网页中的文字指定不同的字体，从而使网页的表现形式更为丰富。

图 2.1　设置文字大小运行效果

1．设置网页字体

设置网页字体可使用<font>标签的 face 属性，其语法格式如下。

```
<font face="字体名">文字</font>
```

其中，face 属性值为字体名。计算机中安装了什么字体，可以在操作系统所在磁盘的 Windows\Fonts 目录下看到，如图 2.2 所示，在"预览、删除或者显示和隐藏计算机上安装的字体"栏下的都是可用的字体。

图 2.2　计算机中安装的字体

【示例 2-2】设置字体，注意加粗的代码。

```
1   <!DOCTYPE html>
2   <html>
3   <head>
4   <title>设置字体</title>
5   </head>
6   <body>
7   这是默认的字体<br/>
8   <font face="宋体">这是字体名为"宋体"的文字</font><br/>
9   <font face="黑体">这是字体名为"黑体"的文字</font><br/>
10  <font face="仿宋">这是字体名为"仿宋"的文字</font><br/>
11  <font face="楷体">这是字体名为"楷体"的文字</font><br/>
12  <font face="隶书">这是字体名为"隶书"的文字</font><br/>
```

< 14 >

```
13   <font face="华文行楷">这是字体名为 "华文行楷" 的文字</font><br/>
14   <font face="arial">arial</font><br/>
15   <font face="freestyle script">freestyle script</font><br/>
16   <font face="harlow solid italic">harlow solid italic</font><br/>
17   下面是一种图形字体: <br/>
18   <font face="Wingdings">wingdings 1</font><br/>
19   </body>
20   </html>
```

第 7 行为默认字体，第 8～16 行使用<font>标签的 face 属性来为文字设置不同的字体。示例 2-2 运行效果如图 2.3 所示。从图 2.3 中可以看出，为<font>标签指定不同的 face 属性值之后，在浏览器中可以显示不同的字体。

2．设置浏览器默认字体

需要注意的是，在示例 2-2 中显示的字体在设计者的计算机上可以正常浏览，但是在其他计算机上就不一定可以正常浏览了。例如，该文件中指定了 "华文行楷" 字体，如果读者的计算机中没有安装这种字体，浏览器就会用默认的字体来显示这种字体。在不同的浏览器中都可以设置指定的字体为网页默认字体。

图 2.3　设置字体运行效果

注意： 因为无法确认访问网页的浏览者的计算机里都会安装什么字体，所以在设计网页时，最好不要使用不常用的字体，尽量指定宋体、楷体等一般计算机都会默认安装的字体。对于需用特殊字体展现的文字，可以将其设计为图片，以便进行展示。

2.1.3　文字颜色

如果没有设置网页文字的颜色，那么这个网页中的文字就是黑白的。使用<font>标签的 color 属性可以为文字设置不同的颜色，其语法格式如下。

```
<font color="颜色">文字</font>
```

颜色可以有两种表示方法：颜色名称与 RGB 颜色代码。颜色名称就是 red、blue 等颜色的英文名。RGB 颜色是由红色、绿色、蓝色的组合来指定的一种颜色，红色、绿色、蓝色各用 0~255 的一个数值表示，但必须使用十六进制的数字来表示它们的组合。例如，一种颜色的 RGB 代码为 "#FFC0CB"，就代表它是用强度为 FF（也就是 255）的红色、强度为 C0 的绿色与强度为 CB 的蓝色混合成的颜色，也就是粉红色。

注意： 使用 RGB 颜色必须在十六进制组合前加上 "#" 字符。

绝大多数浏览器都能识别以下 16 种预定义的颜色：red（红色）、yellow（黄色）、blue（蓝色）、navy（深蓝色）、green（绿色）、lime（浅绿色）、aqua（碧绿色）、olive（橄榄绿）、black（黑色）、gray（灰色）、silver（银色）、maroon（栗色）、purple（紫色）、fuchsia（紫红色）、teal（深青色）和 white（白色）。

【示例 2-3】 设置文字颜色。

```
1   <!DOCTYPE html>
2   <html>
3   <head>
4   <title>设置文字颜色</title>
5   </head>
6   <body>
```

< 15 >

```
7   以下是预定义的16种颜色。<br/>
8   <table width="100%">
9    <tr>
10     <td align="center"><font color="red">red: 红色</font></td>
11     <td align="center"><font color="yellow">yellow: 黄色</font></td>
12     <td align="center"><font color="blue">blue: 蓝色</font></td>
13     <td align="center"><font color="navy">navy: 深蓝色</font></td>
14    </tr>
15    <tr>
16     <td align="center"><font color="green">green: 绿色</font></td>
17     <td align="center"><font color="lime">lime: 浅绿色</font></td>
18     <td align="center"><font color="aqua">aqua: 碧绿色</font></td>
19     <td align="center"><font color="olive">olive: 橄榄绿</font></td>
20    </tr>
21    <tr>
22     <td align="center"><font color="black">black: 黑色</font></td>
23     <td align="center"><font color="gray">gray: 灰色</font></td>
24     <td align="center"><font color="silver">silver: 银色</font></td>
25     <td align="center"><font color="maroon">maroon: 栗色</font></td>
26    </tr>
27    <tr>
28     <td align="center"><font color="purple">purple: 紫色</font></td>
29     <td align="center"><font color="fuchsia">fuchsia: 紫红色</font></td>
30     <td align="center"><font color="teal">teal: 深青色</font></td>
31     <td align="center" bgcolor="black"><font color="white">white: 白色</font></td>
32    </tr>
33   </table>
34   以下使用的是RGB颜色。
35   <table width="100%">
36    <tr>
37     <td align="center"><font color="#8a2be2">8a2be2</font></td>
38     <td align="center"><font color="#7fff00">7fff00</font></td>
39     <td align="center"><font color="#008b8b">008b8b</font></td>
40     <td align="center"><font color="#bdb76b">bdb76b</font></td>
41    </tr>
42   </table>
43   </body>
44   </html>
```

第 10～40 行在表格中显示不同颜色的文字内容，其中使用了<font>标签的 color 属性。示例 2-3 运行效果如图 2.4 所示。

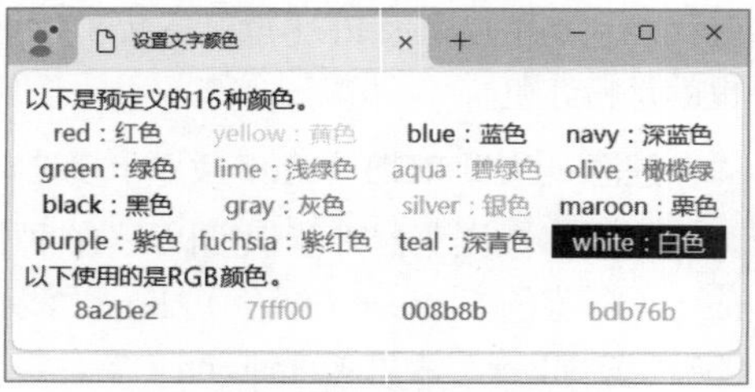

注意： 虽然可以用颜色名称来代替 RGB 颜色代码，但并不是所有的浏览器都可以识别这些英文名，因此还是建议使用 RGB 颜色代码。

图 2.4　设置文字颜色运行结果

2.1.4　加粗与斜体

通常在处理文字时,设计者都会对比较重要的内容使用加粗、斜体来引起读者的注意。在网页上同样可以使用加粗与斜体来达到相同的效果。

在 HTML 中,可以用<b>标签来加粗文字,用<i>标签来使文字倾斜。除了<b>标签与<i>标签,还可以用<strong>标签来加粗文字,用<em>标签来使文字倾斜。设置加粗与斜体的语法格式如下。

< 16 >

```
<b>加粗的文字</b>
<i>倾斜的文字</i>
<strong>加粗的文字</strong>
<em>倾斜的文字</em>
```

【示例2-4】 设置文字为加粗和斜体。

```
1   <!DOCTYPE html>
2   <html>
3   <head>
4   <title>粗体与斜体</title>
5   </head>
6   <body>
7   <font size=4>
8       这是四号文字大小<br/>
9       <b>这是使用<b>标签加粗的四号文字</b><br/>
10      <i>这是使用<i>标签倾斜的四号文字</i><br/>
11      <strong>这是使用<strong>标签加粗的四号文字</strong><br/>
12      <em>这是使用<em>标签倾斜的四号文字</em><br/>
13      <big>这是加大的四号文字</big><br/>
14  </font>
15  </body>
16  </html>
```

第 9～13 行分别采用特殊标签来使字体显示相应的特殊
效果，如加粗、斜体等。示例 2-4 运行效果如图 2.5 所示。从
图 2.5 中可以看出，使用<strong>标签与使用<b>标签加粗文字没
有什么区别，使用<em>标签与使用<i>标签使文字倾斜也没有什
么区别。

注意：<b>标签与<big>标签的区别是，<big>标签只是将文字
加大，并不变粗；<b>标签只是让文字变粗，并不加大。

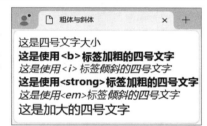

图 2.5　加粗与斜体运行结果

2.1.5　插入线与删除线

在文字展示过程中，我们有时需要强调一些新插入的内容和被删除的内容，此时就需
要用到插入线（在文本下方添加一条横线）和删除线（在文本上覆盖一条横线）来标明插
入的文字和删除的文字。在 HTML 中可以使用<ins>标签实现向指定文字添加插入线的效
果，使用<del>标签实现向指定文字添加删除线的效果。

添加插入线与删除线的语法格式如下。

```
<ins>插入的文本内容</ins>
<del>删除的文本内容</del>
```

【示例2-5】 设置删除线和插入线，注意加粗的代码。

```
1   <!DOCTYPE html>
2   <html>
3   <head>
4   <title>删除线和插入线</title>
5   </head>
6   <body>
7   世界上没有<del>如果</del>，所以需要将<del>如果</del>替换为<ins>珍惜当下</ins>。
8   </body>
9   </html>
```

< 17 >

第 7 行分别演示了删除线标签和插入线标签的使用。示例 2-5 运行效果如图 2.6 所示。

图 2.6　删除线和插入线的运行效果

2.1.6　上标与下标

在描述一些复杂的表达式，特别是一些数学公式时，经常需要用到上标和下标，如 3 的平方（3^2）。在 HTML 页面中，上标使用<sup>标签实现，下标使用<sub>标签实现。其语法格式如下。

```
<sup>作为上标的文字</sup>
<sub>作为下标的文字</sub>
```

【示例 2-6】设置上标和下标，注意加粗代码。

```
1   <!DOCTYPE html>
2   <html>
3   <head>
4   <title>上标与下标</title>
5   </head>
6   <body>
7   <font size=4>
8       水的分子式是：H<sub>2</sub>O<br/>
9       3<sup>2</sup>等于 9
10  </font>
11  </body>
12  </html>
```

第 8 行使用<sub>标签显示下标效果，第 9 行使用<sup>标签显示上标效果。示例 2-6 运行效果如图 2.7 所示。

图 2.7　上标与下标的运行效果

2.2　文字排版

与文字排版相关的标签包括文本缩进标签<blockquote>、换行标签
、段落标签<p>等。一个好的网页，文字排版是必不可少的，它会使网页更加简洁和美观。

2.2.1　文本缩进

在 HTML 中，文本缩进使用<blockquote>标签实现。该标签主要用于设置文本的缩进效果，从而使页面的文字布局更加错落有致。文本缩进标签的语法格式如下。

```
<blockquote>需要进行缩排的文字</blockquote>
```

需要注意的是，<blockquote>标签可以嵌套使用，每使用一次，文本就缩进一次。

【示例 2-7】设置文本缩进。

```
1   <!DOCTYPE html>
2   <html>
3   <head>
4   <title>设置文本缩进</title>
5   </head>
6   <body>
7   在一个山区里，有一座大山，叫顶天山。山脚下有个小村子，村里的人家都是靠打猎过生活的。有一天，不知道是
    谁，在一块光滑的岩石上画了一只狐狸。
```

< 18 >

```
8    <blockquote>第一个人看到了，就说："哈！这上面画得根本不像狐狸，倒像一只狼。"</blockquote>
9    <blockquote><blockquote>这句话一传两传，传到另外一个人的嘴里，就变成这样说了："有人说，顶天山
上有一只狐狸，一下子变狼了。" </blockquote></blockquote>
10   <blockquote><blockquote>别人听了都问："是真的吗？"</blockquote> </blockquote>
11   <blockquote>"是真的，好多人都在这样说。"</blockquote>
12   </body>
13   </html>
```

第 8 ~ 11 行使用<blockquote>标签来实现文本缩进。示例 2-7 运行效果如图 2.8 所示。可以看出，使用文本缩进后，段落左右两侧都缩进了。文本缩进标签可以嵌套使用，使用该标签越多，缩进的程度就越大。

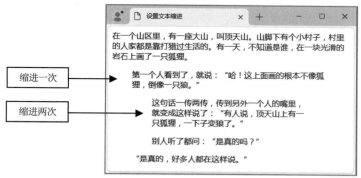

图 2.8　文本缩进运行效果

2.2.2　换行

HTML 中的换行标签
在前面已经多次被提到并被使用过了。
标签没有结束标签，也就是说，一个
标签就代表换一次行。

【示例 2-8】使用换行标签来对文字进行换行。

```
1    <!DOCTYPE html>
2    <html>
3    <head>
4    <title>换行</title>
5    </head>
6    <body>
7    这是一行文字，虽然在源代码里并没有换行，<br/>但是因为使用了一个 "&lt;br/&gt;"标签，所以它换行了。
<br/><br/>
8    这是
9    两行文字<br/>
10   上面一行文字，在源代码里是分两行写的，因为没有使用 "&lt;br/&gt;"标签，所以它没有换行。
11   </body>
12   </html>
```

第 7 ~ 10 行使用
标签来实现 HTML 换行。示例 2-8 运行效果如图 2.9 所示。可以看出，虽然源代码中的文字没有换行，但是只要加上了
标签，就会在添加
标签处换行；另外，源代码中的文字即使换了行，只要没有加上
标签，在用浏览器浏览时，文字就不会换行。

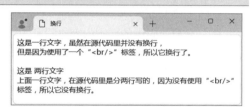

图 2.9　换行运行效果

< 19 >

注意： 浏览器中显示"<"和">"字符时，在源代码中要分别以"<"和">"替代。

2.2.3　段落

在 HTML 中，使用<p>标签可以区分一个段落与另一个段落，在<p>与</p>标签之间的文字是一个段落。其语法格式如下。

```
<p>一段文字</p>
```

【示例 2-9】有时候，读者会分不清段落与换行，下面通过一个例子来区分这两个概念。

```
1   <!DOCTYPE html>
2   <html>
3   <head>
4   <title>段落与换行</title>
5   </head>
6   <body>
7   <p>
8   从这里开始，是一个新的段落，一个段落里表达的是一种意思。<br/>
9   这是一行文字，<br/>因为使用了"&lt;br/&gt;"标签，所以被分为了两行。
10  </p>
11  <p>
12  从这里开始，又是一个新的段落，这个段落里表达的可能会是另一种意思。
13  </p>
14  </body>
15  </html>
```

第 7～13 行演示了如何在 HTML 中使用<p>标签来实现分段。示例 2-9 运行效果如图 2.10 所示。可以看出，前 3 行文字是第一个段落，后 2 行文字是第二个段落，而且可以直观地看到，在一个段落与另一个段落之间空了一行文字的距离。
标签只是使文字换了一行，并没有在文字与文字之间增加一个空白行。

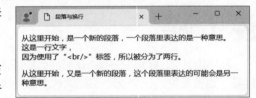

图 2.10　段落与换行运行效果

注意： 虽然<p>标签有开始标签与结束标签，但是结束标签可以省略。浏览器遇到一个新的<p>标签时，会自动将前面的段落结束，并开始一个新的段落。

2.2.4　预定义格式

通过前面的学习我们可以知道，即使在 HTML 源代码中文字已经换行，但是只要没有使用
标签，在浏览器里显示出来的文字就不会换行。如果想在浏览器中显示源代码中所有文本内容的既有格式，包括文字之间的空白（如空格、制表符等），可以使用<pre>标签。使用<pre>标签相当于设置了一个"块"，这个块中可以保留源代码中的所有文本格式，让文本的格式（除 HTML 标签外）在浏览器中按原样显示出来。其语法格式如下。

```
<pre>设置了格式的文字</pre>
```

例如，源代码中的文本内容之间有 10 个空格，在浏览器中也会显示这 10 个空格；源代码中有一个换行，在浏览器中也会显示一个换行，不再需要使用
标签来强制换行。

【示例 2-10】使用预定义格式来设置文本按原样显示。

```
1   <!DOCTYPE html>
2   <html>
3   <head>
```

< 20 >

```
4    <title>预定义格式</title>
5    </head>
6    <body>
7            春        晓
8        春眠不觉晓，处处闻啼鸟。
9        夜来风雨声，花落知多少。
10   <pre>
11           春        晓
12       春眠不觉晓，处处闻啼鸟。
13       夜来风雨声，花落知多少。
14   </pre>
15   <pre>
16           春        晓
17       春眠不觉晓，处处闻啼鸟。
18       夜来风雨声，花落知多少。
19   </pre>
20   </body>
21   </html>
```

示例 2-10 运行效果如图 2.11 所示。可以看出，没有使用<pre></pre>标签时，无论在源代码中怎么换行，在浏览器中显示出来的都是一行，并且多个空格被处理成一个空格。而在使用<pre></pre>标签后，源代码中是什么样的格式，在浏览器中显示出来的就是什么样的格式，有换行的位置就显示换行，有空格的位置就显示空格。

图 2.11　预定义格式运行效果

2.2.5　水平分隔线

当页面内容比较烦琐时，可以在段与段之间插入一条水平分隔线来使页面层次分明、便于阅读。在 HTML 中可以使用<hr/>标签来创建一条水平分隔线，其语法格式如下。

```
<hr align="对齐方式" width="宽度" size="高度" color="颜色" noshade />
```

<hr/>标签中的属性说明如下。

- align 属性的值可以为 left（左对齐）、center（居中）和 right（右对齐）3 种。
- width 属性代表宽度。其值可以有两种表示法：一种是百分比，代表水平分隔线占浏览器窗口宽度的百分比；另一种是像素，代表水平分隔线宽度占多少像素。
- size 属性代表水平分隔线的高度，其值为数字。
- color 属性代表水平分隔线的颜色，默认为黑色。
- noshade 属性代表水平分隔线不显示阴影，默认情况下水平分隔线是显示阴影的。

【示例 2-11】创建不同类型的水平分隔线。

```
1    <!DOCTYPE html>
2    <html>
3    <head>
4    <title>水平分隔线</title>
5    </head>
6    <body>
7    这是一个默认的水平分隔线：
8    <hr/>
9    该水平分隔线占浏览器窗口的 50%，并向左对齐
10   <hr width="50%" align="left" />
```

< 21 >

```
11    该水平分隔线宽度为 500 像素
12    <hr width="500px" />
13    该水平分隔线的高度为 3，并不显示阴影
14    <hr width="200px" size="3" noshade />
15    该水平分隔线为红色
16    <hr width="50%" color="red" />
17    </body>
18    </html>
```

第 7～16 行分别使用<hr/>标签显示不同的水平分隔线。示例 2-11 运行效果如图 2.12 所示。

第 1 条水平分隔线为默认的水平分隔线，该水平分隔线的宽度为 100%，居中，高度为 1，颜色为黑色。

第 2 条水平分隔线的宽度设置为 50%。当调整浏览器窗口大小时，该水平分隔线也会自动调整宽度，以保证永远只占浏览器窗口宽度的 50%。

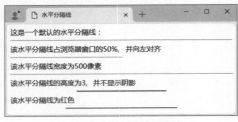

图 2.12　水平分隔线运行效果

第 3 条水平分隔线的宽度设置为 500 像素。无论浏览器窗口的大小是多少，该水平分隔线的宽度都是 500 像素，不会随着窗口大小的改变而改变。一旦浏览器窗口的宽度小于 500 像素，就会在窗口上出现横向滚动条。

第 4 条水平分隔线指定了 noshade 属性，该属性没有属性值。此时的水平分隔线没有立体感。

第 5 条水平分隔线的颜色为红色。如果不设置颜色，水平分隔线默认为黑色。水平分隔线使用 color 属性后，将不能显示阴影效果。

2.3　在网页中插入图片

在网页中可以插入 Logo（网站标志）、Banner（横幅广告）、照片等各种图片。合理应用图片，可以让网页看起来更美观、重点更突出、形式更活泼，也可以使浏览更方便。在 HTML 中可以通过<img>标签插入图片，其语法格式如下。

```
<img src="url" alt="替代文本" name="名称" width="宽度" height="高度" border="边框" align="
对齐方式" id="编号">
```

<img>标签的属性很多，上面的语法格式只包含了常用的 8 种属性。这 8 种属性的具体说明如下。

- src：用于指定图片所在位置，可以是相对路径或绝对路径。
- alt：用于指定替代图片的文本。当图片不能正常显示出来时，可以使用该文本替代图片。
- name：用于设置图片的名称，很多时候可以省略。
- width：用于指定图片的宽度。
- height：用于指定图片的高度。
- border：用于指定图片的边框大小。该属性的值越大，边框的线条就越粗。
- align：用于设置图片的对齐方式。该属性有 5 个值：left、right、top、middle 和 bottom，分别表示左对齐、右对齐、顶部对齐、居中对齐和底部对齐。
- id：用于设置图片的编号，也可以省略。在同一个 HTML 文件中不允许出现相同的 id，但可以出现相同的 name。

< 22 >

【示例 2-12】在网页中插入图片。

```
1   <!DOCTYPE html>
2   <html>
3   <head>
4   <title>缩放图</title>
5   </head>
6   <body>
7   <p>
8       原图大小：<br/>
9       <img src="2.1.jpg" name="page1" id="page1">
10  </p>
11  <p>
12      缩小的图片：<br/>
13      <img src="2.1.jpg" width="100px" height="75px">
14  </p>
15  <p>
16      替代图片的文本：<br/>
17      <img src="2.2.jpg" alt="这是图片2.2.jpg">
18  </p>
19  <p>
20      设置图片边框为 5 像素：<br/>
21      <img src="2.1.jpg" border="5px" >
22  </p>
23
24  </body>
25  </html>
```

第 9 行演示了插入原图；第 13 行为<img>标签添加 width 与 height 属性以指定显示尺寸；第 17 行使用 alt 属性为图片指定替代文本；第 21 行使用 border 属性为图片添加边框。示例 2-12 运行效果如图 2.13 所示。

2.4 HTML5 文档结构标签

HTML5 提供了很多个文档结构标签，这些标签可以更加准确地表达网页的结构和语义。HTML5 新增的文档结构标签可以更好地辅助搜索引擎对网页的结构和内容进行识别,让搜索引擎更容易实现对网页内容的抓取和收录，但是这些标签不能为网页内容添加样式。HTML5 的文档结构标签如下。

图 2.13　在网页中插入图片运行效果

- <article>：用于定义内容，内容本身必须是有意义的且必须独立于文档的其余部分，如一篇文章、一段评论等。
- <header>：用于定义文档或者文档的一部分区域的页眉，如一段介绍内容。
- <nav>：用于定义页面中的导航部分，包括顶部导航、侧边栏导航、页内导航等。
- <section>：用于定义文档的指定区域，如章节、头部、底部或者文档的其他区域。
- <aside>：用于定义页面正文之外的内容。该标签定义的内容要与附近的内容相关，如附属信息、引用、相关推荐、广告等。

< 23 >

● <footer>：用于定义页脚，包含文档创作者的姓名、文档的版权信息、使用条款的链接、联系信息等。

【示例2-13】使用 HTML5 文档结构标签展示一篇文章。

```
1   <!DOCTYPE html>
2   <html xmlns="http://www.w3.org/1999/xhtml">
3   <head>
4   <meta http-equiv="Content-Type" content="text/html; charset=utf-8" />
5   <title>HTML5 文档结构标签</title>
6   </head>
7   <body>
8   <header>
9       <h1 align="center">HTML</h1>
10      <p align="center"><img src="2.2.jpg"/ width="200px" height="250px" ></p>
11      <p>    <font size="4">HTML 的全称为超文本标记语言，它是一种标记语言。
它包括一系列标签，通过这些标签可以将网络上的文档格式统一，使分散的 Internet 资源连接为一个逻辑整体。
12      HTML 文本是由 HTML 命令组成的描述性文本，HTML 命令可以描述文字、图像、动画、音频、表格、链接等。
</font></p>
13  </header>
14  <hr />
15  <nav>
16      <p><font size="+3" color="#0033FF">简介</font></p>
17  </nav>
18  <article>
19      <p><b>由来</b></p>
20      <hr />
21      <section>
22          <P>    HTML 的英文全称是 Hypertext Markup Language，即超文本
标记语言。HTML 是由 Web 的发明者 Tim Berners-Lee 和同事 Daniel W. Connolly 于1990 年创立的一种标记
语言，它是标准通用化标记语言 SGML 的应用。用 HTML 编写的超文本文档称为 HTML 文档，它能独立于各种操作系统平
台(如 UNIX、Windows 等)。使用 HTML，将所需要表达的信息按某种规则写成 HTML 文档，通过专用的浏览器将这些
HTML 文档"翻译"成可被识别的信息，即我们所见到的网页。</P>
23      </section>
24      <p><b>特点</b></p>
25      <hr />
26      <section>
27          <p>    超文本标记语言文档制作不是很复杂，但功能强大，支持不同数据格
式的文件嵌入，这也是万维网（WWW）盛行的原因之一。超文本标记语言版本升级采用超集方式，从而更加灵活、方便。
超文本标记语言的广泛应用带来了加强功能、增加标识符等要求。超文本标记语言采取子类标签的方式，为系统扩展带来
保障。
28          虽然 Windows 大行其道，但使用 Mac 等的大有人在，超文本标记语言可以使用在广泛的平台上，这也是万维
网（WWW）盛行的另一个原因。另外，HTML 是网络的通用语言，一种简单、通用的全置标记语言。</p>
29      </section>
30  </article>
31  <hr />
32  <footer>
33      <p align="center">责任编辑：小红   电话：010-80xxxx88-8  邮
箱:123@abc.cn  地址:成华大道100 号</p>
34  </footer>
35  </body>
36  </html>
```

代码中使用了多种 HTML5 文档结构标签，将整篇文章依次划分为头部、主题、导航、正文以及页脚。示例2-13 运行效果如图 2.14 所示。可以看出，网页中的 HTML5 文档结构标签不会为网页内容添加新的样式，只会为网页内容划分结构以帮助搜索引擎对网页内容进行收录。

< 24 >

图 2.14　使用 HTML5 文档结构标签展示的文章

2.5　小结

本章主要介绍了网页中文字和图片的设置。其中，网页文字的设置讲解了文字格式、文字排版；图片的设置讲解了在网页中插入图片。

习题

1. 使用<font>标签设置字体需要使用_____属性。
2. 对文字进行加粗可以使用_____、_____这两种标签。
3. 对文字添加斜体样式可以使用_____、_____这两种标签。
4. 为文本添加删除线的标签是_____。
   A. <sup>　　　　　　　 B. <del>　　　　　　　 C. <blockquote>　　　　 D. <center>
5. 设置文本缩进的标签是_____。
   A. <sub>　　　　　　　 B. <pre>　　　　　　　 C.
　　　　　　　 D. <blockquote/>
6. 预定义格式标签的作用是什么？

上机指导

网页中的文字和图片是网页的基础。本章涉及的知识点包括网页文字和图片的常用语法和使用方法。下面通过上机操作来巩固本章所学的知识点。

实验一

实验内容

使用<font>标签设置网页中文字的大小、颜色和字体。

< 25 >

实验目的

巩固知识点——使用<font>标签的属性设置文字的大小为 3、颜色为蓝色、字体为华文彩云。

实现思路

使用<font>标签的 size 属性、color 属性、face 属性来设置文字的大小、颜色和字体。

在 Dreamweaver 中选择"新建"|"HTML"命令，新建 HTML 文件。在 HTML 文件中输入的关键代码如下。

```
<font size="3" color="blue" face="华文彩云">
    这是字体大小为 3、颜色为蓝色、字体为华文彩云的文字
</font>
```

在菜单栏中选择"文件"|"保存"命令，输入保存路径，单击"保存"按钮，即可完成网页文字的设置。运行效果如图 2.15 所示。

图 2.15　设置文字样式运行效果

实验二

实验内容

使用与文字排版相关的标签来设置段落文字的样式。

实验目的

巩固知识点——充分利用与文字排版相关的标签的功能，设置文字在段落中居中显示，并预定义格式和添加水平分隔线。

实现思路

使用<p>标签、<pre>标签和<hr/>标签设置两段古诗居中显示、预定义格式和添加水平分隔线。

在 Dreamweaver 中选择"新建"|"HTML"命令，新建 HTML 文件。在 HTML 文件中输入的关键代码如下。

```
<p align="center">
    <pre>
              春        晓
        春眠不觉晓，处处闻啼鸟。
        夜来风雨声，花落知多少。
    </pre>
    <hr/>
    <pre>
              春        晓
        春眠不觉晓，处处闻啼鸟。
        夜来风雨声，花落知多少。
    </pre>
</p>
```

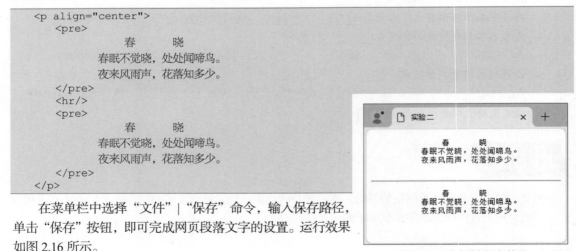

在菜单栏中选择"文件"|"保存"命令，输入保存路径，单击"保存"按钮，即可完成网页段落文字的设置。运行效果如图 2.16 所示。

图 2.16　文字排版运行效果

< 26 >

第 **3** 章　超链接

超链接是网站重要的组成部分。HTML 有了超链接，才显得与众不同。超链接允许浏览者从一个网页跳转到另一个网页，多个网页正是因为有了超链接才会形成一个网站。超链接不仅可以链接网页，还可以链接图片、视频、音频，甚至任何一种文件。

3.1　创建超链接

在实际应用中很少有网页是单独的，通常设计者都会使用超链接来创建一个网页与其他网页之间的联系。同样，也可以使用超链接创建一个网页与其他 Web 服务器上网页的联系。

3.1.1　超链接标签

在 HTML 中，创建超链接的标签是<a>。<a>标签是双标签，以<a>开始，以</a>结束。<a>标签创建的超链接能指向一个 HTML 页面、一张图片、一个视频文件等，其语法格式如下。

```
<a name="锚点名称" href="url" title="标题" target="目标页面的打开方式">链接文字</a>
```

超链接标签的属性很多，上面的语法格式只包含了常用的 4 种属性。这 4 种属性的具体说明如下。

- name：用于设置超链接当前位置的锚点名称。
- href：用于设置超链接的链接地址。
- title：用于设置超链接的标题。
- target：用于设置打开目标页面的方式。

【示例 3-1】创建一个简单的超链接，此超链接指向一个网站。

```
1    <!DOCTYPE html>
2    <html>
3    <head>
4    <title>简单的超链接</title>
5    </head>
6    <body>
7        <a href="http://www.ibucm.com" title="单击此处进入北京中医药大学远程教育学院的
网站首页" target=" _blank" name="ibucm">北京中医药大学远程教育学院</a>
8    </body>
9    </html>
```

示例 3-1 运行效果如图 3.1 所示。第 7 行使用了<a>标签，然后设置了 4 种属性，注意每种属性的属性值都要用引号括起来。

超链接由以下 5 部分组成。

（1）链接地址。浏览者单击某个超链接后会出现什么内容是由链接地址决定的。如果链接地址是一个网址，单击超链接后就会打开一个网页；如果链接地址是一个视频文件或音频文件，单击超链接后就会打开一个播放软件来播放视频或音频；如果链接地址是一张图片，单击超链接后就会显示这张图片；如果链接地址是一个 E-mail 地址，单击超链接后会就打开一个客户端电子邮件程序，并显示发送新邮件窗口；如果链接地址是一个压缩文件，单击超链接后就会下载该文件……通常链接地址是以 URL 表示的。把鼠标指针放在超链接上时，在浏览器窗口的状态栏上会显示该超链接的 URL。

（2）链接文字。链接文字的作用是让浏览者看到超链接，以便单击。例如，图 3.1 中的"北京中医药大学远程教育学院"就是链接文字。链接文字在浏览器中默认为蓝色并加有下画线。链接文字越吸引人，浏览者单击的可能性就越大。超链接不仅可以使用文字，还可以使用图片来表示。使用图片时，浏览者只要单击该图片，就可以到达超链接的地址。

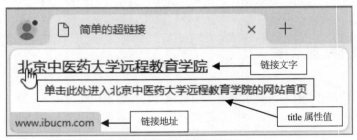

图 3.1　创建超链接运行效果

（3）标题。标题也就是超链接的说明文字，它用于说明单击超链接后可以看到什么内容或出现什么情况。把鼠标指针放在超链接上时，会在鼠标指针附近显示一个注释框，注释框里的文字就是标题的内容。

（4）目标页面的打开方式。目标页面的打开方式在浏览器窗口中不会显示，它决定单击超链接后在哪个浏览器窗口中显示网页，如在当前窗口中显示或在新窗口中显示等。

（5）锚点。锚点是在浏览器窗口中不会显示，它是其他超链接可以链接到的位置。

3.1.2　链接地址

链接地址用于设置超链接的路径，可以使用<a>标签中的 href 属性来设置。设置链接地址的语法格式如下。

```
<a href="链接地址">链接文字</a>
```

其中，链接地址可以是相对路径，也可以是绝对路径。

绝对路径就是完整路径。绝对路径可以是硬盘文件的真正路径，也可以是域名的完整网页路径。使用绝对路径定位目标文件比较清晰，但是如果该文件被移动了，就需要重新设置所有的相关链接。例如，设置路径为"C:\Program Files\1.htm"，在本地确实可以找到目标文件，但是到了网站上，因为该文件不一定在这个路径下，所以就会出问题。

相对路径，顾名思义就是目标位置相对于某位置的路径。使用相对路径时，无论将文件放到哪里，只要相对位置关系没有变，就不会出错。相对路径一般有如下 3 种写法。

（1）同一目录下的文件：只需要输入目标文件的名称，如"01.html"。

（2）上一级目录中的文件：在目录名和文件名之前加"../"，如"../04/02.html"。如果是上两级目录中的文件，则需要加两个"../"，如"../../file/01.html"。

< 28 >

（3）下一级目录中的文件：目录名和文件名之间以"/"隔开，如"Html/05/01.html"。

【示例 3-2】设置超链接的链接地址。

```
1  <!DOCTYPE html>
2  <html>
3  <head>
4  <title>为页面添加超链接</title>
5  </head>
6  <body>
7      现在有很多动物濒临灭绝，因此我们应该保护动物，特别是稀有动物。<a href="3-2-1.html">金丝猴</a>就是我国的一级保护动物。它属灵长目、猴科，背部有金黄色的长毛，故名"金丝猴"。
8  </body>
9  </html>
```

第 7 行文字"金丝猴"就是超链接，它链接的页面是与其在同一目录下的文件 3-2-1.html。这里要注意的是，此处超链接只使用了一种属性，链接地址也是相对地址。

3-2-1.html 文件中的代码如下。

```
1  <!DOCTYPE html>
2  <html>
3  <head>
4  <title>超链接</title>
5  </head>
6  <body>
7  <p>金丝猴是我国的一级保护动物。</p>
8  <p><img src="pic01.jpg" height="200px"></p>
9  </body>
10 </html>
```

示例 3-2 运行效果如图 3.2 所示。单击图 3.2 中的"金丝猴"链接文字，可以进入图 3.3 所示的目标页面。

图 3.2　设置链接地址运行效果

图 3.3　链接的目标页面

3.1.3　打开链接的方式

单击网页中的超链接时，通常都会在当前窗口打开目标页面。如果想保留当前网页的内容，让链接的页面在一个新窗口中打开，应该怎么办？使用<a>标签的 target 属性可以实现这个功能。target 属性用来设置打开链接的方式，其语法格式如下。

```
<a href="链接地址" target="目标页面的打开方式">链接文字</a>
```

在 HTML 中，超链接的 target 属性可以取 4 个值，这些值的具体含义如表 3.1 所示。

< 29 >

表 3.1　target 属性值

属性值	含义	属性值	含义
_parent	在上一级窗口打开（常在框架页面中使用）	_self	在当前窗口打开，是默认值
_blank	新建一个窗口打开	_top	忽略所有的框架结构，在浏览器的整个窗口中打开

【示例 3-3】target 属性的使用。

```
1  <!DOCTYPE html>
2  <html>
3  <head>
4  <title>设置目标页面的打开方式</title>
5  </head>
6  <body>
7  现在有很多动物濒临灭绝，因此我们应该保护动物，特别是稀有动物。<a href="3-2-1.html"
target="_blank">金丝猴</a>就是我国的一级保护动物。它属灵长目、猴科，背部有金黄色的长毛，故名"金丝猴"。
8  </body>
9  </html>
```

示例 3-3 运行效果如图 3.4 所示。第 7 行使用 "_blank" 打开窗口，需要注意的是，本例打开了两个浏览器。如果改为 "_self" 或不设置 target 属性，则会在当前窗口中打开新的页面，此时原页面只能通过单击 "回退" 按钮返回。

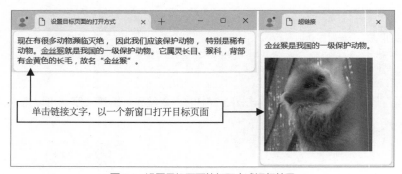

图 3.4　设置目标页面的打开方式运行效果

3.2 锚点

有一种特殊的超链接形式，称为锚点链接。如果一个网页包含的内容很多，那么要想快速查找网页中自己感兴趣的内容，就不是太方便了。这时可以通过锚点方便地到达当前页面的其他位置。

3.2.1 创建锚点

要使用锚点引导浏览者，首先要创建页面中的锚点。创建的锚点将用于确定链接的目标位置，其语法格式如下。

```
<a name="锚点名称">锚点的链接文字</a>
```

通过锚点名称可以标注相应的锚点，name 属性是创建锚点所必须设置的，因此锚点又称为命名锚。锚点的链接文字则有助于区分不同的锚点。在实际应用中可以不设置锚点的链接文字，这是因为锚点仅仅是为链接提供一个目标位置，浏览页面时并不会在页面中出现锚点的链接文字。

< 30 >

3.2.2　链接到本页锚点

如果要链接到本页的命名锚上，只需要在<a>标签的 href 属性中指定锚点名称，并在该名称前加上"#"字符。锚点名称就是 3.2.1 节中 name 属性的值。链接到本页锚点的语法格式如下。

```
<a href="#锚点名称">锚点的链接文字</a>
```

【示例 3-4】设置链接到本页的锚点。

```
1   <!DOCTYPE html>
2   <html>
3   <head>
4   <title>命名锚</title>
5   </head>
6   <body>
7   <p align="center">Microsoft 软件最终用户许可协议</p>
8       <a name="top">目录</a>: <br/>
9       <a href="#target01">1．通则</a><br/>
10      <a href="#target02">2．许可证的授予</a><br/>
11      <a href="#target03">3．客户端访问许可证</a><br/>
12      <a href="#target04">4．完整协议</a><br/>
13      <br/>
14      Microsoft Windows Server 2003, Standard Edition<br/>
15      Microsoft Windows Server 2003, Enterprise Edition<br/>
16      <br/>
17      <a name="target01">1．通则。</a>本《协议》是您（个人或单个实体）与 Microsoft Corporation
（"Microsoft"）之间达成的法律协议。……<br/>
18          <a href="#top">返回顶端</a><br/><br/>
19          <a name="target02">2．许可证的授予。</a>如果您遵守本《协议》的所有条款和条件，则
Microsoft 授予您以下权利：<br/>
20          <a href="#top">返回顶端</a><br/><br/>
21          <a name="target03">3．客户端访问许可证（"cal"）。</a>"软件"授权模型包含操作系统许
可证和增量 cal，因此"软件"总成本随使用量而增长。根据您的个人需要，您可以使用几种 cal 类型和授权模式。
<br/>
22          <a name="target04">4．完整协议；可分割性。</a>……<br/>
23  </body>
24  </html>
```

以上代码设置了 5 个命名锚，分别为 top、target01、target02、target03 和 target04。

为了让读者更好地了解命名锚，图 3.5 所示的两个浏览器窗口事实上是同一个窗口。单击左边窗口中的"1．通则"超链接时，该窗口会自动滚动到"1．通则"命名锚所在的区域，如果只设置了<a>标签的 name 属性，而没有设置 href 属性，浏览网页是看不出任何效果的。

图 3.5　链接到本页锚点运行效果

3.2.3　链接到其他网页的锚点

通常单击一个超链接时，会打开一个网页，并且默认显示该网页的顶端，而不是显示网页的底端或网页的其他位置。例如，网页中有一个超链接要链接示例 3-4 中的软件最终用户许可协议的客户端访问许可证方面的内容，如果直接将 href 属性值设置为 3-4.html，那么在单击超链接时，看到的只是该网页的顶端，浏览者还要自己寻找客户端许可证在哪个位置，十分不方便。

< 31 >

要想打开一个网页，并且显示网页的某个区域，就必须创建命名锚。使用<a>标签的 href 属性可以在网页上设置链接到其他网页的锚点，其语法格式如下。

```
<a href="链接地址#锚点名称">链接文字</a>
```

【示例3-5】设置链接到其他网页的锚点。这里链接到的是示例3-4中设置的锚点。

```
1   <!DOCTYPE html>
2   <html>
3   <head>
4   <title>命名锚</title>
5   </head>
6   <body>
7   《Microsoft 软件最终用户许可协议》中有关客户端访问许可证的内容，请<a href="【示例 3-4】设置链接
    到本页的锚点.html" target="_blank">单击这里</a>查看，也可以<a href="【示例 3-4】设置链接到本页的锚
    点.html#target03" target="_blank">单击这里</a>查看。
8   </body>
9   </html>
```

示例3-5运行效果如图3.6所示。可以看出，单击第一个"单击这里"超链接时，打开一个新浏览器窗口显示网页内容，但是默认情况下定位到网页的顶端，浏览者还需要自己寻找有关客户端访问许可证的内容在哪里；而单击第二个"单击这里"超链接时，也会打开一个新浏览器窗口显示网页内容，但直接定位到了客户端访问许可证区域。

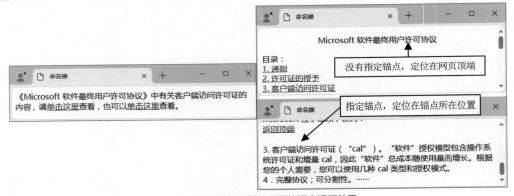

图 3.6　设置链接到其他网页的锚点运行效果

3.3　图片的超链接

<a>标签不仅可以为文字设置超链接，还可以为图片设置超链接。为图片设置超链接有两种方式：一种是为整个图片设置超链接，只要单击该图片，就可以跳转到链接地址；另一种是为图片设置热点区域，将图片划分为多个区域，单击图片不同的位置将会跳转到不同的链接地址。

3.3.1　将整个图片设置为超链接

将整个图片设置为超链接的方法很简单，只需要将<a>标签中的链接文字换成<img>标签，并在<img>标签中添加需要设置为超链接的图片。其语法格式如下。

```
<a href="链接地址"><img src="源文件地址"></a>
```

< 32 >

【示例 3-6】将图片设置为超链接。

```
1   <!DOCTYPE html>
2   <html>
3   <head>
4   <title>图片超链接</title>
5   </head>
6   <body>
7   <a href="http://www.ryjiaoyu.com" title="人邮教育">
8      <img src="renyou.gif">
9   </a><br/>
10  <a href="http://www.baidu.com" title="百度" target="_blank">
11     <img src="baidu.gif">
12  </a><br/>
13  <a href="http://www.ibucm.com" title="北京中医药大学远程教育学院" target= "_blank">
14     <img src="ibucm.gif"><br/>
15     北京中医药大学远程教育学院
16  </a><br/>
17  </body>
18  </html>
```

示例 3-6 运行效果如图 3.7 所示。由图 3.7 可以看出，除了可以将图片设置为超链接，也可以将图片与文字一起设置为超链接（见以上代码第 13～15 行）。

图 3.7　将图片设置为超链接运行效果

3.3.2　设置图片热点区域

除了可以为整个图片设置超链接，还可以为图片设置热点区域，也就是将一个图片划分成多个可单击的区域，单击不同的区域将跳转到不同的链接地址。在定义图片热点区域时，除了要定义图片热点区域名称，还要设置图片热点区域范围，此时可以使用<img>标签中的 usemap 属性和<map>标签，其语法格式如下。

```
<img src="url" usemap="#map 名">
<map name="map 名">
  <area shape="图片热点区域形状" coords="图片热点区域坐标" href="链接地址">
</map>
```

其中，usemap 属性值的"map 名"必须是<map>标签中的 name 属性值，因为可以为不同的图片创建单击区域，每个图片都会对应一个<map>标签，不同的图片以 usemap 的属性值来认领不同的<map>标签。需要注意的是，usemap 属性值中的"map 名"前面必须加上#。

<map>标签至少包含一个<area>标签，如果一个图片上有多个可单击区域，则会有多个<area>标签。在<area>标签中，必须指定 coords 属性，该属性值是一组用逗号隔开的数字，通过这些数字可以决定可单击区域的位置，但是 coords 属性值的具体含义取决于 shape 的属性值；shape 属性用于指定可单击区域的形状；其值可以为以下几种。

- circle：指定可单击区域为圆形，此时 coords 的值应该是类似 x,y,z 的表示方法。其中，(x,y) 代表圆心的坐标，该坐标是相对图片的左上角而言的，也就是说，图片左上角的坐标是(0,0)；而 z 代表圆的半径，单位为像素。circle 也可以简写为 circ。
- polygon：指定可单击区域为多边形，此时 coords 的值应该是类似 $x1,y1,x2,y2,x3,y3,\cdots$ 的表示方法。其中，$(x1,y1)$ 是多边形的一个顶点的坐标，$(x2,y2)$ 是多边形的另一个顶点的坐标，至少 3 个顶点才能形成一个区域（三角形区域）。同样地，这些坐标也是相对图片左上角而言的。因为

< 33 >

在 HTML 中多边形会自动闭合，所以在 coords 中不用重复第一个坐标来闭合整个区域。polygon 也可以简写成 poly。

- rectangle：指定可单击区域为矩形，此时 coords 的值应该是类似 x1,y1,x2,y2 的表示方法。其中，$(x1,y2)$ 是矩形的一个角的顶点坐标，$(x2,y2)$ 是该角对角的顶点坐标。同样地，这些坐标也是相对图片左上角而言的。rectangle 也可以简写成 rect。

3.4 小结

本章主要介绍了 HTML 中超链接的使用，包括创建超链接、创建锚点和创建图片超链接的方法。其中，创建超链接包括超链接标签、链接地址和打开链接的方式；创建锚点包括链接到本页锚点和链接到其他网页的锚点；创建图片超链接包括将整个图片设置为超链接和设置图片热点区域。

习题

1. 超链接可以链接_____、_____、_____、_____等多种文件。
2. 超链接由_____、_____、_____、_____、_____ 5 部分组成。
3. 下列链接到本页锚点的方法中正确的是_____。

    A.
    ```
    <a name="#锚点名称">锚点的链接文字</a>
    <a href="锚点名称">锚点的链接文字</a>
    ```
    B.
    ```
    <a name="锚点名称">锚点的链接文字</a>
    <a href="锚点名称">锚点的链接文字</a>
    ```
    C.
    ```
    <a name="#锚点名称">锚点的链接文字</a>
    <a href="#锚点名称">锚点的链接文字</a>
    ```
    D.
    ```
    <a name="锚点名称">锚点的链接文字</a>
    <a href="#锚点名称">锚点的链接文字</a>
    ```
4. 下列设置图片热点区域的方法中正确的是_____。

    A.
    ```
    <img src="map.jpg" usemap="map">
    <map name="map">
      <area shape="circle" coords="30,46,20" href="xx.html">
    </map>
    ```
    B.
    ```
    <img src="map.jpg" usemap="#map">
    <map name="map">
      <area shape="circle" coords="30,46,20" href="xx.html">
    </map>
    ```
    C.
    ```
    <img src="map.jpg" usemap="#map">
    <map name="map">
      <area shape="rect" coords="30,46" href="xx.html">
    </map>
    ```

< 34 >

D.
```
<img src="map.jpg" usemap="map">
<map name="map">
  <area shape="rect" coords="10,40,72,38,51,20,52,45" href="xx.html">
</map>
```
5. 简述相对路径和绝对路径的不同。

上机指导

本章详细讲解了超链接的常用语法，并结合实例介绍了超链接的使用方法。下面通过上机操作来巩固本章所学的知识点。

实验一

实验内容
使用<a>标签来创建一个以新窗口打开的超链接。

实验目的
巩固知识点。

实现思路
使用<a>标签来创建一个超链接，并使用<a>标签中的 target 属性来设置打开链接的方式。

在 Dreamweaver 中选择"新建"|"HTML"命令，新建 HTML 文件。在 HTML 文件中输入代码，实现单击超链接后在新窗口中弹出百度首页的功能。完成超链接的创建后，查看运行效果如图 3.8 所示。

图 3.8　以新窗口打开超链接的效果

实验二

实验内容
使用<a>标签创建超链接，链接到其他网页的锚点。

实验目的
巩固知识点。

< 35 >

实现思路

使用<a>标签创建一个超链接，并使用<a>标签的 name 属性和 href 属性链接到其他网页的锚点。

在 Dreamweaver 中选择"新建"|"HTML"命令，新建一个设置链接文字的 HTML 文件。在 HTML 文件中输入的关键代码如下。

```
        牡丹以它的雍容华贵而闻名，为芍药科、芍药属。因品种不同，牡丹有高有矮、有丛有独、有直有斜、有聚有散，
各有所异。一般来说，其按形状可分为 5 个类型，分别是<a href="3-5-1.html#type1" target="_blank">直
立型</a>、<a href="3-5-1.html #type2" target="_blank">疏散型</a>、<a href="3-5-1.html #type3"
target="_blank">开张型</a>、<a href="3-5-1.html #type4" target="_blank">矮生型</a>、<a
href="3-5-1.html #type5" target="_blank">独干型</a>。
```

选择"文件"|"保存"命令，输入保存路径，单击"保存"按钮进行保存。

再选择"新建"|"HTML"命令，新建一个设置锚点的 HTML 文件，命名为 3-5-1.html。在 3-5-1.html 文件中输入的关键代码如下。

```
<a name="type1">1.直立型</a><br/>
    枝条直立挺拔而较高，分布紧凑，展开角度小，枝条与垂直线的夹角很小，如"首案红"等。<br/>
    <p>
<a name="type2">2.疏散型</a><br/>
    枝条多疏散弯曲向四周伸展，株幅大于株高，形成低矮展开的株形，如"青龙卧墨池"等。<br/>
    </p>
    <p>
<a name="type3">3.开张型</a><br/>
    枝条生长健壮挺拔，向四周斜伸开张，株形圆满端正，高矮适中，如"状元红"等。<br/>
    </p>
    <p>
<a name="type4">4.矮生型</a><br/>
    枝条生长缓慢，节间短而叶密，枝条分布紧凑短小，如"海云紫"。<br/>
    </p>
    <p>
<a name="type5">5.独干型</a><br/>
    多为人工培植的艺术造型，具有明显的主干，主干高矮不等，一般在 20～80cm。主干上部分生数枝，构成树
冠（有的无树冠），形态古雅，酷似盆景，生长较慢，一般成型期需 8 年以上，如"十八号"。<br/>
    </p>
```

在菜单栏中选择"文件"|"保存"命令，输入保存路径，单击"保存"按钮。运行效果如图 3.9 所示。

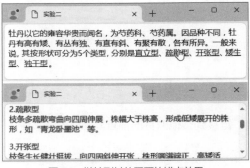

图 3.9　链接到其他网页的锚点效果

< 36 >

实验三

实验内容

使用<img>标签的 usemap 属性和<map>标签设置一个矩形的图片热点区域。

实验目的

巩固知识点。

实现思路

使用<img>标签的 usemap 属性和<map>标签设置一个矩形的图片热点区域，并使用<area>标签设置图片热点区域的形状和范围。

在 Dreamweaver 中选择"新建"|"HTML"命令，新建 HTML 文件。在 HTML 文件中输入的关键代码如下。

```
<img src="map.gif" border="0" usemap="#map">
    <map name="map">
        <area  shape="rect"  coords="370,387,419,424"  href="http://www.baidu.com#chongqing"
target="_blank">
    </map>
```

在菜单栏中选择"文件"|"保存"命令，输入保存路径，单击"保存"按钮，完成矩形图片热点区域的设置。

< 37 >

第 **4** 章 表格

在文档处理中，表格是一种很常用的表现手法。HTML 中的表格除了用来对齐数据，更多地用来进行页面布局。无论是普通的 HTML 页面还是动态网站，都需要使用表格来布局页面。本章讲解表格的使用。

4.1 创建表格

表格的开始标签是<table>，结束标签是</table>。所有的表格内容都位于这两个标签之间。一个完整的表格除了包含<table>标签，还要有行标签<tr>和单元格标签<td>。可以说，在页面中要创建一个完整的表格，至少要使用这 3 个标签。创建表格的语法格式如下。

```
<table>
    <tr>
        <td>表格的内容</td>
    </tr>
</table>
```

【示例 4-1】创建一个两行三列的表格。

```
1   <!DOCTYPE html>
2   <html>
3   <head>
4   <title>在页面中添加表格</title>
5   </head>
6   <body>
7   表格主要是为了进行页面布局，有时候也可以让页面中的内容更加整齐。
8   <p>
9   <table>
10    <tr>
11      <td>首行第一列</td>
12      <td>首行第二列</td>
13      <td>首行第三列</td>
14    </tr>
15    <tr>
16      <td>第二行的第一列</td>
17      <td>第二行的第二列</td>
18      <td>第二行的第三列</td>
19    </tr>
20  </table>
21  </body>
22  </html>
```

第 9~20 行创建了一个两行三列的表格。示例 4-1 运行效果如图 4.1 所示。

示例 4-1 创建了一个两行三列的表格，但只是文字按照表格的布局来显示，并没有显示出表格。如果要显示表格，还需要设置表格的相关属性。

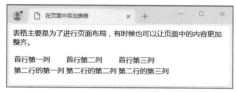

图 4.1　创建表格运行效果

4.2　表格属性

在默认情况下，表格只是作为布局的工具，不会在页面中显示出来。但有时候，将表格显示出来并设置一定的效果能使页面内容更加整齐。

4.2.1　表格宽度

表格的默认宽度是以内容为标准的。如果要设置表格的宽度为某一特定值，而与其内容无关，则可以使用 width 属性，其语法格式如下。

```
<table width="表格宽度">
    <tr>
     <td>表格的内容</td>
    </tr>
</table>
```

其中，表格宽度可以是表格的绝对宽度（单位为 px），也可以设置为相对宽度，即占窗口宽度的百分比。

【示例 4-2】设置两个不同宽度的表格。

```
1    <!DOCTYPE html>
2    <html>
3    <head>
4    <title>设置表格的宽度</title>
5    </head>
6    <body>
7    表格主要是为了进行页面布局，有时候也可以让页面中的内容更加整齐。
8    <p>
9    表格宽度为 400px:
10   <table border="2" bordercolor="blue" width="400px">
11      <tr>
12       <td>首行第一列</td>
13       <td>首行第二列</td>
14       <td>首行第三列</td>
15      </tr>
16      <tr>
17       <td>第二行的第一列</td>
18       <td>第二行的第二列</td>
19       <td>第二行的第三列</td>
20      </tr>
21   </table>
22   <p>
23   表格宽度占窗口宽度的 80%:
24   <table border="3" width="80%">
25      <tr>
26       <td>首行第一列</td>
27       <td>首行第二列</td>
```

< 39 >

```
28        <td>首行第三列</td>
29      </tr>
30      <tr>
31        <td>第二行的第一列</td>
32        <td>第二行的第二列</td>
33        <td>第二行的第三列</td>
34      </tr>
35    </table>
36  </body>
37  </html>
```

第 10 行在定义表格时，使用了 border、bordercolor、width 这 3 种属性，分别为表格设置边框宽度、边框颜色和表格宽度。示例 4-2 运行效果如图 4.2 所示。

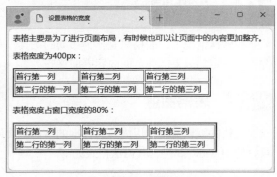

图 4.2　设置表格宽度运行效果

4.2.2　表格高度

除了可以为表格指定宽度，还可以为表格指定高度。通常表格的高度都是由表格的行数及单元格中的内容决定的。为表格设置高度后，如果表格的行数与单元格中的内容使表格的高度高于指定的高度，则浏览器将以实际的高度显示表格；如果实际高度低于指定高度，则浏览器以指定高度显示表格。<table>标签的 height 属性可以用来指定表格高度，其语法格式如下。

```
<table height="表格高度">
    <tr>
      <td>表格的内容</td>
    </tr>
</table>
```

【示例 4-3】设置两个不同高度的表格。

```
1   <!DOCTYPE html>
2   <html>
3   <head>
4   <title>表格高度</title>
5   </head>
6   <body>
7   <table border="1">
8       <tr>
9           <th>学号</th>
10          <th>姓名</th>
11          <th>语文</th>
12          <th>数学</th>
13          <th>英语</th>
14      </tr>
15      <tr>
16          <td>200601001</td>
17          <td>张三</td>
18          <td>89</td>
19          <td>87</td>
20          <td>77</td>
21      </tr>
22      <tr>
23          <td>200601002</td>
```

< 40 >

```
24          <td>李四</td>
25          <td>78</td>
26          <td>98</td>
27          <td>67</td>
28      </tr>
29      <tr>
30          <td>200601003</td>
31          <td>王五</td>
32          <td>67</td>
33          <td>88</td>
34          <td>99</td>
35      </tr>
36  </table><br/>
37  <table border="1" height="300px">
38      <tr>
39          <th>学号</th>
40          <th>姓名</th>
41          <th>语文</th>
42          <th>数学</th>
43          <th>英语</th>
44      </tr>
45      <tr>
46          <td>200601001</td>
47          <td>张三</td>
48          <td>89</td>
49          <td>87</td>
50          <td>77</td>
51      </tr>
52      <tr>
53          <td>200601002</td>
54          <td>李四</td>
55          <td>78</td>
56          <td>98</td>
57          <td>67</td>
58      </tr>
59      <tr>
60          <td>200601003</td>
61          <td>王五</td>
62          <td>67</td>
63          <td>88</td>
64          <td>99</td>
65      </tr>
66  </table>
67  </body>
68  </html>
```

以上代码分别在第 7 行与第 37 行定义了两个表格，两个表格的内容完全相同；不同之处在于，第二个表格使用了 height 属性来定义表格的高度。示例 4-3 运行效果如图 4.3 所示。可以看出，第二个表格指定了表格高度，因此在显示时，第二个表格明显高于第一个表格。

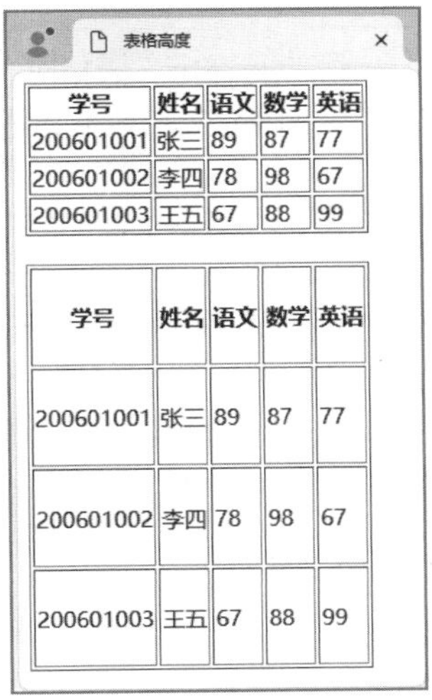

4.2.3　表格背景图片

通过<table>标签的 background 属性可以为表格指定背景图片，这种指定方法类似于为网页指定背景图片。如果背景图片比表格小，系统则会平铺该背景图片以充满整个表；如果背景图片比表格大，系统则会对背景图片进行裁剪，以适应该表格。设置表格背景图片的语法格式如下。

学号	姓名	语文	数学	英语
200601001	张三	89	87	77
200601002	李四	78	98	67
200601003	王五	67	88	99

学号	姓名	语文	数学	英语
200601001	张三	89	87	77
200601002	李四	78	98	67
200601003	王五	67	88	99

图 4.3　设置表格高度运行效果

< 41 >

```
<table background="图像源文件地址">
    <tr>
        <td>表格的内容</td>
    </tr>
</table>
```

background 的属性值也是一个标准的 URL，其图片可以为 GIF 或 JPEG 格式。

【示例 4-4】设置表格背景图片。

```
1    <!DOCTYPE html>
2    <html>
3    <head>
4    <title>表格背景图片</title>
5    </head>
6    <body>
7    <table border="1" background="4.2.jpg">
8        <tr>
9            <th>学号</th>
10           <th>姓名</th>
11           <th>语文</th>
12           <th>数学</th>
13           <th>英语</th>
14       </tr>
15       <tr>
16           <td>200601001</td>
17           <td>张三</td>
18           <td>89</td>
19           <td>87</td>
20           <td>77</td>
21       </tr>
22       <tr>
23           <td>200601002</td>
24           <td>李四</td>
25           <td>78</td>
26           <td>98</td>
27           <td>67</td>
28       </tr>
29   </table>
30   </body>
31   </html>
```

第 7 行在定义表格时，使用 background 属性为表格指定背景图片。示例 4-4 运行效果如图 4.4 所示。

图 4.4　设置表格背景图片运行效果

4.2.4　单元格间距

单元格间距是指表格中两个相邻单元格的距离和单元格与表格边框的距离。在默认情况下，单元格间距是 2px。设置<table>标签的 cellspacing 属性值，可以增大或缩小单元格间距，其语法格式如下。

```
<table cellspacing="间距大小">
    <tr>
     <td>表格的内容</td>
    </tr>
</table>
```

【示例 4-5】设置单元格间距不同的两个表格。

```
1    <!DOCTYPE html>
```

< 42 >

```
2    <html>
3    <head>
4    <title>单元格间距</title>
5    </head>
6    <body>
7    <table border="1" cellspacing="7">
8        <tr>
9            <th>学号</th>
10           <th>姓名</th>
11           <th>语文</th>
12           <th>数学</th>
13           <th>英语</th>
14       </tr>
15       <tr>
16           <td>200601001</td>
17           <td>张三</td>
18           <td>89</td>
19           <td>66</td>
20           <td>76</td>
21       </tr>
22       <tr>
23           <td>200601002</td>
24           <td>李四</td>
25           <td>78</td>
26           <td>98</td>
27           <td>67</td>
28       </tr>
29   </table><br/>
30   <table border="1">
31       <tr>
32           <th>学号</th>
33           <th>姓名</th>
34           <th>语文</th>
35           <th>数学</th>
36           <th>英语</th>
37       </tr>
38       <tr>
39           <td>200601001</td>
40           <td>张三</td>
41           <td>89</td>
42           <td>66</td>
43           <td>76</td>
44       </tr>
45       <tr>
46           <td>200601002</td>
47           <td>李四</td>
48           <td>78</td>
49           <td>98</td>
50           <td>67</td>
51       </tr>
52   </table>
53   </body>
54   </html>
```

　　以上代码共创建了两个表格。第 7 行在第一个表格中使用 cellspacing 属性指定单元格的间距为 7px。第 30 行定义在第二个表格中单元格的间距为默认的 2px。比较这两个表格可以发现，第一个表格的单元格间距要比第二个表格的单元格间距大。示例 4-5 运行效果如图 4.5 所示。

< 43 >

4.2.5 表格内单元格与文字的距离

表格内单元格与文字的距离是指在单元格内，文字与单元格边框的距离。在默认情况下，文字是紧贴着单元格的边框出现的，这样会显得页面的内容有些拥挤。这时可以通过 <table> 标签的 cellpadding 属性来调整这一距离，其语法格式如下。

图 4.5　设置单元格间距运行效果

```
<table cellpadding="单元格与文字的距离">
    <tr>
        <td>表格的内容</td>
    </tr>
</table>
```

其中，单元格与文字的距离以 px 为单位，默认设置为 0px。

【示例 4-6】设置单元格与文字的距离不同的两个表格。

```
1   <!DOCTYPE html>
2   <html>
3   <head>
4   <title>设置单元格与文字的距离</title>
5   </head>
6   <body>
7   <table border="2" bordercolor="red">
8       <tr>
9           <td>首行第一列</td>
10          <td>首行第二列</td>
11          <td>首行第三列</td>
12      </tr>
13      <tr>
14          <td>第二行的第一列</td>
15          <td>第二行的第二列</td>
16          <td>第二行的第三列</td>
17      </tr>
18  </table>
19  <p><hr color="blue">
20  <table border="2" bordercolor="red" cellpadding="10px">
21      <tr>
22          <td>首行第一列</td>
23          <td>首行第二列</td>
24          <td>首行第三列</td>
25      </tr>
26      <tr>
27        <td>第二行的第一列</td>
28        <td>第二行的第二列</td>
29        <td>第二行的第三列</td>
30      </tr>
31  </table>
32  </body>
33  </html>
```

以上代码创建了两个表格。第一个表格使用默认的单元格与文字的距离，第二个表格在第 20 行定义时使用 cellpadding 属性指定单元格与文字的距离为 10px。示例 4-6 运行效果如图 4.6 所示。可以看出，在表格内设置的单元格与文字的距离不是只在文字左侧起作用，而是在它的上、下、左、右同时有效。

< 44 >

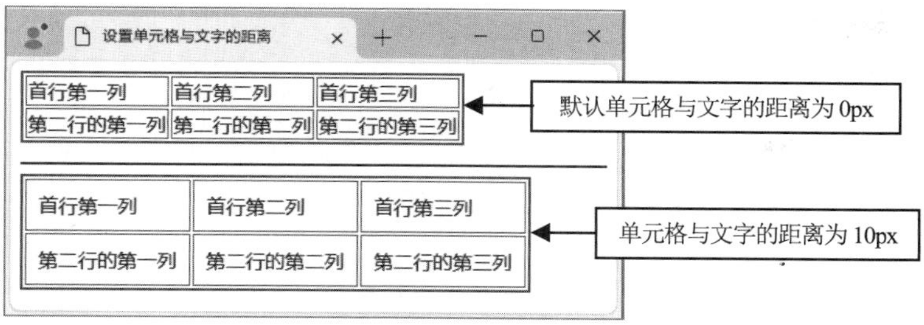

图 4.6 设置单元格与文字的距离运行效果

4.3 表格边框

表格的用处很多，只要不是用于网页排版，通常都会显示表格边框，而且要设置表格的属性就要先将表格的边框显示出来，这样才能更好地查看表格的效果。HTML 为<table>标签提供了多种属性用于设置表格边框的样式。

4.3.1 边框宽度

在 HTML 中，默认表格的边框宽度为 0，即不显示表格的边框。如果要显示表格的边框，就必须指定边框宽度。在 HTML 中，可以使用<table>标签的 border 属性来设置表格的边框宽度，其语法格式如下。

```
<table border="边框宽度">
    <tr>
     <td>表格的内容</td>
    </tr>
</table>
```

【示例 4-7】设置边框宽度不同的两个表格。其中，第一个表格的边框宽度为 1px，第二个表格的边框宽度为 10px。

```
1   <!DOCTYPE html>
2   <html>
3   <head>
4   <title>表格边框宽度</title>
5   </head>
6   <body>
7   <table border="1">
8      <tr>
9          <th>学号</th>
10         <th>姓名</th>
11         <th>语文</th>
12         <th>数学</th>
13         <th>英语</th>
14     </tr>
15     <tr>
16         <td>200601001</td>
17         <td>张三</td>
18         <td>89</td>
19         <td>87</td>
20         <td>77</td>
21     </tr>
```

< 45 >

```
22        <tr>
23            <td>200601002</td>
24            <td>李四</td>
25            <td>78</td>
26            <td>98</td>
27            <td>67</td>
28        </tr>
29        <tr>
30            <td>200601003</td>
31            <td>王五</td>
32            <td>67</td>
33            <td>88</td>
34            <td>99</td>
35        </tr>
36    </table><br/>
37    <table border="10">
38        <tr>
39            <th>学号</th>
40            <th>姓名</th>
41            <th>语文</th>
42            <th>数学</th>
43            <th>英语</th>
44        </tr>
45        <tr>
46            <td>200601001</td>
47            <td>张三</td>
48            <td>89</td>
49            <td>87</td>
50            <td>77</td>
51        </tr>
52        <tr>
53            <td>200601002</td>
54            <td>李四</td>
55            <td>78</td>
56            <td>98</td>
57            <td>67</td>
58        </tr>
59        <tr>
60            <td>200601003</td>
61            <td>王五</td>
62            <td>67</td>
63            <td>88</td>
64            <td>99</td>
65        </tr>
66    </table>
67    </body>
68    </html>
```

第7行与第37行分别创建了两个表格，其中第一个表格的边框宽度为 1px，第二个表格的边框宽度为 10px。示例 4-7 运行效果如图 4.7 所示。

4.3.2 边框颜色

在默认情况下，表格边框是灰色的。如果整个页面设置了特定的颜色，为了使表格和整个页面协调一致，就应该为表格的边框设置配色。在 HTML 中，可以使用<table>标签的

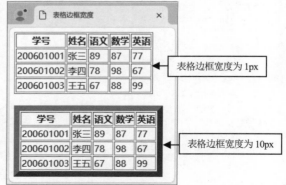

图 4.7 设置表格边框宽度运行效果

< 46 >

bordercolor 属性来设置表格的边框颜色，其语法格式如下。

```
<table border="边框宽度" bordercolor="边框颜色">
    <tr>
     <td>表格的内容</td>
    </tr>
</table>
```

同样，这里的边框颜色可以是颜色的英文名，也可以是十六进制的颜色代码。需要注意的是，要想为边框设置颜色，必须先为边框设置宽度，否则看不到效果。

【示例 4-8】设置表格边框颜色为蓝色。

```
1  <!DOCTYPE html>
2  <html>
3  <head>
4  <title>设置表格的边框颜色</title>
5  </head>
6  <body>
7  表格主要是为了进行页面布局，有时候也可以让页面中的内容更加整齐。
8  <table border="5" bordercolor="blue">
9      <tr>
10         <td>首行第一列</td>
11         <td>首行第二列</td>
12         <td>首行第三列</td>
13     </tr>
14     <tr>
15         <td>第二行的第一列</td>
16         <td>第二行的第二列</td>
17         <td>第二行的第三列</td>
18     </tr>
19  </table>
20  </body>
21  </html>
```

第 8 行代码在创建表格时，使用 bordercolor 属性为表格边框指定颜色。示例 4-8 运行效果如图 4.8 所示。在实际页面中可以看出，设置边框颜色与设置边框宽度不同，这里的边框颜色不仅对外边框起了作用，对单元格的边框（即内边框）也同样有效。

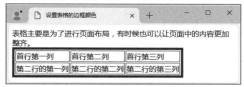

图 4.8　设置边框颜色运行效果

4.4　设置表格行的对齐方式

表格是由行组成的，行也可以设置对齐方式，以使表格更加整齐。表格行的对齐方式包括水平对齐方式和垂直对齐方式。

4.4.1　垂直对齐方式

valign 属性可以设置表格行的垂直对齐方式，以使行中的内容都垂直对齐。其默认值为垂直居中对齐。垂直对齐方式的语法格式如下。

```
<table>
    <tr valign="">
```

< 47 >

```
        <td>表格的内容</td>
    </tr>
</table>
```

valign 属性有 3 个值：middle、top、bottom，分别表示居中对齐、居上对齐、居下对齐。这 3 个属性值除了可以写在\<tr\>标签中，还可以写在\<td\>标签中。写在\<td\>标签中用来控制列中的内容垂直对齐，其用法与写在\<tr\>标签中的用法一样。

【示例 4-9】valign 的 3 个属性值的用法。为了效果更明显，设置表格高度为 230px。创建一个三行三列的表格，其中，第一行居上对齐，第二行居中对齐，第三行居下对齐。

```
1   <!DOCTYPE html>
2   <html>
3   <head>
4   <title>设置行的垂直对齐方式</title>
5   </head>
6   <body>
7   <table border="2" width="420px" height="230px">
8       <tr valign="top">
9           <td>首行第一列</td>
10          <td>首行第二列</td>
11          <td>首行第三列</td>
12      </tr>
13      <tr valign="middle">
14          <td>第二行的第一列</td>
15          <td>第二行的第二列</td>
16          <td>第二行的第三列</td>
17      </tr>
18      <tr valign="bottom">
19          <td>第三行的第一列</td>
20          <td>第三行的第二列</td>
21          <td>第三行的第三列</td>
22      </tr>
23  </table>
24  </body>
25  </html>
```

以上代码分别在第 8 行、第 13 行及第 18 行的\<tr\>标签中为各自所在的行指定垂直对齐方式为居上对齐、居中对齐和居下对齐。示例 4-9 运行效果如图 4.9 所示。

图 4.9　设置行的垂直对齐方式运行效果

4.4.2　水平对齐方式

align 属性可以设置表格行的水平对齐方式，以使行中的内容都水平对齐。其默认值为水平居左对齐。水平对齐方式的语法格式如下。

```
<table>
    <tr align="">
        <td>表格的内容</td>
    </tr>
</table>
```

align 属性有 3 个值：center、right、left，分别表示居中对齐、居右对齐和居左对齐。

【示例 4-10】align 3 个属性值的用法。为了效果更明显，设置表格宽度为 600px。创建一个三行三列的表格，其中，第一行居中对齐，第二行居右对齐，第三行居左对齐。

< 48 >

```
1    <!DOCTYPE html>
2    <html>
3    <head>
4    <title>设置行的水平对齐方式</title>
5    </head>
6    <body>
7    <table border="2" width="600px" height="150px">
8       <tr align="center">
9           <td>首行第一列</td>
10          <td>首行第二列</td>
11          <td>首行第三列</td>
12      </tr>
13      <tr align="right">
14          <td>第二行的第一列</td>
15          <td>第二行的第二列</td>
16          <td>第二行的第三列</td>
17      </tr>
18      <tr align="left">
19          <td>第三行的第一列</td>
20          <td>第三行的第二列</td>
21          <td>第三行的第三列</td>
22      </tr>
23  </table>
24  </body>
25  </html>
```

以上代码分别在第 8 行、第 13 行及第 18 行的<tr>标签中为各自所在的行指定水平对齐方式为居中对齐、居右对齐和居左对齐。示例 4-10 运行效果如图 4.10 所示。

首行第一列	首行第二列	首行第三列
第二行的第一列	第二行的第二列	第二行的第三列
第三行的第一列	第三行的第二列	第三行的第三列

图 4.10　设置行的水平对齐方式运行效果

4.5　列和行的合并

在实际使用表格时，可能会出现不同的行有不同个数的列，或者不同的列有不同个数的行的情况。在这类情况下，就需要进行列或行的合并。

4.5.1　列的合并

colspan 属性可以合并列，就是把一行中的某个单元格与其右侧的一个或多个单元格合并。其语法格式如下。

```
<table>
   <tr>
    <td colspan="所跨的列数">表格的内容</td>
   </tr>
</table>
```

< 49 >

这里设置的是单元格所跨的列数，而不是像素数。需要注意的是，设置水平跨度时，某一行单元格的跨度总和不能超过表格内的总列数，否则表格内将会出现无法编辑的空白区域。

【示例4-11】合并表格的列。

```
1    <!DOCTYPE html>
2    <html>
3    <head>
4    <title>设置单元格的跨列合并</title>
5    </head>
6    <body>
7    <table border="2" width="400px" height="120px">
8        <tr>
9            <td colspan="3">首行1列</td>
10       </tr>
11       <tr>
12           <td colspan="2">2行1列</td>
13           <td>2行2列</td>
14       </tr>
15       <tr>
16           <td>3行1列</td>
17           <td>3行2列</td>
18           <td>3行3列</td>
19       </tr>
20   </table>
21   </body>
22   </html>
```

第9行设置 colspan="3"，将首行单元格的水平跨度设置为3，也就是合并首行的3列，由于表格共包括3列，因此首行只有一个单元格；第12行设置 colspan="2"，将第二行第一个单元格的水平跨度设置为2，也就是合并第二行的2列，由于表格共包括3列，因此第二行有两个单元格。示例4-11运行效果如图4.11所示。

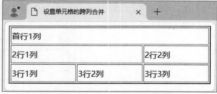

图4.11　合并列的运行效果

4.5.2　行的合并

rowspan 属性可以合并行，就是合并单元格与其下方的一个或几个单元格。其语法格式如下。

```
<table>
    <tr>
        <td rowspan="所跨的行数">表格的内容</td>
    </tr>
</table>
```

这里设置的是单元格所跨的行数。同样，设置垂直跨度时，某一列单元格的跨度总和不能超过表格的总行数，否则表格内也会出现无法编辑的空白区域。

【示例4-12】合并表格的行。

```
1    <!DOCTYPE html>
2    <html>
3    <head>
4    <title>设置单元格的跨行合并</title>
5    </head>
6    <body>
7    <table border="1" width="350px" height="150px">
8        <tr>
```

< 50 >

```
9              <th>部门</th>
10             <th>姓名</th>
11             <th>通信地址</th>
12         </tr>
13         <tr>
14             <td rowspan="3">技术部</td>
15             <td>张三</td>
16             <td>北京市北三环东路</td>
17         </tr>
18         <tr>
19             <td>李四</td>
20             <td>北京市朝阳区</td>
21         </tr>
22         <tr>
23             <td>王五</td>
24             <td>北京市和平街北口</td>
25         </tr>
26         <tr>
27             <td rowspan="2">教学部</td>
28             <td>钱六</td>
29             <td>北京市樱花东街</td>
30         </tr>
31         <tr>
32             <td>赵七</td>
33             <td>北京市樱花西街</td>
34         </tr>
35     </table>
36     </body>
37 </html>
```

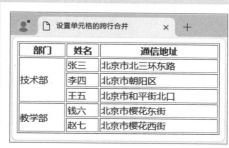

图 4.12　合并行的运行效果

　　第 14 行通过<td rowspan="3">将表格第 2 行的第一个单元格与其下方两行（即第 3 行和第 4 行）的第一个单元格合并成一个单元格。此时在源代码中，表格的第 3 行与第 4 行中只有两个<td>标签，这是因为合并了一个单元格之后，在这两行分别只剩下两个单元格需要输入代码。同样，第 27 行通过<td rowspan="2">将表格第 5 行的第一个单元格与其下方一行（即第 6 行）的第一个单元格合并，因此在源代码中，表格的第 6 行中只有两个<td>标签。示例 4-12 运行效果如图 4.12 所示。

4.6　表格结构

　　表格结构标签可以明确表格结构，包括表格的头（表头）、身（主体）和尾（表尾）。设置表格结构时，还可以分别设置表头、主体以及表尾的样式。

4.6.1　表头

　　通常表格的第 1 行是用于说明本列数据含义的表头行。表头标签<thead>用于组合表格的表头内容。使用表头标签<thead>可以让网页中过长的表格在打印时每页的顶端都显示表头标签<thead>的内容。设置表头的语法格式如下。

```
<thead>
    <tr>
        <td>单元格内的文字</td>
```

< 51 >

```
        </tr>
    </thead>
```

【示例 4-13】为表格设置表头。

```
1   <!DOCTYPE html>
2   <html>
3   <head>
4   <title>表头</title>
5   </head>
6   <body>
7   <table border="1" width="350px" height="100px">
8       <thead>
9           <tr>
10              <td>学号</td>
11              <td>姓名</td>
12              <td>语文</td>
13              <td>数学</td>
14              <td>英语</td>
15          </tr>
16      </thead>
17      <tr>
18          <td>200601001</td>
19          <td>张三</td>
20          <td>89</td>
21          <td>66</td>
22          <td>76</td>
23      </tr>
24      <tr>
25          <td>200601002</td>
26          <td>李四</td>
27          <td>78</td>
28          <td>98</td>
29          <td>67</td>
30      </tr>
31  </table>
32  </body>
33  </html>
```

第 8 ~ 16 行的<thead>与</thead>标签之间的内容就是表格的表头，运行效果如图 4.13 所示。

图 4.13　设置表头运行效果

4.6.2　主体

表格的主体就是表格真正要表达的内容和数据，一般占表格的大部分区域。通过主体标签<tbody>可以更好地划分表格的结构。设置表格主体的语法格式如下。

```
<tbody>
    <tr>
        <td>单元格内的文字</td>
    </tr>
</tbody>
```

< 52 >

【示例4-14】为表格设置主体。

```
1   <!DOCTYPE html>
2   <html>
3   <head>
4   <title>表格主体</title>
5   </head>
6   <body>
7   <table border="1" width="350px" height="150px">
8       <caption>通信录</caption>
9       <tr>
10          <th>部门</th>
11          <th>姓名</th>
12          <th>通信地址</th>
13      </tr>
14      <tbody>
15        <tr>
16            <td rowspan="3">技术部</td>
17            <td>张三</td>
18            <td>北京市北三环东路</td>
19        </tr>
20        <tr>
21            <td>李四</td>
22            <td>北京市朝阳区</td>
23        </tr>
24        <tr>
25            <td>王五</td>
26            <td>北京市和平街北口</td>
27        </tr>
28      </tbody>
29      <tbody>
30        <tr>
31            <td rowspan="2">教学部</td>
32            <td>钱六</td>
33            <td>北京市樱花东街</td>
34        </tr>
35        <tr>
36            <td>赵七</td>
37            <td>北京市樱花西街</td>
38        </tr>
39      </tbody>
40  </table>
41  </body>
42  </html>
```

以上代码分别在第 14 行与第 29 行使用<tbody>标签把表格主
体分成"技术部"和"教学部"两部分,这样可以更好地划分表
格结构,也可以更方便地设置表格主体的样式。如果表格内容不
可分割,则可以省略<tbody>标签,因为在默认情况下,表格中的
所有正文会被当成一个整体。示例 4-14 运行效果如图 4.14 所示。

图 4.14　设置表格主体运行效果

4.6.3 表尾

表格的表尾主要用于标注表格的额外信息,如内
容的设计者、创建日期、总和等。使用表格的表尾标签<tfoot>可以让网页中过长的表格在打印时每页
的底端都显示表尾标签<tfoot>的内容。设置表尾的语法格式如下。

< 53 >

```
        <tfoot>
            <tr>
                <td>单元格内的文字</td>
            </tr>
        </tfoot>
```

【示例 4-15】为表格设置表尾。

```
1    <!DOCTYPE html>
2    <html>
3    <head>
4    <title>表尾</title>
5    </head>
6    <body>
7    <table border="1" cellspacing="0" width="300px">
8        <thead>
9            <tr>
10                <th>学号</th>
11                <th>姓名</th>
12                <th>语文</th>
13                <th>数学</th>
14                <th>英语</th>
15            </tr>
16        </thead>
17        <tbody>
18            <tr>
19                <td rowspan="2">技术部</td>
20                <td>张三</td>
21                <td>77</td>
22                <td>77</td>
23                <td>77</td>
24            </tr>
25            <tr>
26                <td>李四</td>
27                <td>68</td>
28                <td>77</td>
29                <td>77</td>
30            </tr>
31        </tbody>
32        <tfoot>
33            <tr>
34                <td colspan="5" align="right">制表人：刘智勇</td>
35            </tr>
36        </tfoot>
37    </table>
38    </body>
39    </html>
```

第 32～36 行使用<tfoot>和</tfoot>标签在表格最后一行添加表尾，用来显示制表人。示例 4-15 运行效果如图 4.15 所示。

图 4.15　设置表尾运行效果

< 54 >

4.7 表格标题

　　表格经常包括标题。在默认情况下，表格的标题在表格的上方居中显示。在 HTML 中，表格标题用<caption>标签来设置。通常<caption>标签是紧跟在<table>标签之后的，但实际上它可以出现在<table>标签与<tr>标签之间的任何位置。其语法格式如下。

```
<caption>表格的标题文字</caption>
```

【示例4-16】为表格设置标题。

```
1    <!DOCTYPE html>
2    <html>
3    <head>
4    <title>表格的标题</title>
5    </head>
6    <body>
7    <table border="1" width="350px" height="100px">
8    <caption>学员成绩表</caption>
9        <tr>
10           <th>学号</th>
11           <th>姓名</th>
12           <th>语文</th>
13           <th>数学</th>
14           <th>英语</th>
15       </tr>
16       <tr>
17           <td>200601001</td>
18           <td>张三</td>
19           <td>89</td>
20           <td>87</td>
21           <td>77</td>
22       </tr>
23       <tr>
24           <td>200601002</td>
25           <td>李四</td>
26           <td>78</td>
27           <td>98</td>
28           <td>67</td>
29       </tr>
30   </table>
31   </body>
32   </html>
```

　　第 8 行使用<caption>标签来为表格设置标题，示例 4-16 运行效果如图 4.16 所示。可以看出，虽然<caption>标签位于<table>标签之后，但是标题内容还是显示在表格之上。

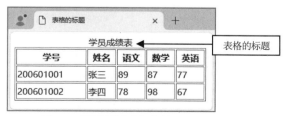

图 4.16 设置表格标题运行效果

< 55 >

使用<caption>标签设置表格标题与直接使用文字设置表格标题从感观上来看没有多大区别。不过，还是建议使用<caption>标签，因为使用<caption>标签设置表格标题可以为非可视化浏览器提供扩展属性，并且很容易从源代码中看出哪个标题属于哪个表格。另外，如果标题很长，且超过了表格的宽度，标题就会自动换行，以保证标题文字的显示宽度不会超过表格的宽度，这一点不使用<caption>标签是很难实现的。

4.8 表格嵌套

在实际应用中，表格并不是单一出现的，设计者往往需要在表格内嵌套其他的表格来实现页面的整体布局。虽然这种方式已经被 DIV（分块）网页布局取代，但某些情况下人们还在使用这种方式。使用一些可视化软件来布局看起来比较直观，容易达到预期的效果，但是也可以直接输入代码来实现页面布局。下面举例说明表格的嵌套。

【示例 4-17】先创建一个三行两列的表格，然后在第二行的第一列和第二列各嵌套一个表格。

```
1   <!DOCTYPE html>
2   <html>
3   <head>
4   <title>表格的嵌套使用</title>
5   </head>
6   <body>
7   <table border="1" align="center" width="560px" height="300px" cellspacing="0">
8     <tr height="70px" align="center" bgcolor="#ffdddd">
9     <td width="160px">网站的 Logo</td>
10    <td width="400px">网站的广告 Banner</td>
11    </tr>
12    <tr height="200px" valign="top">
13    <td>
14        <table border="1" bgcolor="#ffaaaa" width="120px" height="160px">
15          <tr>
16              <td>导航按钮 1</td>
17          </tr>
18          <tr>
19              <td>导航按钮 2</td>
20          </tr>
21          <tr>
22              <td>导航按钮 3</td>
23          </tr>
24          <tr>
25              <td>导航按钮 4</td>
26          </tr>
27          <tr>
28              <td>导航按钮 5</td>
29          </tr>
30        </table>
31    </td>
32    <td background="4.1.jpg">
33        <table border="3" width="380px" height="180px">
34          <tr>
35              <td>站点模块 1</td>
36              <td rowspan="2">站点模块 3</td>
37          </tr>
38          <tr>
```

< 56 >

```
39                <td>站点模块2</td>
40            </tr>
41        </table>
42    </td>
43    </tr>
44    <tr>
45    <td colspan="2" bgcolor="#ffccdd" align="center">版权声明</td>
46    </tr>
47 </table>
48 </body>
49 </html>
```

示例 4-17 中有 3 个表格。其中，第 7 行代码定义最外层表格，用于布局整个页面；第 14 行与第 33 行分别在相应单元格中又创建了一个表格，以实现表格嵌套。以上代码运行效果如图 4.17 所示。

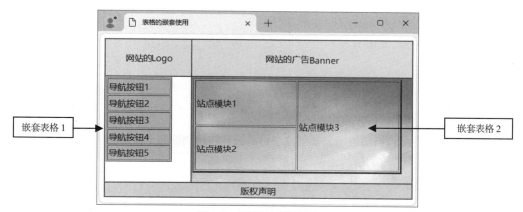

图 4.17　表格嵌套运行效果

4.9　小结

本章主要介绍了 HTML 中表格的使用，内容具体包括创建表格、表格属性、表格边框、设置表格行的对齐方式、列和行的合并、表格结构、表格标题和表格嵌套等。其中，表格的属性包括表格宽度、表格高度、表格背景图片、单元格间距以及表格内单元格与文字的距离等。表格的运用范围很广，正确使用表格可以使网页更加整洁。

习题

1. 创建一个表格需要用到的基本标签包括_____、_____、_____。
2. 通过_____标签的_____属性可以设置表格的高度。
3. 设置表格的宽度需要用到的属性为_____。
   A. height　　　　　　　　B. background　　　　　　　　C. width　　　　　　　　D. cellpadding
4. 创建一个两行两列的表格，并将第一行中的两列合并成一列，下列方法正确的是_____。
   A.　　　　　　　　　　　　　　　　　　　　　B.
```
<table border="2">                    <table border="2">
    <tr>                                 <tr>
       <td colspan="2">首行1列</td>         <td colspan="2">首行1列</td>
```

< 57 >

```
        <td>首行 2 列</td>
    </tr>
    <tr>
        <td>2 行 1 列</td>
    </tr>
</table>
```

C.
```
<table border="2">
    <tr>
        <td colspan="2">首行 1 列</td>
    </tr>
    <tr>
        <td>2 行 1 列</td>
        <td>2 行 2 列</td>
    </tr>
</table>
```

```
        <td>首行 2 列</td>
    </tr>
    <tr>
        <td>2 行 1 列</td>
        <td>2 行 2 列</td>
    </tr>
</table>
```

D.
```
<table border="2">
    <tr>
        <td colspan="2">首行 1 列</td>
    </tr>
    <tr>
        <tr>2 行 1 列</tr>
        <tr>2 行 2 列</tr>
    </tr>
</table>
```

上机指导

本章涉及的知识点为表格的使用，如创建表格、设置表格属性等。下面通过上机操作来巩固本章所学的知识点。

实验一

实验内容
练习使用对应标签创建表格。

实验目的
巩固知识点——创建一个三行两列的表格，并为表格添加背景图片。

实现思路
通过 background 属性创建一个拥有指定背景图片的表格。

在 Dreamweaver 中选择"新建"|"HTML"命令，新建 HTML 文件。在 HTML 文件中输入的关键代码如下。

```
<table border="1" background="4.1.jpg" width="250px" height="100px">
    <tr>
        <th>姓名</th>
        <th>年龄</th>
    </tr>
    <tr>
        <td>张三</td>
        <td>24</td>
    </tr>
    <tr>
        <td>李四</td>
        <td>21</td>
    </tr>
</table>
```

< 58 >

在菜单栏中选择"文件"|"保存"命令，输入保存路径，单击"保存"按钮，即可完成表格的创建。运行效果如图 4.18 所示。

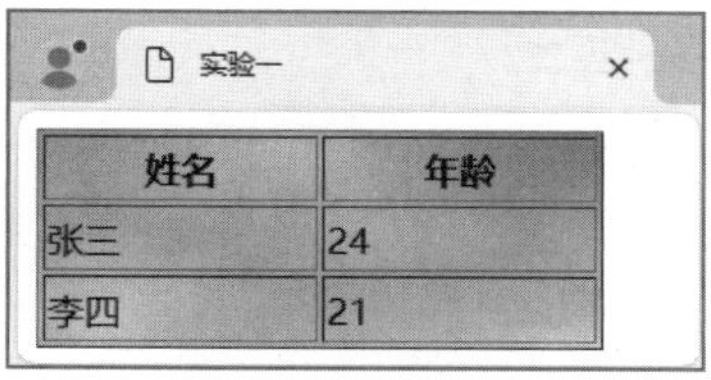

图 4.18　创建表格效果

实验二

实验内容

创建一个课程表。

实验目的

巩固知识点——利用表格的相关属性创建一个拥有四行三列的课程表，并通过表格标签的属性设置课程表的样式。

实现思路

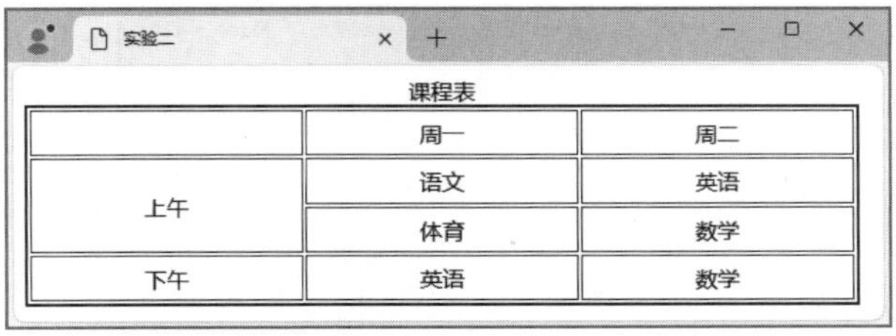

首先创建一个拥有四行三列的基础表格，然后通过<table>标签的属性设置表格的文本居中对齐，设置表格边框颜色为蓝色、表格高度为 150px、表格宽度为 600px。

在 Dreamweaver 中选择"新建"|"HTML"命令，新建 HTML 文件。在 HTML 文件中输入的关键代码如下。

```
<table border="2" width="600px" height="150px" bordercolor="blue">
    <caption>课程表</caption>
        <tr align="center">
            <td> </td>
            <td>周一</td>
            <td>周二</td>
        </tr>
        <tr align="center">
            <td rowspan="2">上午</td>
            <td>语文</td>
            <td>英语</td>
        </tr>
        <tr align="center">
            <td>体育</td>
            <td>数学</td>
        </tr>
        <tr align="center">
            <td>下午</td>
            <td>英语</td>
            <td>数学</td>
        </tr>
</table>
```

在菜单栏中选择"文件"|"保存"命令，输入保存路径，单击"保存"按钮，即可完成表格的创建。运行效果如图 4.19 所示。

图 4.19　设置课程表效果

< 59 >

实验三

实验内容

创建嵌套表格。

实验目的

巩固知识点——创建一个三行六列的表格后，在该表格第二行的第二列中嵌套一个新的表格。

实现思路

首先创建一个基础表格，然后在该表格第二行第二列的单元格中创建一个新表格。

在 Dreamweaver 中选择"新建"|"HTML"命令，新建 HTML 文件。在 HTML 文件中输入的关键代码如下。

```html
<table border="1" align="center" width="560px" height="220px">
    <tr height="70px" align="center" bgcolor="#ffdddd">
        <td width="160px">网站的 Logo</td>
        <td width="400px">网站的广告 Banner</td>
    </tr>
    <tr height="200px" valign="top">
        <td>导航按钮</td>
        <td>
            <table border="3" width="380px" height="180px" bgcolor="yellow">
                <tr>
                    <td>模块 1</td>
                    <td>模块 2</td>
                </tr>
                <tr>
                    <td>模块 3</td>
                    <td>模块 4</td>
                </tr>
            </table>
        </td>
    </tr>
    <tr height="70px" align="center" bgcolor="#ffdddd">
        <td>网站链接</td>
        <td>网站编号</td>
    </tr>
</table>
```

在菜单栏中选择"文件"|"保存"命令，输入保存路径，单击"保存"按钮，即可完成嵌套表格的创建。运行效果如图 4.20 所示。

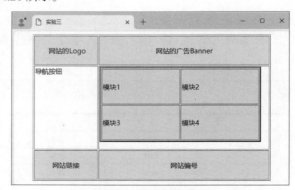

图 4.20　创建嵌套表格效果

< 60 >

第**5**章 多媒体和列表

如今的网页中只有文本和图片是完全不够的，还要加入动画、音频、视频、列表等，这样整个页面才能更加吸引人。HTML 提供了插入各种多媒体元素和列表的功能。本章介绍多媒体和列表的使用。

5.1 多媒体元素

Web 的最大魅力就是可以将动画、音频和视频等文件插入网页，这些动画、音频和视频文件统称为多媒体文件。在网页中插入多媒体文件，可以让网页的内容更生动、丰富。HTML 支持的多媒体文件格式如表 5.1 所示。

表 **5.1** HTML 支持的多媒体文件格式

多媒体文件格式	文件扩展名	说明
AVI	.avi	AVI（Audio Video Interleave）格式是由微软公司开发的
WMV	.wmv	WMV（Windows Media Video）格式是由微软公司开发的
MPEG	.mpg .mpeg	MPEG（Moving Picture Experts Group）格式是因特网上流行的格式之一，并得到主流浏览器的支持
QuickTime	.mov	QuickTime 格式是由苹果公司开发的
RealVideo	.rm .ram	RealVideo 格式是由 Real Media 公司针对因特网开发的。该格式允许传输低带宽条件下的视频流，并且低带宽优先，因此传输质量常会降低
Flash	.swf .flv	Flash 格式是由 Macromedia 公司开发的。该格式需要对应浏览器安装 Flash 播放器插件
MPEG-4	.mp4	MPEG-4（带 H.264 视频压缩）格式是一种针对因特网的格式，也是 HTML 支持的主要视频文件格式
MIDI	.mid .midi	MIDI（Music Instrument Digital Interface）格式是一种针对电子音乐设备（如合成器和声卡）的格式。大多数主流浏览器都支持 MIDI
RealAudio	.rm .ram	RealAudio 格式是由 Real Media 公司针对因特网开发的。该格式也支持视频
WAV	.wav	WAV 格式是由 IBM 公司和微软公司开发的
WMA	.wma	WMA（Windows Media Audio）格式的传输质量优于 MP3，并可兼容大多数播放器。WMA 文件可作为连续的数据流来传输，这使得它对于网络电台或在线音乐很实用
MP3	.mp3 .mpga	MP3 格式是网页开发中常用的音频格式

5.2 视频元素

视频作为一种视觉和听觉的媒介，相比文本或静态图像，能够更生动地展示产品或服务的特点，使观众更容易被吸引。在当前的网站设计中，无论是商品介绍还是主题宣传，视频元素都是不可或缺的。

5.2.1 插入视频元素

向页面插入视频元素需要用到<video>标签，其语法格式如下。

```
<video width="播放器宽度" height="播放器高度" src="源文件地址" type="源文件类型" controls>
```

<video>标签用于向页面插入一个视频，width 属性和 height 属性用于指定播放器的窗口尺寸，src 属性用于指定视频源文件的路径，type 属性用于指定视频源文件的格式，controls 属性用于指定播放器显示播放控件。

【示例 5-1】在页面中添加一个视频。

```
1   <!DOCTYPE html>
2   <html>
3   <head>
4   <title>添加视频</title>
5   </head>
6   <body>
7       <h3>添加并播放视频</h3>
8       <video width="500px" height="400px" src="青蛙.mp4" type="video/mp4" controls></video>
9   </body>
10  </html>
```

第 8 行向页面插入了一个视频。单击"播放"按钮后，视频开始在页面中播放，效果如图 5.1 所示。

不同的浏览器支持的视频文件格式不同，设计者可以通过同时使用<video>标签和<source>标签来处理视频播放的兼容问题。其语法格式如下。

```
<video width="320px" height="240px" controls>
    <source src="movie.mp4" type="video/mp4">
    <source src="movie.ogg" type="video/ogg">
    <source src="movie.webm" type="video/webm">
    您的浏览器不支持<video>标签。
</video>
```

图 5.1　页面中的视频效果

在上面的语法格式中，<source>标签用于指定要播放的视频源文件，多个<source>标签指定同一视频文件的不同格式，并添加了一段"您的浏览器不支持<video>标签。"的文字。

HTML 文件在浏览器中被打开后，浏览器就会自动选择可播放的视频源文件。如果所有的视频源文件都无法播放，页面中就会显示"您的浏览器不支持<video>标签。"的文字内容，这样能最大限度地解决多种浏览器的视频播放兼容问题。在实际开发时，应考虑自己网站的运行环境，从而确定添加的视频文件格式。

5.2.2 循环播放视频

在默认情况下，视频在网页中播放一次以后就会自动停止播放。如果希望该视频可循环播放，则

< 62 >

需要在<video>标签中添加 loop 属性。其语法格式如下。

```
<video controls src="源文件地址" type="源文件类型" loop></video>
```

<video>标签中添加的 loop 属性不需要指定属性值。下面通过一个例子来了解视频循环播放的方法。

【示例 5-2】插入两个视频文件，设置第一个视频循环播放，第二个视频不循环播放。

```
1   <!DOCTYPE html>
2   <html>
3   <head>
4   <title>循环播放视频</title>
5   </head>
6   <body>
7       <h3>循环播放视频</h3>
8       <video width="500px" height="400px" src="青蛙.mp4" type="video/mp4" controls loop >
</video>
9       <video width="500px" height="400px" src="青蛙.mp4" type="video/mp4" controls> </video>
10  </body>
11  </html>
```

第 8 行与第 9 行向页面插入两个视频。这两个视频文件的不同之处在于，一个添加了 loop 属性，另一个没有添加 loop 属性，即前一个会循环播放视频，后一个不会。运行示例 5-2 的代码会发现，第一个视频在不断循环播放，第二个视频在播放一次后会自动停止播放，效果如图 5.2 所示。

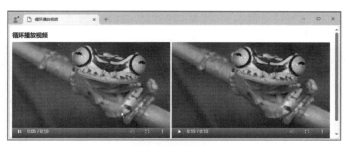

图 5.2　循环播放视频效果

5.2.3　自动播放视频

如果要让视频在页面打开后自动播放，就需要在<video>标签中添加 autoplay 属性。其语法格式如下。

```
<video controls src="源文件地址" type="源文件类型" autoplay></video>
```

<video>标签中添加的 autoplay 属性不需要指定属性值。

【示例 5-3】设置视频自动播放。

```
1   <!DOCTYPE html>
2   <html xmlns="http://www.w3.org/1999/xhtml">
3   <head>
4   <meta http-equiv="Content-Type" content="text/html; charset=utf-8" />
5   <title>自动播放视频</title>
6   </head>
7   <body>
8       <h3>自动播放视频</h3>
9       <video width="500px" height="400px" src="青蛙.mp4" type="video/mp4" autoplay
controls > </video>
```

< 63 >

```
10    </body>
11    </html>
```

在第 9 行插入一个视频，并添加 autoplay 属性，视频即可在加载完成后自动播放。运行示例 5-3 的代码，发现视频自动开始播放，效果如图 5.3 所示。

注意：为了安全，Edge 浏览器默认关闭自动播放多媒体功能，打开浏览器的该功能之后，autoplay 属性才会生效。打开该功能的方法：单击浏览器右上角的"…"按钮，在打开的菜单中选择"设置"|"Cookie 和网站权限"|"媒体自动播放"命令，在右侧的下拉列表中选择"允许"选项。

图 5.3　自动播放视频效果

5.2.4　设置视频封面

视频封面是观众对视频的第一印象。在快速滚动的浏览模式下，用户往往只有几秒的时间来决定是否单击并观看对应的视频，因此一个设计精良的视频封面是十分重要的。如果要为视频添加封面，就需要在<video>标签中添加 poster 属性。其语法格式如下。

```
<video controls src="源文件地址" type="源文件类型" poster="图片地址"></video>
```

poster 属性会通过路径指定视频等待播放时的封面。视频封面可以选择静态图片，也可以选择动态图片（GIF 格式）。

【示例 5-4】设置视频封面。

```
1     <!DOCTYPE html>
2     <html>
3     <head>
4     <title>设置视频封面</title>
5     </head>
6     <body>
7         <h3>设置视频封面</h3>
8         <video width="500px" height="400px" src="青蛙.mp4" type="video/mp4" poster="青蛙.png"
controls> </video>
9     </body>
10    </html>
```

在第 8 行插入一个视频，并添加 poster 属性，即可制作出视频等待播放时的封面。运行示例 5-4 的代码，发现视频在等待播放时会显示指定的青蛙王子图片，效果如图 5.4 所示。

5.3　音频元素

在网页中加入音频元素有助于为网页营造特定的氛围或情境，从而提升用户的浏览体验。为网页添加音频元素需要用到<audio>标签，改变其属性值可以将指定的音频文件添加到网页中。其语法格式如下。

图 5.4　视频封面效果

```
<audio src="源文件地址">
```

<audio>标签中 src 属性用于指定音频源文件。该标签也支持 autoplay（自动播放）、controls（显示

< 64 >

播放控件)、loop(循环播放)等属性。另外,还可以通过 muted 属性控制音频播放时是否静音。

【示例 5-5】为网页添加背景音乐。

```
1   <!DOCTYPE html>
2   <html>
3   <head>
4   <title>添加音频文件</title>
5   </head>
6   <body>
7       <h3>添加音频文件</h3>
8       <audio src="鸟叫声.mp3" controls></audio>
9       <audio src="河流声.mp3" autoplay></audio>
10  </body>
11  </html>
```

第 8 行与第 9 行向页面插入两个音频文件。这两个音频文件的不同之处在于,一个添加了 controls 属性,另一个添加了 autoplay 属性。前一个会显示播放控件,等待用户单击播放;后一个会直接自动播放对应的音频。运行示例 5-5 的代码会发现,第一个音频文件会显示播放控件,在用户单击"播放"按钮后会播放鸟叫的声音;第二个音频文件不会显示播放控件,但会作为背景音乐自动播放河流的声音。音频播放效果如图 5.5 所示。

图 5.5 音频播放效果

5.4 无序列表

无序列表是不要求列表项目按次序排列的列表,列表项目之间是并列关系,不存在先后次序。浏览器显示无序列表时,会在列表项目前加上一个项目符号,而不是显示数字。该项目符号也可以由网页开发人员指定。

5.4.1 无序列表结构

无序列表以<ul>标签开始、以</ul>标签结束。无序列表内的列表项目用<li>和</li>标签表示。创建无序列表的语法格式如下。

```
<ul>
    <li>无序列表项目 1</li>
    <li>无序列表项目 2</li>
    <li>无序列表项目 3</li>
    ...
</ul>
```

其中,每一个列表项目前面都要有一个<li>标签,它表示一个新列表项目的开始。从上面代码可以看出,<ul>与</ul>标签之间的内容是无序列表。每个列表可能有一个或多个列表项目,每个<li>标签和与之配对的</li>标签之间的内容是一个列表项目。

【示例 5-6】创建无序列表。

```
1   <!DOCTYPE html>
2   <html>
3   <head>
4   <title>在页面中使用无序列表</title>
```

< 65 >

```
5   </head>
6   <body>
7      <ul>
8          <li>JPG 格式，用来保存超过 256 色的图像文件。</li>
9          <li>GIF 格式，采用 LZW 压缩，适用于商标、新闻标题等。</li>
10         <li>PNG 格式，一种非破坏性的网页图像文件格式。</li>
11     </ul>
12  </body>
13  </html>
```

第 7～11 行通过<ul>标签插入一个无序列表，其中第 8～10 行每行都使用<li>标签定义列表的一个列表项目。示例 5-6 运行效果如图 5.6 所示。图 5.6 中圆点后面的内容就是无序列表的列表项目，也就是说，本例的无序列表包含了 3 个列表项目。

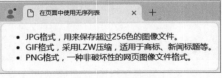

图 5.6　创建无序列表运行效果

5.4.2　无序列表的列表项目样式

在默认情况下，无序列表的项目符号是圆点。开发人员可以使用 type 属性将项目符号设置为空心圆点或者方块。修改无序列表项目符号的语法格式如下。

```
<ul type="符号取值">
    <li>无序列表项目</li>
    <li>无序列表项目</li>
    <li>无序列表项目</li>
    …
<ul>
```

无序列表的 type 属性值有 3 种，如表 5.2 所示。

表 5.2　无序列表的 type 属性值

type 属性值	设置的项目符号样式	设置效果
disc	圆点，为默认值	●
circle	空心圆点	○
square	方块	■

【示例 5-7】设置不同的无序列表项目符号。

```
1   <!DOCTYPE html>
2   <html>
3   <head>
4   <title>在页面中设置无序列表的样式</title>
5   </head>
6   <body>
7   在网页设计中可以使用多种格式的图像。
8   <ul type="disc">
9       <li>JPG 格式，用来保存超过 256 色的图像文件。</li>
10      <li>GIF 格式，采用 LZW 压缩，适用于商标、新闻标题等。</li>
11      <li>PNG 格式，一种非破坏性的网页图像文件格式。</li>
12  </ul>
13  <hr/>
14  在网页设计中可以使用多种格式的图像。
15  <ul type="circle">
16      <li>JPG 格式，用来保存超过 256 色的图像文件。</li>
```

< 66 >

```
17        <li>GIF 格式，采用 LZW 压缩，适用于商标、新闻标题等。</li>
18        <li>PNG 格式，一种非破坏性的网页图像文件格式。</li>
19    </ul>
20    <hr/>
21    在网页设计中可以使用多种格式的图像。
22    <ul type="square">
23        <li>JPG 格式，用来保存超过 256 色的图像文件。</li>
24        <li>GIF 格式，采用 LZW 压缩，适用于商标、新闻标题等。</li>
25        <li>PNG 格式，一种非破坏性的网页图像文件格式。</li>
26    </ul>
27    </body>
28    </html>
```

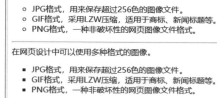

以上代码创建了 3 个无序列表，每个无序列表使用了不同的项目符号。其中，第 8 行定义的无序列表使用的项目符号为 disc，即圆点；第 15 行定义的无序列表使用的项目符号为 circle，即空心圆点；第 22 行定义的无序列表使用的符号为 square，即方块。示例 5-7 运行效果如图 5.7 所示。

图 5.7　设置无序列表样式运行效果

5.5　有序列表

与无序列表相对应的是有序列表。有序列表中的列表项目通常是有先后次序的，并且不能随意更换这些次序。浏览器显示有序列表时，会在列表项目前加上一个项目编号，用来标识项目出现的次序。当然，项目编号也可以由网页开发人员指定。

5.5.1　有序列表结构

有序列表以<ol>标签开始、以</ol>标签结束。有序列表内的列表项目也用<li>和</li>标签表示。创建有序列表的语法格式如下。

```
<ol>
    <li>有序列表项目 1</li>
    <li>有序列表项目 2</li>
    <li>有序列表项目 3</li>
    …
</ol>
```

【示例 5-8】创建有序列表。

```
1    <!DOCTYPE html>
2    <html>
3    <head>
4    <title>简单的有序列表</title>
5    </head>
6    <body>
7    在 Edge 浏览器中禁止显示图片的步骤如下所示：
8    <ol>
9        <li>打开一个 Edge 浏览器窗口；</li>
10       <li>选择工具栏中的"更多工具" | "Internet 选项"命令；</li>
11       <li>在弹出的对话框中选择"高级"选项卡；</li>
12       <li>在"高级"选项卡中取消勾选"显示图片"复选框；</li>
```

< 67 >

```
13        <li>单击"确定"按钮，完成操作。</li>
14    </ol>
15    </body>
16    </html>
17    <body>
```

第8~14行使用<ol>标签创建了一个有序列表。示例5-8运行效果如图5.8所示。从图5.8中可以看出，有序列表在网页中占据了一块位置，<ol>标签在网页中没有显示。虽然<li>标签中并没有指定每一个项目的编号，但是浏览器会自动为每一个项目加上编号。

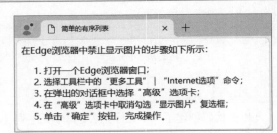

图 5.8 创建有序列表运行效果

注意：浏览器为项目添加编号的顺序与代码中的项目顺序一样，浏览器不会自动排序，只会按照代码中的项目顺序显示项目编号。

5.5.2 有序列表的列表项目样式

在默认情况下，有序列表的项目编号是阿拉伯数字。通过 type 属性也可以修改有序列表的项目编号类型，其语法格式如下。

```
<ol type="符号取值">
    <li>有序列表项目</li>
    <li>有序列表项目</li>
    <li>有序列表项目</li>
    …
<ol>
```

有序列表的 type 属性值有 5 种，如表 5.3 所示。

表 5.3 有序列表的 type 属性值

type 属性值	设置的项目编号样式
1	默认效果，数字 1、2、3……
a	小写字母 a、b、c……
A	大写字母 A、B、C……
i	小写罗马数字 i、ii、iii、iv……
I	大写罗马数字 Ⅰ、Ⅱ、Ⅲ、Ⅳ……

【示例5-9】设置不同类型的有序列表项目编号。

```
1    <!DOCTYPE html>
2    <html>
3    <head>
4    <title>在页面中设置有序列表的项目编号类型</title>
5    </head>
6    <body>
7    在网页设计时，一般需要按照如下步骤进行：
8    <ol type="a">
9        <li>需求分析，并根据用户的需求提出设计方案；</li>
10       <li>按照设计方案进行模块设计；</li>
11       <li>进行代码实现；</li>
12       <li>进行测试，并进行安装和试运行。</li>
```

< 68 >

```
13    </ol>
14    <hr/>
15    在网页设计时，一般需要按照如下步骤进行：
16    <ol type="I">
17        <li>需求分析，并根据用户的需求提出设计方案；</li>
18        <li>按照设计方案进行模块设计；</li>
19        <li>进行代码实现；</li>
20        <li>进行测试，并进行安装和试运行。</li>
21    </ol>
22    </body>
23    </html>
```

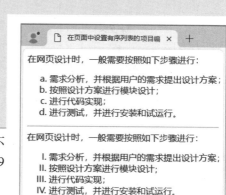

第 8 ~ 21 行创建了两个有序列表，二者的 type 属性值不同，一个为 "a"，另一个为 "I"。示例 5-9 运行效果如图 5.9 所示。可以看出，第一个列表使用小写字母作为项目编号；第二个列表使用大写罗马数字作为项目编号。

图 5.9　设置有序列表的项目编号运行效果

5.6　嵌套列表

HTML 允许在一个列表中嵌套另一个列表，每个嵌套的列表会再次以缩进方式显示，但不建议对列表进行多次嵌套，否则浏览器中的显示会有点乱。在 HTML 中，无序列表中除了可以嵌套无序列表，还可以嵌套有序列表，反之亦然，这种嵌套称为混合嵌套。混合嵌套比单独嵌套看上去更美观。

【示例 5-10】列表的混合嵌套。

```
1     <!DOCTYPE html>
2     <html>
3     <head>
4     <title>混合嵌套</title>
5     </head>
6     <body>
7     第 4 章目录
8     <ol>
9         <li>…</li>
10        <li value="2">图片的对齐方式</li>
11        <ol type="a">
12            <li>水平对齐方式</li>
13            <li>垂直对齐方式</li>
14            <li>非标准的对齐方式</li>
15            <ul>
16                <li>顶端对齐方式</li>
17                <li>绝对居中对齐方式</li>
18                <li>底端对齐方式</li>
19            </ul>
20        </ol>
21        <li>设置图片超链接</li>
22        <ol type="a">
23            <li>将整个图片设置为超链接</li>
24            <li>将图片分为多个单击区域</li>
25        </ol>
26        <li><img>标签的其他属性</li>
27        <li>…</li>
```

< 69 >

```
28    </ol>
29    </body>
30    </html>
```

以上代码使用了列表的嵌套。其中，第8行创建最外层的有序列表；第11行在有序列表的第二项下又创建有序列表；第15行在二层有序列表的第三项下又创建了无序列表；第22行在最外层有序列表下创建有序列表。总的来说，示例5-10在一个有序列表中嵌套了两个有序列表，然后在嵌套的第一个有序列表中又嵌套了一个无序列表，运行效果如图5.10所示。

图 5.10　嵌套列表运行效果

5.7 定义列表

定义列表也称为字典列表，它是一种包含两个层次的列表，主要用于名词解释或名词定义。名词是第一层次，其解释或定义是第二层次。另外，这种列表不包括项目符号，每个列表项目带有一段缩进的定义文字。创建定义列表的语法格式如下。

```
<dl>
    <dt>名词 1</dt>
        <dd>名词解释 1</dd>
    <dt>名词 2</dt>
        <dd>名词解释 2</dd>
    <dt>名词 3</dt>
        <dd>名词解释 3</dd>
    ...
</dl>
```

其中，<dl>标签表示定义列表的开始，</dl>表示定义列表的结束，<dt>表示这是一个要解释的名词，<dd>表示这段文字是对前面名词的解释。

【示例 5-11】定义列表的使用。

```
1     <!DOCTYPE html>
2     <html>
3     <head>
4     <title>定义列表</title>
5     </head>
6     <body>
7     在 HTML 中可以有以下几种列表：
8     <dl>
9         <dt>无序列表</dt>
10            <dd>用于对项目出现次序不做要求的列表</dd>
11        <dt>有序列表</dt>
12            <dd>用于对项目出现次序有严格要求的列表</dd>
13        <dt>定义列表</dt>
14            <dd>用于对项目进行解释的列表</dd>
15        <dt>目录列表</dt>
16            <dd>用于显示文件名的列表</dd>
17        <dt>菜单列表</dt>
18            <dd>用于显示菜单的列表</dd>
19    </dl>
20    </body>
```

< 70 >

```
21    </html>
```

第 8~19 行使用<dl>标签创建了一个定义列表。示例 5-11 运行效果如图 5.11 所示。可以看出，定义列表不会在项目前增加项目符号，并且每一个名词都是顶格显示，而名词解释都是以缩进的方式显示。

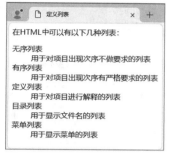

图 5.11　定义列表运行效果

5.8 目录列表

目录列表主要用于显示文件名。事实上，目录列表属于无序列表的一种，大多数浏览器都不再区分目录列表与无序列表，对这两种列表的显示形式是一致的；只有少数浏览器还区分目录列表与无序列表。目录列表用<dir>标签来设置，其语法格式如下。

```
<dir type="符号取值">
    <li>列表项目 1</li>
    <li>列表项目 2</li>
    <li>列表项目 3</li>
    …
</dir>
```

【示例 5-12】目录列表的使用。

```
1     <!DOCTYPE html>
2     <html>
3     <head>
4     <title>目录列表</title>
5     </head>
6     <body>
7     本章中的示例文件有:
8     <dir type="circle">
9         <li>sample01.htm</li>
10        <li>sample02.htm</li>
11        <li>sample03.htm</li>
12        <li>sample04.htm</li>
13        <li>sample05.htm</li>
14        <li>…</li>
15    </dir>
16    </body>
17    </html>
```

第 8~15 行使用<dir>标签创建了一个目录列表，模拟显示一个目录结构。示例 5-12 运行效果如图 5.12 所示。可以看出，目录列表与无序列表在显示上没有什么区别。

图 5.12　目录列表运行效果

5.9 小结

本章主要介绍了多媒体和列表。其中，多媒体介绍了如何向网页中插入视频和音频、设置视频和音频自动播放与循环播放，以及为视频设置封面等；列表主要介绍了无序列表和有序列表。本章的内容较多，但较简单，读者容易理解。

< 71 >

习题

1. 向网页中插入视频元素使用的标签为＿＿＿＿＿＿＿＿＿＿。
2. 向网页中插入音频元素使用的标签为＿＿＿＿＿＿＿＿＿＿。
3. 设置视频自动播放的属性为＿＿＿＿＿＿＿＿＿＿＿＿。
4. 设置视频循环播放的属性为＿＿＿＿＿＿＿＿＿＿＿＿。
5. 设置视频封面需要使用的属性为＿＿＿＿＿＿＿＿＿。
6. 无序列表的项目符号包括＿＿＿＿＿＿＿＿＿、＿＿＿＿＿＿＿＿＿、＿＿＿＿＿＿＿＿＿3 种。

上机指导

本章涉及的知识点包括在网页中插入视频和音频、控制视频和音频的播放模式及列表的使用。下面通过上机操作来巩固本章所学的知识点。

实验一

实验内容

为网页插入指定的视频，并设置视频的播放模式。

实验目的

巩固知识点。

实现思路

使用<video>标签在页面中插入一个视频文件，并使用该标签的 loop 属性、autoplay 属性和 controls 属性来设置视频文件在网页中的播放模式。

在 Dreamweaver 中选择"新建"|"HTML"命令，新建 HTML 文件。在 HTML 文件中输入的关键代码如下。

```
<video src="小鸟.mp4" width="400px" height= "250px" controls loop autoplay>
</video>
```

在菜单栏中选择"文件"|"保存"命令，输入保存路径，单击"保存"按钮，即可完成视频的插入。运行效果如图 5.13 所示。

实验二

实验内容

使用<audio>标签为网页插入一个音频文件，并显示音频的播放控件。

实验目的

巩固知识点。

图 5.13　插入视频运行效果

< 72 >

实现思路

使用<audio>标签在页面中插入一个音频文件，并使用<audio>标签中的 controls 属性让音频播放控件显示在网页中。

在 Dreamweaver 中选择"新建"|"HTML"命令，新建 HTML 文件。在 HTML 文件中输入的关键代码如下。

```
<audio src="狮吼.mp3" controls></audio>
```

在菜单栏中选择"文件"|"保存"命令，输入保存路径，单击"保存"按钮，即可完成向网页中插入音频文件的操作。运行效果如图 5.14 所示。

图 5.14　插入音频运行效果

实验三

实验内容

使用<ul>标签和<ol>标签创建嵌套列表。

实验目的

巩固知识点。

实现思路

首先使用<ul>标签创建一个无序列表，在无序列表中使用<ol>标签嵌套一个有序列表；然后使用<ol>标签创建一个有序列表，在有序列表中使用<ul>标签嵌套一个无序列表。

在 Dreamweaver 中选择"新建"|"HTML"命令，新建 HTML 文件。在 HTML 文件中输入的关键代码如下。

```
<ul>
    <li>第 1 章</li>
    <li value="2">第 2 章</li>
    <ol type="A">
        <li>2.1</li>
        <li>2.2</li>
        <li>2.3</li>
    </ol>
    <li>第 3 章</li>
</ul>
<ol type="I">
    <li>第 1 章</li>
    <li>第 2 章</li>
    <ul>
        <li>2.1</li>
        <li>2.2</li>
        <li>2.3</li>
    </ul>
</ol>
```

在菜单栏中选择"文件"|"保存"命令，输入保存路径，单击"保存"按钮，即可完成嵌套列表的创建。运行效果如图 5.15 所示。

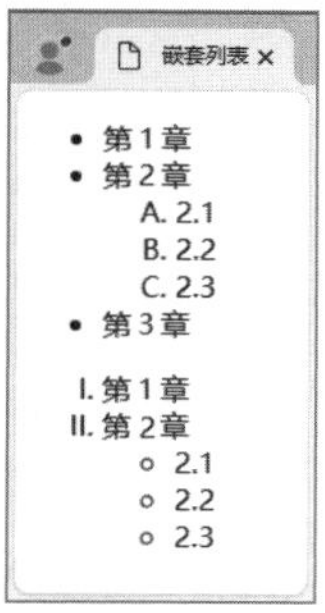

图 5.15　嵌套列表运行效果

< 73 >

第 6 章 　 表单

在现实生活中，我们经常需要填很多表，如入学申请表、健康体检表等。这些表格放在网页上，就是 HTML 中的表单。表单是实现动态页面的主要外在形式，也就是说，表单是用户和浏览器交互的重要手段。本章介绍表单的创建方法，以及各种表单元素的添加和设置。

6.1 　 添加表单

表单可以用来收集用户在客户端提交的各种信息，例如，在网站登录或注册时进行的键盘和鼠标操作都是以表单作为载体传递给服务器的。表单其实是页面中的一个特定区域，由 <form> 标签和 </form> 标签定义，所有的表单元素只有在这对标签之间才有效。表单的基本语法如下。

```
<form 表单标签的各种属性设置>
    设置各种表单元素
</form>
```

在 <form> 标签中可以设置表单的属性，包括表单名称、表单处理程序等。

6.1.1 　 链接跳转

action 属性用来设置链接跳转，也就是客户端在提交表单的内容时，按照链接跳转的地址跳转到相应的页面。由于 action 属性用来控制整个表单的提交，因此 action 属性要写在 <form> 标签中。其语法格式如下。

```
<form action="链接跳转的地址">
    设置各种表单元素
</form>
```

链接跳转的地址除了可以是绝对地址和相对地址，还可以是其他的地址形式。如果表单中没有任何表单元素，这个表单传递给处理程序的内容就是空的。

如果省略 action 属性，则默认为提交到本页，即由本页接收并处理表单。用于接收并处理表单的技术很多，常用的有 ASP、ASPX、JSP、PHP 等。

【示例 6-1】设置表单的链接跳转地址。

```
1    <!DOCTYPE html>
2    <html>
```

```
3    <head>
4    <title>设置表单的处理程序</title>
5    </head>
6    <body>
7    <p>表单的作用就是收集用户信息。
8    <form action=mailto:html-css@163.com>
9       <p><input type="submit" value="提交">
10   </form>
11   </body>
12   </html>
```

第 8 行使用<form>标签创建了一个表单，同时使用 action 属性
指定表单的后台处理程序，其中 mailto:html-css@163.com 就是表
单的链接跳转地址。文字下面的代码<input type="submit" value="
提交">是为展示页面的效果而添加的"提交"按钮。可以看出，这
是一段链接 E-mail 的代码，表示该表单的内容会以电子邮件的形
式传递出去，其运行效果如图 6.1 所示。

图 6.1　设置表单的链接跳转地址运行效果

6.1.2　链接跳转方式

设置链接跳转以后，还需要设置链接跳转时使用的跳转方式。链接跳转方式可以通
过 method 属性来设置，它决定了表单中已收集的数据以什么样的方式发送到服务器。其语法格式如下。

```
<form method="表单的链接跳转方式">
    表单元素
</form>
```

表单的链接跳转方式一般可以设置为 get 和 post 两种，其具体含义如表 6.1 所示。

表 6.1　表单链接跳转方式

跳转方式	含义	注意事项
get	表单数据会被视为参数发送，用户输入的数据会附加在 URL 之后，由用户端直接发送至服务器，是 method 属性的默认值	其速度较快，但数据不能太长。如果信息超过 8192 个字符，则可能会被截去。另外，该方式不具有保密性
post	表单数据与 URL 分开，数据写在表单主体内发送	没有字符数限制，可以发送较长的信息，但速度相对较慢

6.1.3　表单名称

表单名称用于区分各个表单。一个页面中可能会有多个表单，或者一个表单处理
程序需要处理多个页面的表单，这时表单名称就显得尤其重要了。设置表单名称的标签是<name>，
其语法格式如下。

```
<form name="表单名称">
    表单元素
</form>
```

其中，name 属性的写法与超链接中 name 属性的写法一样。在网页中可以通过表单的 name 属性提取
指定表单中的数据来使用。

< 75 >

6.2 输入标签

输入标签<input>是使用最广泛的表单控件标签，用于定义输入域的开始。因为<input>标签是单标签，所以在使用时，要为<input>标签加上"/"来闭合标签。<input>标签必须嵌套在表单标签中使用。<input>标签的语法格式如下。

```
<form>
    <input type=" "/>
</form>
```

其中，type 属性的值有很多，不同的值对应不同的输入方式（下面将详细讲解）。

6.2.1 文本框

文本框用来输入数字、文本及字母等，输入的内容单行显示在页面中。文本框可以通过 type="text"来设置，其语法格式如下。

```
<form>
    <input type="text">
</form>
```

【示例6-2】在表单中插入一个文本框。

```
1   <!DOCTYPE html>
2   <html>
3   <head>
4   <title>为页面添加文本框</title>
5   </head>
6   <body>
7   <p>表单的作用就是收集用户信息。</p>
8   <form>
9        输入文字：<input type="text" />
10  </form>
11  </body>
12  </html>
```

第9行使用<input>标签创建了一个输入域，并且使用 type 属性指定其类型为文本框。示例 6-2 运行效果如图 6.2 所示。

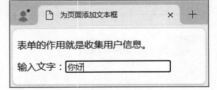

图6.2 文本框运行效果

6.2.2 密码框

密码框用来输入密码，可以通过 type="password"来设置。在密码框中输入的内容会显示为小黑点或者"*"，用来保护密码使其不被第三者看见。创建密码框的语法格式如下。

```
<form>
    <input type="password">
</form>
```

【示例6-3】在表单中设置一个密码框。

```
1   <!DOCTYPE html>
2   <html>
3   <head>
```

< 76 >

```
4      <title>为页面添加密码框</title>
5      </head>
6      <body>
7      <p>表单的作用就是收集用户信息。</p>
8      <form>
9          <p>姓名: <input type="text" /> </p>
10         <p>密码: <input type="password"/> </p>
11     </form>
12     </body>
13     </html>
```

第 9 行与第 10 行使用<input>标签创建了两个输入域, 其中第一个为文本框, 第二个使用 type 属性指定其类型为密码框。示例 6-3 运行效果如图 6.3 所示。可以看到, 在密码框中输入的内容都显示为小黑点。

图 6.3 密码框运行效果

6.2.3 单选按钮

单选按钮是指只能选择其中一项的选项按钮。就像很多表单中的"性别"选项一样, 要么选男, 要么选女, 不可能同时选男和女。单选按钮被选中会以圆点显示。单选按钮可以通过 type="radio"来设置, 其语法格式如下。

```
<form>
    <input type="radio" name="名称">
</form>
```

【示例 6-4】在表单中添加一个单选按钮。

```
1      <!DOCTYPE html>
2      <html>
3      <head>
4      <title>为页面添加单选按钮</title>
5      </head>
6      <body>
7      <form>
8          <p>选择您所在的城市: <br/>
9              <input type="radio"/>北京
10             <input type="radio"/>上海
11             <input type="radio"/>南京
12             <input type="radio"/>石家庄
13         </p>
14     </form>
15     </body>
16     </html>
```

第 9~12 行使用< input>标签创建了一组输入域, 通过 type 属性指定其类型为单选按钮。示例 6-4 运行效果如图 6.4 所示。可以看到, 依次单击所有的单选按钮, 4 个城市可以被同时选中, 而没有实现只能选中一个的效果。

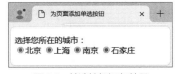

图 6.4 单选按钮运行效果

之所以没有实现只能选中其中一个单选按钮的效果, 是因为单选按钮必须带有名称, 否则系统无法判断这些选项是否属于同一个选项组。同一个选项组的单选按钮的名称要相同, 选项值则不相同, 以使系统区分各个选项。下面对示例 6-4 代码进行修改。

```
1      <!DOCTYPE html>
2      <html>
```

< 77 >

```
3    <head>
4    <title>为页面添加单选按钮</title>
5    </head>
6    <body>
7    <form>
8        <p>选择您所在的城市: <br/>
9            <input type="radio" name="city"/>北京
10           <input type="radio" name="city"/>上海
11           <input type="radio" name="city"/>南京
12           <input type="radio" name="city"/>石家庄
13       </p>
14   </form>
15   </body>
16   </html>
```

修改后的代码使用 name 属性为各个单选按钮添加了同一个名称 city。再次运行代码，可以看到页面似乎没有发生任何变化。单击单选按钮，发现这时只能选中其中一个城市，如图 6.5 所示。

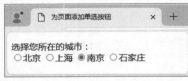

图 6.5　设置单选按钮名称运行效果

6.2.4　复选框

复选框与单选按钮类似，可以是一个单独的复选框，也可以是由多个复选框组成的复选框组。复选框可以让用户同时选中或取消选中多个项目，在浏览器中通常表示为一个小方框。用户选中复选框时，浏览器会在小方框里打上一个钩（某些浏览器会打上一个叉）；用户没有选中该复选框或取消选中该复选框时，小方框里为空。复选框可以通过 type="checkbox"来设置，其语法格式如下。

```
<form>
    <input type="checkbox" name="名称" >
</form>
```

需要注意的是，同一组复选框的 name 属性值必须相同。

【示例 6-5】在表单中设置一个复选框。

```
1    <!DOCTYPE html>
2    <html>
3    <head>
4    <title>为页面添加复选框</title>
5    </head>
6    <body>
7    <form>
8        <p>选择您想要的资讯内容: <br/>
9        <input type="checkbox" name="zixun"/>体育
10       <input type="checkbox" name="zixun"/>美容
11       <input type="checkbox" name="zixun"/>服饰
12       <input type="checkbox" name="zixun"/>旅游
13       </p>
14   </form>
15   </body>
16   </html>
```

第 9～12 行使用<input>标签创建了一组输入域，通过 type 属性指定其类型为复选框。示例 6-5 运行效果如图 6.6 所示。

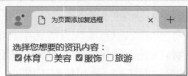

图 6.6　复选框运行效果

< 78 >

6.2.5　"提交"按钮

"提交"按钮用于把表单中的信息提交到指定的数据库或者其他地方，可以通过 type ="submit"来设置，其语法格式如下。

```
<form>
    <input type="submit" name="名称" value="" >
</form>
```

value 属性用于设置按钮上面出现的文字，以表示该按钮是"提交"按钮。文字可以是中文，也可以是英文。

【示例 6-6】在表单中添加一个文本框、一个密码框和一个"提交"按钮。

```
1   <!DOCTYPE html>
2   <html>
3   <head>
4   <title>为页面添加"提交"按钮</title>
5   </head>
6   <body>
7   <p>表单的作用就是收集用户信息。
8   <form>
9       <p>姓名：<input type="text"/> </p>
10      <p>密码：<input type="password"/></p>
11      <p><input type="submit" value="提交"/></p>
12  </form>
13  </body>
14  </html>
```

第 11 行使用<input>标签创建了输入域，然后设置其 type 属性为"submit"，即指定其为"提交"按钮。示例 6-6 运行效果如图 6.7 所示。

6.2.6　"重置"按钮

"重置"按钮用于将表单中的用户输入内容清空，以恢复初始状态。"重置"按钮可以通过 type="reset"来设置，其语法格式如下。

图 6.7　添加"提交"按钮运行效果

```
<form>
    <input type="reset" name="名称" value="">
</form>
```

value 属性用于设置按钮上面出现的文字，以表示该按钮是"重置"按钮。文字可以是中文，也可以是英文。

【示例 6-7】在表单中添加一个文本框、一个密码框和一个"重置"按钮。

```
1   <!DOCTYPE html>
2   <html>
3   <head>
4   <title>为页面添加"重置"按钮</title>
5   </head>
6   <body>
7   <form>
8       <p>姓名：<input type="text"/> </p>
9       <p>密码：<input type="password"/> </p>
10      <input type="reset" value="重置"/>
11  </form>
```

< 79 >

```
12    </body>
13    </html>
```

第 10 行使用\<input\>标签创建输入域，然后设置其 type 属性为 "reset"，即指定其为 "重置" 按钮。示例 6-7 运行效果如图 6.8 所示。

（a）在表单中输入姓名和密码　　　　　　（b）单击 "重置" 按钮后，姓名和密码被清空

图6.8　设置 "重置" 按钮运行效果

6.2.7　图像按钮

图像按钮是指将页面中的按钮使用图片显示外观，这样的图片具有按钮的功能，而且页面也更加美观。图像按钮可以通过 type="image" 来设置，其语法格式如下。

```
<form>
    <input type="image" src="图像源文件">
</form>
```

由于这里要使用图像，因此与插入图片一样，需要使用 src 属性设置图像源文件。

【示例 6-8】在表单中设置一个图像按钮。

```
1    <!DOCTYPE html>
2    <html>
3    <head>
4    <title>为页面添加图像按钮</title>
5    </head>
6    <body>
7    <form>
8        <p>姓名: <input type="text"/> </p>
9        <p>密码: <input type="password"/> </p>
10       <input type="image" src="qd.jpg"/>
11   </form>
12   </body>
13   </html>
```

第 10 行创建了一个输入域，设置其 type 为 "image"，即图像按钮，然后设置 src 属性为 qd.jpg，即同一目录下名为 qd.jpg 的图片文件。示例 6-8 运行效果如图 6.9 所示。

图6.9　添加图像按钮运行效果

6.2.8　文件域

文件域可以让用户选择存储在本地计算机上的文件，通常用于在将文件上传到服务器时选择文件。文件域在浏览器中显示为一个文本框与一个按钮，通常按钮上会显示 "选择文件" 字样。这两个控件同时出现在网页中，单击 "选择文件" 按钮，会弹出一个对话框，在该对话框中选择文件后，单击对话框中的 "打开" 按钮，系统就会在文本框中自动输入该文件在本地的绝对路径。文件域可以通过 type="file" 来设置，其语法格式如下。

```
<form>
```

< 80 >

```
        <input type="file" name="名称">
    </form>
```

【示例6-9】在表单中添加一个文件域。

```
1   <!DOCTYPE html>
2   <html>
3   <head>
4   <title>为页面添加文件域</title>
5   </head>
6   <body>
7   <p>表单的作用就是收集用户信息。</p>
8   <form>
9       <p><input type="file"/></p>
10  </form>
11  </body>
12  </html>
```

第 9 行创建了一个输入域，设置其 type 属性为 "file"，即文件域。示例 6-9 运行效果如图 6.10 所示。

单击图 6.10 所示的 "选择文件" 按钮，弹出图 6.11 所示的对话框，在该对话框中可以选择任何一个本地文件，选择后单击 "打开" 按钮，返回浏览器页面，此时文本框中会自动填入选中文件的绝对路径。

图 6.10　设置文件域运行效果

图 6.11　选择文件

6.2.9　隐藏域

前面介绍的表单元素都是可以在浏览器中看到的，HTML 中还有一种表单元素在浏览器中是看不到的，这种表单元素称为隐藏域或隐藏框。隐藏域的作用是在表单中放入不希望被用户看到或用户没有必要看到的内容，而这些内容往往都是在提交表单时服务器或脚本需要获取的内容。隐藏域可以通过 type="hidden" 来设置，其语法格式如下。

```
    <form>
        <input type="hidden">
    </form>
```

【示例6-10】在表单中设置一个隐藏域，用来保存上次以及本次在文本框中输入的内容。

```
1   <!DOCTYPE html>
2   <html>
3   <head>
4   <title>隐藏域</title>
5   <script language="javascript">
6       function testtxt()
7       {
```

< 81 >

```
8          if (myform.oldname.value.length==0)
9              {alert("您是第一次输入姓名,本次输入的姓名为"+myform.myname. value)}
10         else
11             {alert("您上次输入的姓名为"+myform.oldname.value+"\n 本次输入的姓名为"+
myform.myname.value)}
12         myform.oldname.value = myform.myname.value
13     }
14 </script>
15 </head>
16 <body>
17 <form name="myform" id="myform">
18     请输入您的姓名: <input type="text" name="myname"/>
19     <input type="hidden" name="oldname" value=""/>
20     <input type="button" onclick="testtxt()" value="确定"/>
21 </form>
22 </body>
23 </html>
```

第18行创建了一个文本框，第19行创建了一个隐藏域，第20行创建了一个按钮，其中隐藏域的值为空。当用户第一次在文本框中输入内容（如"张三"）并单击按钮时，脚本代码被激活，该脚本先判断隐藏域的值是否为空，如果为空，就显示一个提示框，提示框中的文字为"您是第一次输入姓名，本次输入的姓名为张三"，如图6.12所示。显示完提示框后，系统将文本框的值赋给隐藏域。

第二次在文本框中输入内容（如"李四"）并单击按钮同样会激活脚本代码，该脚本判断出隐藏域的值并不为空，因此会显示一个提示框，如图6.13所示。显示完提示框后，系统再次将文本框的值赋给隐藏域。这里使用的JavaScript脚本代码会将隐藏域中的数据通过提示框进行展示。

图6.12　第一次单击按钮的效果

图6.13　第二次单击按钮的效果

6.3 下拉列表

下拉列表是一个下拉式列表或者带有滚动条的列表，用户可以在列表中选择一个选项。创建下拉列表需要用到两个标签，首先是<select>标签，用于标记下拉列表的开始，然后是<option>标签，用于创建下拉列表中的选项。如果一个下拉列表中有多个选项，则需要重复使用<option>标签。下拉列表的语法格式如下。

```
<select name="名称" >
    <option value=" ">选项内容</option>
    <option value=" ">选项内容</option>
    <option value=" ">选项内容</option>
    …
</select>
```

与单选按钮和复选框一样，<select>标签也需要使用name属性来告知服务器该表单的名称。在提

< 82 >

交表单时，服务器通过<select>标签的 name 属性值来获得该下拉列表中的选项值，而<select>标签的选项值要通过<option>标签的 value 属性来设置。

【示例 6-11】在表单中设置一个下拉列表。

```
1    <!DOCTYPE html>
2    <html>
3    <head>
4    <title>下拉列表</title>
5    </head>
6    <body>
7    <form name="myform1" id="myform1">
8        用户名: <input type="text" name="username"/><br/><br/>
9        从何处得知本站:
10   <select name="where">
11       <option value="web">网络</option>
12       <option value="newspapers">报刊</option>
13       <option value="introduced">他人介绍</option>
14       <option value="other">其他</option>
15   </select>
16   </form>
17   </body>
18   </html>
```

第 10～15 行使用<select>标签创建一个下拉列表，并使用<option>标签为下拉列表添加一组选项。示例 6-11 运行效果如图 6.14 所示。从图 6.14 中可以看出，网页加载完成时，只可以看到 4 个选项中的第一个。单击下拉按钮后，才会显示该下拉列表中的所有选项，如图 6.15 所示。

图 6.14　设置下拉列表运行效果

图 6.15　显示下拉列表中的所有选项

6.4　文本域

文本框只能输入一行文字，大量的文字（尤其是分段的多行文字）在文本框中是无法输入的。使用<textarea>标签可以在网页中创建文本域。在文本域中可以显示和输入多行文字，这在很大程度上方便了用户输入和查看文字。创建文本域的语法格式如下。

```
<textarea>
    输入的内容
</textarea>
```

【示例 6-12】在表单中添加一个单行文本框和一个多行文本域。

```
1    <!DOCTYPE html>
2    <html>
3    <head>
4    <title>多行文本域</title>
5    </head>
6    <body>
```

< 83 >

```
7   <form name="myform1" id="myform1">
8       标题: <input type="text" name="title"/><br/><br/>
9       内容: <textarea name="content" rows="5" cols="30"></textarea>
10  </form>
11  </body>
12  </html>
```

图6.16　设置文本域运行效果

第 9 行使用< textarea>标签创建了一个多行文本域。其中，rows 属性用于指定文本域可见的行数，输入的行数超出该值之后会出现滚动条，这里的值为 5，表示只能显示 5 行字符；cols 属性用于指定文本域可见的列数，也就是每行可以输入的最大字符数，超出后自动换行，这里的值为 30，表示每行显示 30 个字符。网页加载完成后，在文本域中输入《蜀道难》，输入的文字超出 15 个汉字后，文本内容会自动换行，输入的文字超出 5 行后，文本域右侧就会出现滚动条，如图 6.16 所示。

6.5 小结

本章主要介绍了 HTML 中表单及表单元素的使用，包括输入标签、下拉列表和文本域。其中，输入标签部分介绍了文本框、密码框、单选按钮、复选框、"提交"按钮、"重置"按钮、图像按钮、文件域、隐藏域。

习题

1. 在网页中可添加表单的标签是_____。
2. 设置表单链接跳转的属性为_____。
3. 设置表单名称的属性为_____。
4. 下列选项中可设置表单输入域的样式为密码框的是_____。
   A. text   B. password   C. checkbox   D. file
5. 比较文本框和文本域的不同。

上机指导

本章涉及的知识点包括表单及表单元素的使用。表单是网页设计中的重要元素，是实现用户输入数据的重要方式。下面通过上机操作来巩固本章所学的知识点。

实验一

实验内容

添加一个表单，并为表单设置链接跳转和跳转方式。

< 84 >

实验目的

巩固知识点。

实现思路

首先使用<form>标签在页面中插入一个表单，然后在表单中添加 4 个文本框，分别用于输入姓名、年龄、性别、住址，最后添加一个"提交"按钮。

在 Dreamweaver 中选择"新建"|"HTML"命令，新建 HTML 文件。在 HTML 文件中输入的关键代码如下。

```
<form>
    <p>姓名: <input type="text" /></p>
    <p>年龄: <input type="text" /></p>
    <p>性别: <input type="text" /></p>
    <p>住址: <input type="text" /></p>
    <p><input type="submit" value="提交"/></p>
</form>
```

在菜单栏中选择"文件"|"保存"命令，输入保存路径，单击"保存"按钮，即可完成表单的创建。运行效果如图 6.17 所示。

图 6.17　表单运行效果

实验二

实验内容

使用表单标签创建一个问题调查表。

实验目的

巩固知识点——充分利用<form>标签及各种表单控件的功能，在页面中插入一个表单，并在表单中添加各种表单控件。

实现思路

首先使用<form>标签在页面中插入一个表单，然后在表单中添加单选按钮、复选框，最后添加一个"提交"按钮，用于提交表单信息。

在 Dreamweaver 中选择"新建"|"HTML"命令，新建 HTML 文件。在 HTML 文件中输入的关键代码如下。

```
<form>
    <p>选择您所在的班级: <br/>
        <input type="radio" name="class"/>一年一班
        <input type="radio" name="class"/>一年二班
        <input type="radio" name="class"/>一年三班
        <input type="radio" name="class"/>一年四班
    </p>
    <p>选择您喜欢的科目: <br/>
        <input type="checkbox" name="kemu"/>语文
        <input type="checkbox" name="zixun"/>英语
        <input type="checkbox" name="zixun"/>数学
        <input type="checkbox" name="zixun"/>物理
    </p>
    <input type="image" src="qq.jpg"/>
</form>
```

< 85 >

在菜单栏中选择"文件"|"保存"命令，输入保存路径，单击"保存"按钮。运行效果如图 6.18 所示。

图 6.18　表单控件运行效果

实验三

实验内容

在表单中添加下拉列表控件。

实验目的

巩固知识点——充分利用<form>标签及下拉列表控件的功能，在页面中插入一个表单，并在表单中添加一个下拉列表。

实现思路

首先创建一个表单，然后在表单中添加两个下拉列表控件，最后设置下拉列表控件中每个选项的值。

在 Dreamweaver 中选择"新建"|"HTML"命令，新建 HTML 文件。在 HTML 文件中输入的关键代码如下。

```
<form>
    性别:
    <select name="sex">
       <option value="boy">男</option>
       <option value="girl">女</option>
    </select><br/><br/>
    爱好:
    <select name="aihao">
       <option value="dance">跳舞</option>
       <option value="sing">唱歌</option>
       <option value="sport">运动</option>
       <option value="other">其他</option>
    </select>
</form>
```

在菜单栏中选择"文件"|"保存"命令，输入保存路径，单击"保存"按钮。运行效果如图 6.19 所示。

图 6.19　下拉列表运行效果

< 86 >

第三篇

第 **7** 章 认识 CSS

串联样式表（Cascading Style Sheets，CSS）主要用来为网页中的元素设置格式以及对网页进行排版和风格设计。CSS 看似简单，但要真正精通是不容易的。本章从基础的 CSS 知识开始介绍，为读者以后的 CSS 应用奠定基础。

7.1 CSS 简介

CSS 也可称为级联样式表，就是我们平常所说的"样式表"。它是一种简单、灵活、易学的样式设计工具，可以定义网页元素的各种属性，如文字背景、字形等。CSS 的属性是在 HTML 元素中体现的，并不单独显示在浏览器中。它可以定义在 HTML 文件的标签里，也可以通过外部文件链接到页面中。如果附加在外部文件中，一个样式表可以作用到多个页面，具有更好的易用性和扩展性。

样式表可以使用 HTML 标签或命名归纳的方法来定义。除了可以控制传统的文本属性，它还可以控制一些特别的 HTML 元素属性，如鼠标指针状态、图片效果等。一般来说，可以使用样式表进行如下操作。

（1）灵活控制网页中文字的字体、颜色、大小、间距等样式，弥补 HTML 文字样式的不足。

（2）随意设置文本块的行高、缩进，并可以为其添加有三维效果的边框。

（3）更方便地为任何网页元素设置不同的背景颜色和背景图片。

（4）精确控制网页元素的位置，以进行精确的排版。

（5）为网页中的元素设置各种过滤器，从而产生阴影、辉光、模糊和透明等效果。

（6）与脚本语言相结合，使网页中的元素呈现各种动态效果。

7.2 CSS 的设置方法

浏览器读取样式表时，要依照文本格式来读取。这里介绍在页面中插入样式表的 4 种方法：内联样式表、内部样式表、外部样式表和引用多个外部样式表。

7.2.1 内联样式表

写在标签内的样式称为内联样式。在标签内编写的样式影响范围最小，仅仅影响该标签内的文字，另一个标签内的文字无法显示该标签定义的样式。设置内联样式的内联样式表语法格式如下。

```
<标签名 style="样式属性 1:属性值 1; 样式属性 2:属性值 2; …">
```

【示例 7-1】使用内联样式表来设置网页样式。

```
1    <!DOCTYPE html>
2    <html xmlns="http://www.w3.org/1999/xhtml">
3    <head>
4    <meta http-equiv="Content-Type" content="text/html; charset=utf-8" />
5  · <title>内联样式</title>
6    </head>
7    <body>
8    <h1 style="font-family:宋体; color:red">红色的宋体</h1>
9    <h1 style="font-family:隶书; color:blue">蓝色的隶书</h1>
10   <h1>不受影响的字体</h1>
11   </body>
12   </html>
```

第 8、9 行使用 style 属性来实现内联样式，示例 7-1 运行效果如图 7.1 所示。

在示例 7-1 中，第一个<h1>标签内定义了两种样式，该标签内的文字为宋体、红色；第二个<h1>标签内也定义了两种样式，该标签内的文字为隶书、蓝色；因为第三个<h1>标签内什么样式也没有定义，所以没有其他特殊的样式显示。

第一个<h1>标签与第二个<h1>标签内的样式没有互相影响，第三个<h1>标签内的文字也没有受第一个和第二个<h1>标签样式的影响。由此可以看出，内联样式表只能改变本标签内的文字样式，对本标签以外的其他标签则无能为力。

图 7.1　内联样式表运行效果

注意：内联样式表可以用于<body>标签内的所有子标签，包括<body>标签在内；但不能用于<body>标签之外的标签，如<head>、<title>、<html>等。<script>标签虽然也可以放在<body>标签内，但也不能使用内联样式表。

7.2.2　内部样式表

在标签内设置样式可以影响该标签内的文字，但其影响范围太小。如果 HTML 文件中有多个相同样式的标签，使用内联样式表就要每个标签都设置一次，不能体现出 CSS 的强大功能。

在 HTML 文件中使用<style>标签可以设置影响整个文档的样式，这种使用<style>标签来定义样式的方式称为内部样式表。其语法格式如下。

```
<style type="text/css">
    选择器 1 {样式属性:属性值; 样式属性:属性值; …}
    选择器 2 {样式属性:属性值; 样式属性:属性值; …}
    选择器 3 {样式属性:属性值; 样式属性:属性值; …}
    …
</style>
```

其中，<style>标签用于声明样式，type 属性声明样式是以 CSS 的语法来定义的。

【示例 7-2】使用内部样式表来设置网页样式。

```
1    <!DOCTYPE html>
2    <html xmlns="http://www.w3.org/1999/xhtml">
3    <head>
4    <meta http-equiv="Content-Type" content="text/html; charset=utf-8" />
```

< 89 >

```
5    <title>内部样式</title>
6    <style type="text/css">
7    p {text-decoration:underline;}
8    .i {font-style:italic;}
9    </style>
10   </head>
11   <body>
12   这是一个测试网页<br/>
13   <p>这里的字会加上下画线</p>
14   <a href="sample11.htm" class="i">这里的字会是斜体的</a><br/>
15   <tt class="i">这里的字也会是斜体的</tt>
16   </body>
17   </html>
```

第 6～9 行使用<style>标签定义了一组内部样式。示例 7-2 运行
效果如图 7.2 所示。

示例 7-2 首先用<style>声明了两种样式：第一种样式的选择器为
"p"，这是<p>标签的样式，在这个文档中，所有<p>标签内的文字都
会自动使用该样式，不需要引用；第二种样式的选择器为".i"，在这
个文档中，任何一个标签都可以通过 class 属性来引用该样式。在本
例中，class 属性值为"i"，注意 class 属性值没有前面的"."。

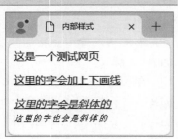

图 7.2　内部样式表运行效果

7.2.3　外部样式表

外部样式表是将样式表以单独的文件存放，让网站的所有网页均可引用此样式，以
降低维护的人力成本，并可让网站拥有一致的风格。这种设置方式是先把样式表单独保
存为一个文件，然后在页面中用<link>标签链接该文件，而这个<link>标签必须放到页面的<head>与
</head>之间。创建外部样式表的语法格式如下。

```
<link rel="stylesheet" type="text/css" href="样式表源文件地址">
```

其中，href 属性值是外部样式表文件的地址，地址的写法与超链接的链接地址写法一样。rel="stylesheet"
告诉浏览器链接的是一个样式表文件，是固定格式。type="text/css"表示传输的是样式表文件，这也是
固定格式。

一个外部样式表文件可以应用于多个页面。改变这个样式表文件时，所有页面的样式都随之改变。
样式表文件可以用任何文本编辑器（如记事本）打开并编辑，一般样式表文件的扩展名为.css，其内容
就是定义的样式，不包含 HTML 标签。

【示例 7-3】将示例 7-2 中的如下代码剪切到一个文本文件中，并命名为 7.3.css。

```
p {text-decoration:underline;}
.i {font-style:italic;}
```

然后删除示例 7-2 文件中的<style></style>标签及其之间的所有代码，并在<head>与</head>标签之间添
加<link href="7.3.css" type="text/css" rel="stylesheet" />代码，此时代码如下。

```
1    <!DOCTYPE html>
2    <html xmlns="http://www.w3.org/1999/xhtml">
3    <head>
4    <meta http-equiv="Content-Type" content="text/html; charset=utf-8" />
5    <title>外部样式</title>
6    <link href="7.3.css" type="text/css" rel="stylesheet" />
7    </head>
```

< 90 >

```
8    <body>
9    这是一个测试网页<br />
10   <p>这里的字会加上下画线</p>
11   <a href="sample11.htm" class="i">这里的字会是斜体的</a><br />
12   <tt class="i">这里的字也会是斜体的</tt>
13   </body>
14   </html>
```

运行该文件可以看到其运行效果与示例 7-2 的运行效果完全相同。将样式表独立成一个样式表文件之后，所有 HTML 文件都可以通过<link>标签来引用该文件。<link>标签必须放在<head>与</head>标签之间，放在其他标签内都是无效的，放在<body>标签内也无效。

7.2.4 引用多个外部样式表

同一个外部样式表可以被多个 HTML 文件引用，但同一个 HTML 文件只可以引用一个外部样式表文件（IE 7 及其以下版本的浏览器除外）。

【示例 7-4】引用两个外部样式表 7.4.1.css 和 7.4.2.css。

```
1    <!DOCTYPE html>
2    <html xmlns="http://www.w3.org/1999/xhtml">
3    <head>
4    <meta http-equiv="Content-Type" content="text/html; charset=utf-8" />
5    <title>引用多个外部样式表</title>
6    <link href="7.4.1.css" type="text/css" rel="stylesheet" title="stylesheet1" />
7    <link href="7.4.2.css" type="text/css" rel="stylesheet" title="stylesheet2" />
8    </head>
9    <body>
10   <p>这是一个测试网页</p>
11   <tt>这是在<tt>标签内的文字</tt><br />
12   <cite>这是在<cite>标签内的文字</cite>
13   </body>
14   </html>
```

第 6 行与第 7 行通过<link>标签引用了两个 CSS 文件。为了方便测试，这两个 CSS 文件的内容都很简单。其中，7.4.1.css 的内容如下。

```
p {text-decoration:underline;}
tt {color:red}
```

该 CSS 文件中设置了两种样式：一种是为所有在<p>标签中的文字都加上下画线；另一种是让所有在<tt>标签中的文字都变为红色。7.4.2.css 的内容如下。

```
p {font-style:italic;}
cite {color:green}
```

该 CSS 文件中也设置了两种样式：一种是让所有在<p>标签中的文字都变成斜体；另一种是让所有在<cite>标签中的文字都变为绿色。示例 7-4 运行效果如图 7.3 所示。

在实际页面中可以看出，<p>标签中的文字都加上了下画线，在<tt>标签中的文字都变为红色。此时，按 F12 键可以打开浏览器的开发者工具，在"页面"选项卡中显示的内容如图 7.4 所示。从图 7.4 中可以看出，当前网页只引用了 7.4.1.css 文件，而没有引用 7.4.2.css 文件，所以网页中的<p>标签内的文字没有倾斜，<cite>标签内的文字没有变成绿色。

图 7.3 引用多个外部样式表的运行效果

< 91 >

7.2.5 使用@import 引用外部样式表

与<link>标签类似，使用@import 也能引用外部样式表。不过@import 只能在<style>标签内使用，而且必须放在其他 CSS 样式之前。@import 的语法格式如下。

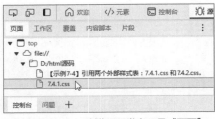

```
@import url(外部样式表地址);
```

其中，url 为关键字，不能随便更改；外部样式地址表是外部样式表的 URL，可以是绝对地址，也可以是相对地址。@import 除了语法和所在位置与<link>标签不同，其他的使用方法与效果都是一样的。

图7.4　Chrome 浏览器开发者工具"页面"选项卡中显示的内容

【示例7-5】使用@import 引用外部样式表。

```
1   <!DOCTYPE html>
2   <html xmlns="http://www.w3.org/1999/xhtml">
3   <head>
4   <meta http-equiv="Content-Type" content="text/html; charset=utf-8" />
5   <title>引用外部样式表</title>
6   <style type="text/css">
7       @import url(7.4.2.css);
8       tt {color:red}
9   </style>
10  </head>
11  <body>
12  <p>这是一个测试网页</p>
13  <tt>这是在<tt>标签内的文字</tt><br />
14  <cite>这是在<cite>标签内的文字</cite>
15  </body>
16  </html>
```

第 7 行使用@import 来引用外部样式表。示例 7-5 运行效果如图 7.5 所示。可以看出，外部样式表 7.4.2.css 在该文件中起了作用。

　　注意：使用@import 引用外部样式表，在@import url(7.4.2.css); 语句的最后一定要有分号，否则引用外部样式表将会失败。

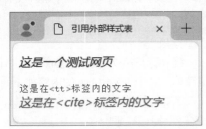

图7.5　使用@import 引用外部样式表运行效果

7.2.6 CSS 注释

CSS 中的注释与 HTML 中的注释有所不同，CSS 中注释的语法格式如下。

```
/* 注释内容 */
```

注释可以是单独的一行，示例代码如下。

```
<style type="text/css">
    /* 引用一个内部样式表 */
    cite {color:green}
</style>
```

注释也可以跨行，示例代码如下。

```
<style type="text/css">
    @import url(sample08_1.css);
    @import url(sample08_2.css);
    /*
    使用@import 引用了两个外部样式表
```

< 92 >

```
      每个外部样式表都将在该文件中起作用
      */
      cite {color:green}
</style>
```

注释可以与 CSS 代码放在同一行，示例代码如下。

```
<style type="text/css">
      @import url(sample08_1.css);  /* 注意：在@import 引用的最后必须要有分号 */
      cite {color:green}
</style>
```

无论怎么使用注释都可以，但是注释不能嵌套，例如，以下注释是不正确的。

```
<style type="text/css">
      @import url(sample08_1.css);
      /*
      怎么样使用注释都可以
/*
      注释不能嵌套
*/
就是不能使用注释的嵌套
*/
cite {color:green}
</style>
```

7.3　选择器

CSS 最大的作用就是能将一种样式加载到多个标签上，以便开发人员对网页元素进行管理与更改。CSS 需要通过选择器来选择要添加样式的元素（标签和标签包含的内容总体被称为元素，此时标签名也被称为元素名）。本节将讲解 CSS 中选择器的使用。

7.3.1　元素选择器

元素选择器（Element Selector）以文件中的元素名作为选择目标，该选择器可以一次性选择所有拥有指定名称的元素。元素选择器的语法格式如下。

元素名 {样式属性:属性值; 样式属性:属性值; …}

其中，元素名为 HTML 的标签名，如 p、h1、hr、img 等。样式属性和属性值用于设置对应元素的样式，例如，"width:50px"表示将选中的元素的宽度设置为 50px。

【示例 7-6】元素选择器的使用。

```
1   <!DOCTYPE html>
2   <html xmlns="http://www.w3.org/1999/xhtml">
3   <head>
4   <meta http-equiv="Content-Type" content="text/html; charset=utf-8" />
5   <title>元素选择器</title>
6   <style type="text/css">
7      p {font-weight:bold;}          /* 粗体 */
8      a {text-decoration:none;}      /* 无下画线 */
9      td {color:green}               /* 绿色 */
10  </style>
11  </head>
```

< 93 >

```
12  <body>
13  <p>这是一个测试网页</p>
14  <a href="#">这是一个超链接</a><br /><br />
15  <table border="1">
16      <tr>
17          <td>这是一个单元格</td>
18          <td>这是另一个单元格</td>
19      </tr>
20  </table>
21  <ul>
22      <li>列表项目一</li>
23      <li>列表项目二</li>
24  </ul>
25  </body>
26  </html>
```

第 6 ～ 10 行使用<style>标签创建了一组样式。示例 7-6 运行效果如图 7.6 所示。可以看出，<p>标签内的文字已经变粗；原本有下画线的超链接中的文字没有了下画线；<td>标签中的文字都已变成了绿色。这是因为在该文件内的样式表分别定义了 p、a 和 td 样式。其中 p、a 和 td 就是元素选择器，当文件中有这 3 个标签名时，就会自动套用样式表中的定义样式。因为样式表中没有声明 li 的样式，所以<li>标签中的文字还是保持原样，没有添加样式效果。

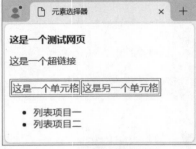

图 7.6　元素选择器运行效果

7.3.2　类选择器

在网页中，我们有可能要为同一标签应用不同的样式，例如，新闻网页中比较重要的新闻标题常常用红色的文字显示，而普通的新闻标题则用黑色的文字显示。解决方法有以下两种。

1．内联样式表方法

第一种解决方法是在 CSS 中设置普通新闻标题的颜色，再用内联样式表指定重要新闻标题的样式。

【示例 7-7】内联样式表的使用。

```
1   <!DOCTYPE html>
2   <html xmlns="http://www.w3.org/1999/xhtml">
3   <head>
4   <meta http-equiv="Content-Type" content="text/html; charset=utf-8" />
5   <title>相同标签的不同样式</title>
6   <style type="text/css">
7       a.red { text-decoration:underline;}
8       /* 普通新闻的超链接的样式：有下画线 */
9   </style>
10  </head>
11  <body>
12  <a href="a.htm">这是一个普通新闻的超链接</a><br /><br />
13  <a href="a.htm">这是另一个普通新闻的超链接</a><br /><br />
14  <a href="#" style="color:red;text-decoration:none;">这是一个重要新闻的超链接</a><br />
<br />
15  <a href="#" style="color:red;text-decoration:none;">这是另一个重要新闻的超链接</a><br />
<br />
16  </body>
17  </html>
```

< 94 >

第 6 ～ 9 行使用<style>标签创建了一种样式，其中定义了超链接的样式。示例 7-7 先为所有普通新闻的超链接设置了一种样式，然后在重要新闻的<a>标签内使用内联样式表，这样可以突出重点，如图 7.7 所示。

可是这么一来，还是使用了内联样式表，这种用法其实很不方便，尤其是想修改重要新闻的超链接颜色时，就必须修改每一个重要新闻的超链接代码。在 CSS 中可以使用类选择器（Class Selector）来解决这个问题。

图 7.7　使用内联样式表运行效果

2．类选择器方法

类选择器可以与元素选择器配合使用，此时的语法格式如下。

```
元素选择器.classname {样式属性:属性值; 样式属性:属性值; …}
```

其中，classname 是指标签内设置的 class 属性值，classname 前需要添加"."选择符号。每个标签都可以添加 class 属性，通常需要设置相同样式的标签会添加相同的 class 属性值。

元素选择器与类选择器同时使用时，元素选择器会先选中所有指定名称的元素，然后从这些元素中选择拥有指定 class 属性值的元素。例如，选择器"a.red"表示选择所有<a>标签中的 class 属性值为 red 的元素。

【示例 7-8】类选择器的使用。

```
1   <!DOCTYPE html>
2   <html xmlns="http://www.w3.org/1999/xhtml">
3   <head>
4   <meta http-equiv="Content-Type" content="text/html; charset=utf-8" />
5   <title>类选择器</title>
6   <style type="text/css">
7   a.red {color:red;}              /* 红色的超链接 */
8   a.green {color:green;}          /* 绿色的超链接 */
9   td {color:red;}                 /* 表格内红色的文字 */
10  td.green {color:green;}         /* 表格内绿色的文字 */
11  </style>
12  </head>
13  <body>
14  <a href="a.htm">这是一个没有样式的超链接</a><br /><br />
15  <a href="#" class="red">这是一个 class 属性值为 red 的超链接</a><br /><br />
16  <a href="#" class="green">这是一个 class 属性值为 green 的超链接</a><br /><br />
17  <a href="a.htm" class="black">这是一个引用了不存在的样式的超链接</a><br /><br />
18  <table border="1">
19    <tr>
20        <td>这是一个单元格</td>
21        <td class="green">这是一个 class 属性值为 green 的单元格</td>
22    </tr>
23  </table>
24  </body>
25  </html>
```

第 6 ～ 11 行使用<style>标签创建了一组样式，其中使用了类选择器；第 15 ～ 17 行为超链接定义了 class 属性，指向样式中定义的类；第 21 行为一个单元格也指定了类属性，其中类名称指向样式中定义的类。示例 7-8 运行效果如图 7.8 所示。

图 7.8　使用类选择器运行效果

< 95 >

在示例 7-8 中，CSS 样式中声明了两个超链接的样式：a.red 和 a.green。其中，a 代表 a 元素，也就是只有<a>标签可以选择是否使用该样式；red 和 green 为<a>标签中 class 属性的值。本例中有 4 个超链接。

（1）第一个超链接没有使用 class 属性来指明样式，样式表中也没有 a 这个类选择器样式，因此第一个超链接使用的是默认的样式。

（2）第二个超链接用 class 属性指明了使用名为 red 的类选择器样式，即使用样式表中声明的 a.red 样式，因此该超链接为红色。

（3）第三个超链接用 class 属性指明了使用名为 green 的类选择器样式，即使用样式表中声明的 a.green 样式，因此该超链接为绿色。

（4）第四个超链接用 class 属性指明了使用名为 black 的类选择器样式，即使用 a.black 样式，但是没有在样式表中声明该样式，因此第四个超链接使用的还是默认的样式。

示例 7-8 中还设置了两个 td 样式：一个是 td 元素选择器样式；另一个是 td 类选择器样式。在本例中表格的第一个单元格（即第一个<td>标签）中虽然没有用 class 属性声明使用哪种样式，但是因为样式表中有 td 这个元素选择器的样式，所以所有<td>标签中的文字都使用该样式，即红色文字；第二个单元格（即第二个<td>标签）中用 class 属性指明了使用名为 green 的类选择器样式，即使用样式表中声明的 td.green 样式，因此该单元格中的文字为绿色。

类选择器独立于元素使用时，可以根据标签的 class 属性值来选择拥有指定 class 属性值的所有元素。类选择器的语法格式如下。

```
.classname {样式属性:属性值; 样式属性:属性值; …}
```

其中，"."为类选择器的选择符。classname 是指标签 class 属性的值。

【示例 7-9】单独使用类选择器。

```
1  <!DOCTYPE html>
2  <html xmlns="http://www.w3.org/1999/xhtml">
3  <head>
4  <meta http-equiv="Content-Type" content="text/html; charset=utf-8" />
5  <title>类选择器</title>
6  <style type="text/css">
7      .red {color:red;}                    /* 红色的文字 */
8      .green {color:green;}                /* 绿色的文字 */
9      a.blod {font-weight:bolder;}         /* 粗体 */
10 </style>
11 </head>
12 <body>
13 <a href="#" class="red">这是一个 class 属性值为 red 的超链接</a><br /><br />
14 <a href="#" class="green">这是一个 class 属性值为 green 的超链接</a><br /><br />
15 <a href="#" class="blod">这是一个 class 属性值为 blod 的超链接</a><br /><br />
16 <table border="1">
17    <tr>
18       <td class="red">这是一个 class 属性值为 red 的单元格</td>
19    </tr>
20    <tr>
21       <td class="green">这是一个 class 属性值为 green 的单元格</td>
22    </tr>
23    <tr>
24       <td class="blod">这是一个 class 属性值为 blod 的单元格</td>
25    </tr>
26 </table>
27
28 </body>
```

< 96 >

```
29    </html>
```

示例 7-9 运行效果如图 7.9 所示。

示例 7-9 中使用了 3 个类选择器：.red、.green 和 a.blod。因为在.red 和.green 之前没有标签，所以任何一个标签都可以通过 class 来引用这两种样式，如图 7.9 中的第一个和第二个超链接，以及表格中的第一个和第二个单元格。而 a.blod 同时使用了元素选择器和类选择器，因此只能由<a>标签来引用，如图 7.9 中的第三个超链接。虽然表格的第三个单元格也通过 class 引用了.bold 样式，但该样式不属于<td>标签，所以该样式并没有作用在这个单元格中。可以这么理解，类选择器可以将文件中相同的元素分成不同的类，同一类元素的样式都是相同的。

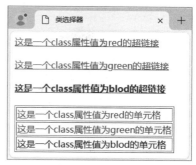

图 7.9 单独使用类选择器运行效果

7.3.3 ID 选择器

ID 选择器（ID Selector）的使用方法与元素选择器和类选择器的使用方法相似，其语法格式如下。

```
#idname  {样式属性:属性值; 样式属性:属性值; …}
```

其中，#为 ID 选择器的选择符号，idname 为标签中 id 属性的属性值。在 HTML 文件中，可以为标签设置 id 属性。id 属性与 name 属性的最大区别是，id 属性的值在整个 HTML 文件中必须是唯一的。而 ID 选择器中的 idname 正好对应这个 id 属性值，因此，ID 选择器只针对网页中的某个元素。

【示例 7-10】ID 选择器的使用。

```
1    <!DOCTYPE html>
2    <html xmlns="http://www.w3.org/1999/xhtml">
3    <head>
4    <meta http-equiv="Content-Type" content="text/html; charset=utf-8" />
5    <title>ID 选择器</title>
6    <style type="text/css">
7        #myid {color:red;}          /* 红色的文字 */
8    </style>
9    </head>
10   <body>
11       <a href="#" id="myid">这是一个超链接</a><br /><br />
12       <a href="#" id="youid">这是另一个超链接</a><br /><br />
13   </body>
14   </html>
```

示例 7-10 运行效果如图 7.10 所示。

示例 7-10 使用#myid 选择器选中了 HTML 文件中标签的 id 属性值为 myid 的元素，因此该元素可以使用选择器设置的样式，至于这个标签是<a>、<p>还是<addr>，并不重要。

图 7.10 ID 选择器运行效果

7.3.4 包含选择器

在理解什么是包含选择器（Descendant Selector）之前，先看如下代码。

```
1    <!DOCTYPE html>
2    <html xmlns="http://www.w3.org/1999/xhtml">
3    <head>
```

< 97 >

```
4    <meta http-equiv="Content-Type" content="text/html; charset=utf-8" />
5    <title>选择器</title>
6    </head>
7    <body>
8               <p>这是一个测试网页，<a href="#">这是一个超链接</a></p>
9               <a href="#">这是另一个超链接</a><br/><br/>
10              <table border="1">
11                 <tr>
12                     <td>这是一个单元格</td>
13                        <td>
14                            <table border="2">
15                                <tr>
16                                    <td>这是另一个表格的单元格</td>
17                                </tr>
18                            </table>
19                        </td>
20                 </tr>
21              </table>
22              <ul>
23                 <li>无序列表项目一</li>
24                 <li>无序列表项目二</li>
25                 <li>无序列表项目三
26                    <ol>
27                        <li>有序列表项目一</li>
28                        <li>有序列表项目二</li>
29                    </ol>
30                 </li>
31              </ul>
32    </body>
33    </html>
```

上面的代码是标准的 HTML 代码，HTML 允许标签嵌套，因此一个标签的 HTML 代码结构是像树一样的结构。HTML 代码的结构如图 7.11 所示。

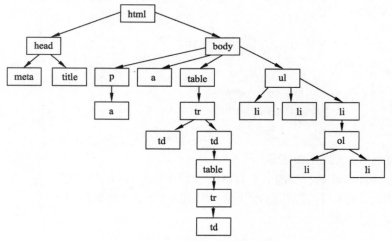

图 7.11　HTML 代码的结构

如果一个标签包含了另一个标签，该标签元素就是被包含的标签元素的父元素，例如，图 7.11 中，head 元素是 title 元素的父元素。反之，如果一个标签被包含在另一个标签中，该标签元素就是包含它的标签元素的子元素，例如，图 7.11 中，title 元素是 head 元素的子元素。顶层的标签元素称为根元素。在图 7.11 中，html 元素就是根元素。具有同一个父元素的几个元素互为兄弟元素。在图 7.11 中，<ul>

< 98 >

标签下的 3 个<li>标签互为兄弟元素，同样，<body>标签下的<p>、<a>、<table>和<ul>标签也互为兄弟元素。

　　CSS 的选择器中有一种选择器叫作包含选择器，在包含选择器中，可以为一个特定的结构创建样式，例如，可以创建一个超链接的样式，但该样式只有在超链接包含在<p>标签内时才有效。包含选择器的语法格式如下。

```
选择器1 选择器2 {样式属性:属性值; 样式属性:属性值; …}
```

其中，选择器 1 和选择器 2 为两个单独的元素选择器，它们之间以空格分隔，表示在选择器 1 选中的元素中选择所有选择器 2 选择的元素。选择器 1 和选择器 2 可以为多种类型的选择器，如元素选择器、类选择器等。

　　【示例 7-11】包含选择器的使用。

```
1   <!DOCTYPE html>
2   <html xmlns="http://www.w3.org/1999/xhtml">
3   <head>
4   <meta http-equiv="Content-Type" content="text/html; charset=utf-8" />
5   <title>包含选择器</title>
6   <style type="text/css">
7       p a {font-weight:bold;}                              /* 粗体 */
8       li {color:red;}                                      /* 红色 */
9       ol li {color:green;}                                 /* 绿色 */
10      table tr td table tr td {text-decoration:line-through;}  /* 删除线 */
11  </style>
12  </head>
13  <body>
14  <p>这是一个测试网页, <a href="#">这是一个超链接</a></p>
15  <a href="#">这是另一个超链接</a><br /><br />
16  <table border="1">
17      <tr>
18          <td>这是一个单元格</td>
19          <td>
20              <table border="2">
21                  <tr>
22                      <td>这是另一个表格的单元格</td>
23                  </tr>
24              </table>
25          </td>
26      </tr>
27  </table>
28  <ul>
29      <li>无序列表项目一</li>
30      <li>无序列表项目二</li>
31      <li>无序列表项目三
32          <ol>
33              <li>有序列表项目一</li>
34              <li>有序列表项目二</li>
35          </ol>
36      </li>
37  </ul>
38  </body>
39  </html>
```

示例 7-11 运行效果如图 7.12 所示。

本例中的样式设置如下。

（1）第一种样式是包含选择器"p a {font-weight:bold;}"，即只有包含在<p>标签中的超链接才是粗

< 99 >

体。如图 7.12 所示，第一个超链接用粗体显示，因为这个超链接包含在<p>标签内，而第二个超链接并没有显示粗体，因为该超链接并不包含在<p>标签内。

（2）第二种样式是元素选择器"li{color:red;}"，即所有<li>标签内的文字的颜色都是红色。但是在图 7.12 中，只有无序列表的<li>标签内的文字是红色，这是因为第三种样式中设置了"ol li{color:green;}"，即包含在<ol>的<li>标签内的文字是绿色的，也就是说，有序列表项目的文字是绿色的。即使该有序列表不是嵌套在无序列表中，列表项目文字也会是绿色的。

图 7.12　包含选择器运行效果

包含选择器也可以很长，因为有些标签嵌套得很深。例如，示例 7-11 中的最后一个样式"table tr td table tr td {text-decoration:line-through;}"指明嵌套在一个表格中的另一个表格的单元格中的文字有删除线，如图 7.12 所示。

在包含选择器中，不但可以使用元素选择器，还可以使用其他类型的选择器，如类选择器、ID 选择器等。

【示例 7-12】在包含选择器中使用类选择器。

```
1   <!DOCTYPE html>
2   <html xmlns="http://www.w3.org/1999/xhtml">
3   <head>
4   <meta http-equiv="Content-Type" content="text/html; charset=utf-8" />
5   <title>包含选择器</title>
6   <style type="text/css">
7       p.myclass {text-decoration:line-through;}              /* 删除线 */
8       .testclass {color:red}                                 /* 红色 */
9       p.myclass a {font-weight:bold;}                        /* 粗体 */
10      .testclass a {text-decoration:overline;}               /* 上画线 */
11  </style>
12  </head>
13  <body>
14  <p>这是一个测试网页，<a href="#">这是一个超链接</a></p>
15  <p class="myclass">这是一个测试网页，<a href="#">这是另一个超链接</a></p>
16  <p class="testclass">这是一个测试网页，<a href="#">这是另一个超链接</a></p>
17  </body>
18  </html>
```

示例 7-12 运行效果如图 7.13 所示。

示例 7-12 中声明了两个包含选择器：第一个是"p.myclass a {font-weight:bold;}"，只有在 class 属性值为 myclass 的<p>标签中的超链接才会有该样式；第二个是".testclass a {text-decoration: overline;}"，该选择器也是作用在超链接标签上的，但该超链接标签必须是 class 属性值为 testclass 的标签的子标签。只有满足这两个条件，该样式才起作用。

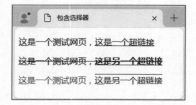

图 7.13　在包含选择器中使用类选择器
运行效果

7.3.5　分组选择器

一个 HTML 文件中，有可能多个标签使用同一种样式。例如，所有的标题都使用下画线样式，其在 CSS 中的定义如下。

```
<style type="text/css">
h1 {text-decoration:underline;}
h2 {text-decoration:underline;}
```

< 100 >

```
h3 {text-decoration:underline;}
h4 {text-decoration:underline;}
h5 {text-decoration:underline;}
h6 {text-decoration:underline;}
</style>
```

其实 CSS 支持分组选择器，可以把相同样式添加到多种元素上，以提高效率，也更方便阅读。分组选择器的语法格式如下。

选择器1,选择器2,选择器3,… {样式属性:属性值; 样式属性:属性值; …}

其中，选择器之间使用逗号分隔。

以上代码可以简化如下。

```
<style type="text/css">
h1,h2,h3,h4,h5,h6 {text-decoration:underline;}
</style>
```

这样就可以一次性使用多种选择器为多个元素添加相同的样式，并且在阅读代码时也会更加方便。同时，这样还可以降低代码编写的错误率。

【示例 7-13】分组选择器的使用。

```
1   <!DOCTYPE html>
2   <html xmlns="http://www.w3.org/1999/xhtml">
3   <head>
4   <meta http-equiv="Content-Type" content="text/html; charset=utf-8" />
5   <title>分组选择器</title>
6   <style type="text/css">
7       h1,h2 {text-decoration:line-through;}       /* 删除线 */
8       h5,h6 {text-decoration:overline;}           /* 上画线 */
9       p,h4,tt {text-decoration:underline;}        /* 下画线 */
10      b,h3 {font-style:italic;}                    /* 斜体 */
11  </style>
12  </head>
13  <body>
14  <h1>标题：h1</h1>
15  <h2>标题：h1</h2>
16  <h3>标题：h1</h3>
17  <h4>标题：h1</h4>
18  <h5>标题：h1</h5>
19  <h6>标题：h1</h6>
20  <p>p 元素</p>
21  <b>粗体</b><br /><br />
22  <tt>等宽字</tt>
23  </body>
24  </html>
```

示例 7-13 运行效果如图 7.14 所示。<h1>、<h2>两个标签中的文字有删除线贯穿；h5、h6 两个标签中的文字加上画线；<p>、<h4>和<tt>标签中的文字加下画线；<b>和<h3>标签中的文字为斜体。从图 7.14 中可以看出，使用分组选择器与不使用分组选择器的结果相同。

7.3.6　通用选择器

通用选择器（Universal Selector）的语法格式如下。

图 7.14　分组选择器运行效果

< 101 >

    * {样式属性:属性值；样式属性:属性值；…}

其中，"*"代表所有，即所有的标签都将被选中，然后添加对应的样式。

【示例7-14】通用选择器的使用。

```
1   <!DOCTYPE html>
2   <html xmlns="http://www.w3.org/1999/xhtml">
3   <head>
4   <meta http-equiv="Content-Type" content="text/html; charset=utf-8" />
5   <title>通用选择器</title>
6   <style type="text/css">
7       * {text-decoration:line-through;}        /* 删除线 */
8   </style>
9   </head>
10  <body>
11  这是一个测试网页，<a href="#">这是一个超链接</a>
12  <p>这是<p>标签内的文字</p>
13  <b>这是<b>标签内的文字</b>
14  </body>
15  </html>
```

第7行在定义样式时使用了通用选择器的选择符号"*"表示所有标签。示例7-14运行效果如图7.15所示。可以看出，网页中的所有文字都加上了删除线，这是因为所有的标签都使用了通用选择器中设置的样式。

通用选择器很少像示例7-14这样使用，大多数情况下它用于让某一个标签下的所有标签都使用同一种样式。此时通用选择器的语法格式如下。

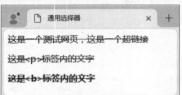

图7.15　通用选择器运行效果

    选择器 * {样式属性:属性值；样式属性:属性值；…}

这是将元素选择器与通用选择器联合使用的一种方式。

【示例7-15】对某个标签下的所有标签使用通用选择器。

```
1   <!DOCTYPE html>
2   <html xmlns="http://www.w3.org/1999/xhtml">
3   <head>
4   <meta http-equiv="Content-Type" content="text/html; charset=utf-8" />
5   <title>通用选择器</title>
6   <style type="text/css">
7       div * {text-decoration:line-through;}        /* 删除线 */
8   </style>
9   </head>
10  <body>
11  <p>这是一个测试网页。</p>
12  <div>这是一个测试网页，<p>这是一个超链接</p>这是一个测试网页，<b>这是<b>标签内的文字</b></div>
13  </body>
14  </html>
```

第7行在定义样式时使用了通用选择器"div *"，表示所有div下一级的标签。示例7-15运行效果如图7.16所示。从图7.16中可以看出，只有<div>标签中的<p>标签与<b>标签中的文字才有删除线，其他文字并没有删除线。通用选择器只作用于元素选择器下的所有子标签。

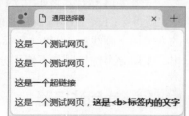

图7.16　对某个标签下的所有标签使用
通用选择器运行效果

< 102 >

7.3.7 子选择器

从某种程度上来说，子选择器（Child Selector）与包含选择器很相似，但子选择器只能选择指定元素的子元素，而包含选择器可以选择指定元素的指定后代元素，这里的后代元素包括子元素、孙子元素等，不限于子元素。子选择器的语法格式如下。

```
父选择器>子选择器 {样式属性:属性值; 样式属性:属性值; …}
```

【示例 7-16】子选择器的使用。

```
1   <!DOCTYPE html>
2   <html xmlns="http://www.w3.org/1999/xhtml">
3   <head>
4   <meta http-equiv="Content-Type" content="text/html; charset=utf-8" />
5   <title>子选择器</title>
6   <style type="text/css">
7       p > a {font-style:italic;}                    /* 斜体 */
8       div > p > b {text-decoration:line-through;}    /* 删除线 */
9   </style>
10  </head>
11  <body>
12  <p>这是一个测试网页, <a href="#">这是一个超链接</a></p>
13  <div>这是一个div,
14      <p>从这里开始换行
15          <b>这是<b>标签内的文字</b>
16          从这里换行结束。
17      </p>
18      这是另外一段
19  </div>
20  </body>
21  </html>
```

第 7 行在定义样式时，使用子选择器 p > a 表示对所有<p>标签下的<a>标签使用指定的样式。同理，第 8 行使用子选择器 div > p > b 表示所有<div >标签下的<p>标签下的<b>标签。示例 7-16 运行效果如图 7.17 所示。

示例 7-16 中设置了两种样式：第一种样式为 "p > a{font-style:italic;}"，即<p>标签内的<a>标签中的文字为斜体；第二种样式为 "div>p>b{text-decoration:line-through;}"，即<div>标签内<p>标签中的<b>标签内的文字有删除线。

从示例 7-16 中可以看到子选择器与包含选择器很相似，那么子选择器是否就是包含选择器呢？

如果开发人员在使用包含选择器时是一级级地包含子标签，那么使用包含选择器与使用子选择器没有什么区别。例如，一个网页中有如下标签。

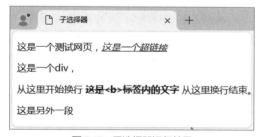

图 7.17 子选择器运行效果

```
<div><p><b></b></p></div>
```

此时使用如下包含选择器与子选择器的结果相同。

包含选择器：

```
div p b {font-style:italic;}
```

子选择器：

```
div > p > b {font-style:italic;}
```

< 103 >

　　然而包含选择器比子选择器要灵活一些，子选择器只对子标签有用，不能跨标签，而包含选择器可以跨标签。例如，使用以下包含选择器与子选择器为标签添加斜体样式。

　　包含选择器：

```
div b {font-style:italic;}
```

　　子选择器：

```
div > b {font-style:italic;}
```

　　在包含选择器中，<div>标签中的孙子元素包含<b>标签，因此 b 元素会显示为斜体；而子选择器中<div>标签的子标签中没有<b>标签，因此，作为孙子元素的 b 元素不会显示为斜体。

　　【示例 7-17】比较子选择器与包含选择器。

```
1   <!DOCTYPE html>
2   <html xmlns="http://www.w3.org/1999/xhtml">
3   <head>
4   <meta http-equiv="Content-Type" content="text/html; charset=utf-8" />
5   <title>子选择器与包含选择器的区别</title>
6   <style type="text/css">
7       div > b {font-style:italic;}              /* 斜体 */
8       div b {text-decoration:line-through;}     /* 删除线 */
9   </style>
10  </head>
11  <body>
12  <div>子选择器与包含选择器的区别：
13      <p>子选择器只能对
14          <b>子标签有效</b>！
15          不可以跨标签。
16      </p>
17      包含选择器可以跨标签使用。
18  </div>
19  <div>包含选择器比子选择器要<b>灵活</b>得多</div>
20  </body>
21  </html>
```

　　示例 7-17 运行效果如图 7.18 所示。

　　示例 7-17 中声明了两种样式：一种是子选择器 “div > b {font-style:italic;}”；另一种是包含选择器 “div b {text-decoration:line-through;}”。子选择器的有效范围仅限于<div>标签的子标签<b>，而只要<div>标签中有<b>标签，该<b>标签就可以使用包含选择器定义的样式。因此，在图 7.18 中，第二行中加粗的文字只有删除线，而不会是斜体；第四行中加粗的文字既有删除线，又是斜体。

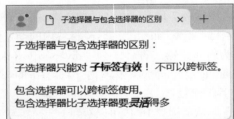

图 7.18　子选择器与包含选择器的区别

7.3.8　相邻选择器

　　相邻选择器是一个比较有意思的选择器，该选择器作用于兄弟标签，但只能作用于相邻的两个兄弟标签，其语法格式如下。

```
选择器 1+选择器 2  {样式属性:属性值; 样式属性:属性值; …}
```

其中，选择器 2 选择的元素为紧跟在选择器 1 选择的元素之后的兄弟元素。元素 1 与元素 2 之间用加号连接。

< 104 >

【示例 7-18】相邻选择器的使用。

```
1   <!DOCTYPE html>
2   <html xmlns="http://www.w3.org/1999/xhtml">
3   <head>
4   <meta http-equiv="Content-Type" content="text/html; charset=utf-8" />
5   <title>相邻选择器</title>
6   <style type="text/css">
7       div + b {font-style:italic;}           /* 斜体 */
8   </style>
9   </head>
10  <body>
11  <b>相邻选择器：</b>
12  <div>相邻选择器作用在兄弟标签之间</div>
13  <b>子选择器：</b>
14  <div>作用于子标签</div>
15  包含选择器：
16  <b>作用于子标签或子标签以下的标签</b>
17  <div>分组选择器</div>
18  选择器可以分组<br/>
19  <b>如此可以少输入文字</b>
20  </body>
21  </html>
```

示例 7-18 运行效果如图 7.19 所示。

示例 7-18 将源代码分为 3 段：在第一段中，<div> 标签有两个兄弟标签，这两个兄弟标签都是 <b> 标签，但是样式只能作用于 <div> 标签后面的 <b> 标签，而不能作用于 <div> 标签前面的 <b> 标签；第二段是一个标准的相邻选择器的使用方式；在第三段中，虽然 <div> 标签与 <b> 标签是兄弟标签，但是这两个标签之间隔着一个
 标签，因此也不能算是相邻的兄弟标签。

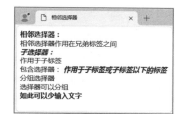

图 7.19　相邻选择器运行效果

7.3.9　属性选择器

属性选择器（Attribute Selector）是通过标签的属性来选择元素的一种 CSS 选择器。属性选择器有以下 4 种表达方式。

1．第一种表达方式

属性选择器的第一种表达方式如下。

```
选择器[属性]  {样式属性:属性值; 样式属性:属性值; …}
```

这种属性选择器的含义是，只要选择器选中的元素包含该属性，就可以使用该样式。下面是一个属性选择器的样式声明。

```
p[align] {font-style:italic;}
```

该样式将作用于所有含有 align 属性的 <p> 标签，无论 align 的属性值是什么。例如，以下 3 行代码都将使用该样式，即斜体。

```
<p align="left">文字</p>
<p align="center">文字</p>
<p align="right">文字</p>
```

虽然以下代码在 HTML 中的意思与"<p align="left">文字</p>"相同，但该行代码不能使用前面

< 105 >

声明的 CSS 样式，这是因为该行代码没有使用 align 属性。

```
<p>文字</p>
```

【示例 7-19】属性选择器的使用。

```
1    <!DOCTYPE html >
2    <html xmlns="http://www.w3.org/1999/xhtml">
3    <head>
4    <meta http-equiv="Content-Type" content="text/html; charset=utf-8" />
5    <title>属性选择器</title>
6    <style type="text/css">
7        p[align] {text-decoration:line-through;}          /* 删除线 */
8    </style>
9    </head>
10   <body>
11   <p>第一行</p>
12   <p align="left">第二行</p>
13   <p align="center">第三行</p>
14   <p align="right">第四行</p>
15   </body>
16   </html>
```

示例 7-19 运行效果如图 7.20 所示。可以看出，由于对应"第一行"的<p>标签没有设置 align 属性，所以"第一行"没有添加删除线。

图 7.20　属性选择器运行效果 1

2. 第二种表达方式

属性选择器的第二种表达方式如下。

```
选择器[属性 = 属性值] {样式属性:属性值；样式属性:属性值；…}
```

这种属性选择器对属性的要求比第一种属性选择器对属性的要求要高一些，除了要求元素包含该属性，还指定了属性值。属性选择器的第二种表达方式的代码如下。

```
p[align = "center"] {font-style:italic;}
```

该样式只能作用在 align 属性值为 center 的<p>标签，即只能作用于代码

```
<p align="center">文字</p>
```

而不能作用于代码

```
<p>文字</p>
<p align="left">文字</p>
<p align="right">文字</p>
```

虽然后面的代码使用的都是 p 元素，但是这些代码要么没有 align 属性，要么 align 属性值不为 center。

【示例 7-20】使用属性选择器的第二种表达方式来设置样式。

```
1    <!DOCTYPE html>
2    <html xmlns="http://www.w3.org/1999/xhtml">
3    <head>
4    <meta http-equiv="Content-Type" content="text/html; charset=utf-8" />
5    <title>属性选择器</title>
6    <style type="text/css">
7        p[align = "center"] {text-decoration:line-through;}        /* 删除线 */
8    </style>
9    </head>
```

< 106 >

```
10    <body>
11    <p>第一行</p>
12    <p align="left">第二行</p>
13    <p align="center">第三行</p>
14    <p align="right">第四行</p>
15    </body>
16    </html>
```

示例 7-20 运行效果如图 7.21 所示。可以看出，只有 align 属性值为 center 的"第三行"对应的<p>标签使用了设置的样式。

3. 第三种表达方式

属性选择器的第三种表达方式如下。

图 7.21 属性选择器运行效果 2

选择器[属性 ~= 属性值] {样式属性:属性值；样式属性:属性值；…}

这种表达方式可以提供一种近似的属性值选择方式，"~="符号就像是约等于号。例如，以下代码中的 title 属性值是一个字符串，并且该字符串中有用空格隔开的几个英文单词。

```
<a href="#" title="this is a Attribute Selector">属性选择器</a>
```

这行代码可以被以下几个属性选择器匹配成功。

```
a [title ~= "this"] {font-style:italic;}
a [title ~= "is"] {font-style:italic;}
a [title ~= "a"] {font-style:italic;}
a [title ~= "Attribute"] {font-style:italic;}
a [title ~= "Selector"] {font-style:italic;}
```

以上几个属性选择器都用"~="指明了一个属性值，只要<a>标签中的 title 属性值中有一个单词匹配属性选择器中的属性值，<a>标签就可以使用该样式。

注意： 在这种属性选择器中，属性值中不能有空格，即不能出现类似"a [title ~= "Attribute Selector"] {font-style:italic;}"的属性选择器。

【示例 7-21】使用属性选择器的第三种表达方式来设置样式。

```
1     <!DOCTYPE html>
2     <html xmlns="http://www.w3.org/1999/xhtml">
3     <head>
4     <meta http-equiv="Content-Type" content="text/html; charset=utf-8" />
5     <title>属性选择器</title>
6     <style type="text/css">
7         a[title ~= "Attribute"] {text-decoration:line-through;}  /* 删除线 */
8         a[title ~= "属"] {font-weight:bold;}                      /* 粗体 */
9     </style>
10    </head>
11    <body>
12    <p><a href="#" title="this is a Attribute Selector">属性选择器</a></p>
13    <p><a href="#" title="that is a Element Selector">元素选择器</a></p>
14    <p><a href="#" title="属 性 选 择 器">属性选择器</a></p>
15    <p><a href="#" title="属性选择器">属性选择器</a></p>
16    </body>
17    </html>
```

示例 7-21 运行效果如图 7.22 所示。

< 107 >

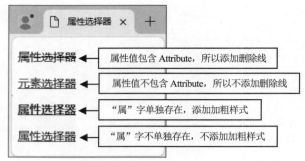

图 7.22 属性选择器运行效果 3

4. 第四种表达方式

最后一种属性选择器的表达方式如下。

> 选择器[属性| = 属性值] {样式属性:属性值; 样式属性:属性值; …}

这种属性选择器比第三种属性选择器能匹配的范围要小得多,第三种属性选择器能匹配的是单词,而这一种属性选择器除精确匹配外,只能匹配以连字符（-）分隔的字符串,并且只能是以该属性值开头的字符串。属性选择器的第四种表达方式的示例代码如下。

> p[lang |= "en"] {font-style:italic;}

以上代码可以选择 lang 的属性值为 en 或者 en-开头的<p>标签。例如,以下代码都可以使用该样式。

```
<p lang="en">文字</p>
<p lang="en-as">文字</p>
<p lang="en-us">文字</p>
```

而以下代码都不能使用该样式。

```
<p>文字</p>
<p lang="fr">文字</p>
```

技巧:属性选择器可以与通用选择器联合使用,例如,"* [title] {font-style:italic;}"表示所有包含 title 属性的元素都能使用该样式。

【示例 7-22】使用属性选择器的第四种表达方式来设置样式。

```
1    <!DOCTYPE html>
2    <html xmlns="http://www.w3.org/1999/xhtml">
3    <head>
4    <meta http-equiv="Content-Type" content="text/html; charset=utf-8" />
5    <title>属性选择器</title>
6    <style type="text/css">
7        *[title |= "en"] {text-decoration:line-through;}      /* 删除线 */
8    </style>
9    </head>
10   <body>
11   <p title="en">en</p>
12   <p title="en-as">en-as</p>
13   <p title="en-us">en-us</p>
14   <div title="english">english</div>
15   <div title="en">english</div>
16   </body>
17   </html>
```

示例 7-22 运行效果如图 7.23 所示。

图 7.23 属性选择器运行效果 4

< 108 >

7.4　伪类和伪元素

伪类（Pseudo Class）和伪元素（Pseudo Element）可以说是 HTML 文件中并不实际存在的类和元素。伪类通常是指某些元素的某个状态，例如，超链接元素就存在 4 种状态：未访问过的状态、已访问过的状态、鼠标指针经过时的状态和鼠标单击时的状态。伪元素通常是指某个对象中某个元素的状态，如一行文字中第一个字符的样式等。

7.4.1　伪类

伪类最开始被提出来可以说是因为超链接，CSS1 中只有 3 个伪类，即:link、:visited 和:active。这 3 个伪类都是作用在超链接上的，分别代表超链接的 3 种状态：未访问过的状态、已访问过的状态、鼠标单击时的状态。后来，CSS2 为鼠标指针经过时的状态增加了一个伪类，即:hover。这 4 个伪类都只能使用在超链接上，其使用方法分别如下。

```
a:visited{样式属性:属性值; 样式属性:属性值; …}
a:active{样式属性:属性值; 样式属性:属性值; …}
a:hover{样式属性:属性值; 样式属性:属性值; …}
a:link{样式属性:属性值; 样式属性:属性值; …}
```

注意：link、active、hover 和 link 之前都有一个冒号（:），这个冒号就是伪类和伪元素的标记符，所有的伪类与伪元素都以冒号开头。冒号前为该伪类或伪元素作用的元素。

【示例 7-23】使用伪类来设置样式。

```
1  <!DOCTYPE html>
2  <html xmlns="http://www.w3.org/1999/xhtml">
3  <head>
4  <meta http-equiv="Content-Type" content="text/html; charset=utf-8" />
5  <title>伪类</title>
6  <style type="text/css">
7      a{ text-decoration:none;font-size: 10px;}
8      a:visited { color: green; }
9      a:active { color: #000000;}
10     a:hover { background-color:yellow; font-size:24px;}
11     a:link { color:red;}
12 </style>
13 </head>
14 <body>
15 <p><a href="http://www.baidu.com">未访问过的超链接</a></p>
16 <p><a href="http://xxxx">已访问过的超链接</a></p>
17 <p><a href="http://zzzzzzz">普通超链接</a></p>
18 </body>
19 </html>
```

示例 7-23 运行效果如图 7.24 所示。示例 7-23 中设置了未访问过的超链接为绿色、已访问过的超链接为红色，而当鼠标指针经过超链接时，背景为黄色，并且文字会变大。

图 7.24　使用伪类运行效果

< 109 >

7.4.2 伪元素

伪元素与伪类的使用方法类似，伪元素通过插入文件中的虚构元素来设置样式。常用的伪元素有:first-letter 和:first-line。这两个伪元素可以将样式作用在文本的首字与首行，通常用在块级元素中。

【示例 7-24】使用伪元素来设置样式。

```
1   <!DOCTYPE html>
2   <html xmlns="http://www.w3.org/1999/xhtml">
3   <head>
4   <meta http-equiv="Content-Type" content="text/html; charset=utf-8" />
5   <title>伪元素</title>
6   <style type="text/css">
7       p:first-letter {font-size: 200%;}
8       div:first-line {text-decoration:underline;}
9   </style>
10  </head>
11  <body>
12  <p>这几天心里颇不宁静。今晚在院子里坐着乘凉，忽然想起日日走过的荷塘，在这满月的光里，总该另有一番样子吧。月亮渐渐地升高了，墙外马路上孩子们的欢笑，已经听不见了；妻在屋里拍着闰儿，迷迷糊糊地哼着眠歌。我悄悄地披了大衫，带上门出去。</p>
13  <div>沿着荷塘，是一条曲折的小煤屑路。这是一条幽僻的路；白天也少人走，夜晚更加寂寞。荷塘四面，长着许多树，蓊蓊郁郁的。路的一旁，是些杨柳，和一些不知道名字的树。没有月光的晚上，这路上阴森森的，有些怕人。今晚却很好，虽然月光也还是淡淡的。</div>
14  </body>
15  </html>
```

示例 7-24 运行效果如图 7.25 所示。示例 7-24 中设置<p>标签内的第一个字为其他字大小的两倍；设置<div>标签内的第一行文字有下画线。

图 7.25　使用伪元素运行效果

7.5 CSS 优先级

由于 CSS 具有多种选择器，而选择器之间又有继承性与层叠性，因此在设计样式时，就有可能将多种样式加载在同一个标签元素上，如果这些样式不相同，该标签元素就可以同时拥有这几种样式，但如果样式相同，只是属性值不同，就会产生样式冲突。例如，HTML 文件中有以下两种样式。

```
p {color:red}
.vip {color:green}
```

以上两种样式单独看起来没有什么问题，但如果出现了以下代码，将会怎么样？

```
<p class="vip">文字</p>
```

此时在<p>标签内的文字应该是什么颜色？是红色还是绿色？虽然样式可以层叠，但这种层叠只是针对不同的样式而言；如果样式相同而属性值不同，就会产生样式冲突。在本例中，文字不可能既是红色，又是绿色。

其实正确的答案应该是绿色。在 CSS 中，每种类型的选择器都有一个特殊性（Specificity），特殊性使用权重（Weight）（也就是优先级）来描述不同的选择器。CSS 可以根据产生冲突的样式选择器的

< 110 >

权重来判断使用哪种样式，通常是选择权重大的样式，而忽略权重小的样式。CSS3 使用一个 4 位的数字串来表示权重。以下是有关权重的一些规定。

- 元素选择器（元素名）的权重为 0001。
- 类选择器（.classname）的权重为 0010。
- ID 选择器（#idname）的权重为 0100。
- 通用选择器（*）的权重为 0000。
- 子选择器的权重为 0000。
- 属性选择器（[attr]）的权重为 0010。
- 伪类（:pseudo-classes）的权重为 0010。
- 伪元素（:pseudo-elements）的权重为 0001。
- 包含选择器的权重为包含的选择器的权重之和。
- 内联样式的权重为 1000。
- 继承的样式的权重为 0000。

以上权重由大到小依次为 1000、0100、0010、0001、0000。

【示例 7-25】比较选择器的优先级。

```
1   <!DOCTYPE html>
2   <html xmlns="http://www.w3.org/1999/xhtml">
3   <head>
4   <meta http-equiv="Content-Type" content="text/html; charset=utf-8" />
5   <title>样式冲突</title>
6   <style type="text/css">
7       p {color:red;}                /* 权重为 0001 */
8       .vip {color:green;}           /* 权重为 0010 */
9       #myid {color:purple;}         /* 权重为 0100 */
10      p[align] {color:blue;}        /* 权重为 0010 */
11  </style>
12  </head>
13  <body>
14  <p>文字</p>
15          <p class="vip">文字</p>
16          <p id="myid" class="vip">文字</p>
17          <p align="center" class="vip">文字</p>
18  </body>
19  </html>
```

示例 7-25 运行效果如图 7.26 所示。

示例 7-25 中设置的样式主要包括 4 种。第一种是元素选择器，其权重为 0001；第二种是类选择器，其权重为 0010；第三种是 ID 选择器，其权重为 0100；第四种是属性选择器，其权重为 0010。

示例 7-25 中还添加了 4 行文字。

第一行文字使用的是普通的<p>标签，该标签只能使用第一种样式，没有和任何其他样式冲突，因此显示为红色。

第二行文字使用的是<p class="vip">标签，该标签可以同时使用第一种与第二种样式，但第二种样式的权重大于第一种样式，因此第二行文字显示为绿色。

图 7.26　比较选择器的优先级

第三行文字使用的是<p id="myid" class="vip">标签，该标签可以同时使用第一种、第二种与第三种样式，但第三种样式的权重大于第一种与第二种样式，因此第三行文字显示为紫色。

第四行文字使用的是<p align="center" class="vip">标签，该标签可以同时使用第一种、第二种与第

< 111 >

四种样式。其中，第二种样式和第四种样式的权重大于第一种样式，因此不会应用第一种样式。第二种样式和第四种样式的权重相同，此时会遵循就近原则。第四种样式距离对应的 HTML 标签比第二种样式近，因此第四行文字会应用第四种样式，显示为蓝色。

CSS 对包含选择器采用权重相加的方式来计算权重。

【示例 7-26】采用权重相加的方式来计算权重。

```
1    <!DOCTYPE html>
2    <html xmlns="http://www.w3.org/1999/xhtml">
3    <head>
4    <meta http-equiv="Content-Type" content="text/html; charset=utf-8" />
5    <title>样式冲突</title>
6    <style type="text/css">
7        p {color:red}
8        body p {color:green}
9    </style>
10   </head>
11   <body>
12   <p>文字</p>
13   </body>
14   </html>
```

示例 7-26 运行效果如图 7.27 所示。在示例 7-26 中，第一种样式只包含了一个元素选择器，因此该样式的权重为 0001；第二种样式是一个包含选择器样式，包含了两个元素选择器，因此该样式的权重为这两个元素选择器的权重之和，即 0002。第二种样式的权重大于第一种样式的权重，因此在本例中，文字会显示为绿色。

图 7.27　CSS 权重相加运行效果

内联样式的权重为 1000，大于内部样式和外部样式的权重，因此当样式冲突时，只会显示内联样式。

【示例 7-27】比较内联样式和内部样式的优先级。

```
1    <!DOCTYPE html>
2    <html xmlns="http://www.w3.org/1999/xhtml">
3    <head>
4    <meta http-equiv="Content-Type" content="text/html; charset=utf-8" />
5    <title>样式冲突</title>
6    <style type="text/css">
7        p {color:red}
8    </style>
9    </head>
10   <body>
11   <p style="color:green">文字</p>
12   </body>
13   </html>
```

在示例 7-27 中，由于<p>标签使用了内联样式，因此文字只会显示为绿色。其运行效果与图 7.27 中的一样。

7.6　CSS 中的单位

CSS 中的单位可以简单地被分为颜色单位、长度单位、时间单位、角度单位和频率单位。

7.6.1　颜色单位

我们在 CSS 中常常会用到颜色，而表达颜色的方式主要包括#RRGGBB、rgb(R,G,B)

< 112 >

和颜色名称。

（1）#RRGGBB 是比较常用的表示方法，其中 RR 代表红色值，GG 代表绿色值，BB 代表蓝色值，取值范围都是 00 ~ FF。例如，红色可以用 "#FF0000" 来表示。

（2）rgb(R,G,B)是颜色的另一种表示方法，其中 R 代表红色值，G 代表绿色值，B 代表蓝色值，取值范围都是 0 ~ 255 或 0% ~ 100%。例如，红色可以用 rgb(255,0,0)或 rgb(100%,0%,0%)来表示。百分比的表示方法不是所有浏览器都支持的。

（3）使用颜色名称来表达颜色比较直观。例如，红色就可以直接用 red 来表示，但不同的浏览器会有不同的预定义的颜色名称。

以下都是正确的颜色声明。

```css
div {color: #FF0000; }
div {color: rgb(255,120,109); }
div {color: rgb(90%,20%,30%); }
div {color: red; }
```

7.6.2　长度单位

CSS 中的长度单位分为绝对长度单位和相对长度单位两种。

（1）绝对长度单位包括 pt、cm、mm、in 和 pc 等。

- pt：点（point），又称磅，这是标准的印刷上的量度单位，广泛使用在打印与排版上，72pt 相当于 1in。
- cm：厘米（centimeter），全世界统一的量度单位，1in 等于 2.54cm，1cm 约等于 0.394in。
- mm：毫米（millimeter），全世界统一的量度单位，1cm 等于 10mm。
- in：英寸（inch），常用的量度单位。
- pc：派卡（pica），近似于我国新四号字的高度。

以上绝对长度单位的换算方法：1in = 2.54cm = 25.4mm=72pt= 6pc。

（2）相对长度单位包括 px、ex 和 em 等。

- px：像素（pixel），是相对于显示器屏幕的分辨率而言的。
- ex：相对于字符 x 的高度，该高度通常为字体尺寸的一半。
- em：相对于当前对象内文本的字体尺寸。

以下都是正确的长度单位声明。

```css
p { font-size: 10pt; }
p { font-size: 11cm; }
p { font-size: 40mm; }
p { font-size: 3in; }
p { font-size: 9pc; }
p { font-size: 10px; }
p { font-size: 15px; }
p { font-size: 11em; }
```

7.6.3　时间单位

在 CSS 中时间单位只有两种：s（秒）和 ms（毫秒），其中 1s=1000ms。以下是正确的时间单位声明。

```css
input { pause-before: 2s; }
input { pause-before: 2000ms; }
```

< 113 >

7.6.4 角度单位

CSS 中的角度单位包括 deg、grad 和 rad。

（1）deg：就是我们平常所说的"度"，一个圆等于 360deg。

（2）grad：梯度。1grad 为一个直角的 1%，一个圆等于 400grad。

（3）rad：弧度。弧长等于半径的圆弧所对的圆心角为 1rad。

以下是正确的角度单位声明。

```
img { azimuth: 90deg }
img { azimuth: 30grad }
img { azimuth: 6rad }
```

7.6.5 频率单位

CSS 中的频率单位只有两种：Hz（赫兹）和 kHz（千赫兹），其中 1kHz=1000Hz。
以下是正确的频率单位声明。

```
strong { pitch: 75Hz }
strong { pitch: 75kHz }
```

7.7 小结

本章主要讲解 CSS 的基础知识，包括 CSS 的设置方法、选择器、伪类和伪元素、CSS 优先级、CSS 中的单位。其中重点是 CSS 的设置方法，主要内容包括内联样式表、内部样式表、外部样式表、引用多个外部样式表、使用@import 引用外部样式表以及 CSS 注释。本章的难点是 CSS 选择器的使用，读者需要仔细区分它们。

习题

1. 向网页中插入 CSS 的方式包括_____、_____、_____和_____4 种。
2. CSS 的外部样式表是通过_____标签中的_____属性插入 HTML 文件中的。
3. 下列选项中通过元素选择器为元素添加样式的是_____。

    A. ~p {font-weight:bold;}   B. p {font-weight:bold;}

    C. #p {font-weight:bold;}   D. .p {font-weight:bold;}

4. 属于 ID 元素选择器的是_____。

    A. p {font-weight:bold;}   B. a.red {color:red;}

    C. #myclass {color:red;}   D. p > a {font-style:italic;}

5. 简述 CSS 中内部样式表和内联样式表的不同。

上机指导

CSS 主要被用来设置网页中元素的格式以及对网页进行排版和风格设计。本章涉及的知识点包括

< 114 >

CSS 的设置方法、选择器、伪类和伪元素、CSS 优先级以及 CSS 中的单位。下面通过上机操作来巩固本章所学的知识点。

实验一

实验内容

通过 CSS 内部样式表和 ID 选择器为网页中的文字添加样式。

实验目的

巩固知识点。

实现思路

先通过<style>标签嵌入 CSS 内部样式表，然后通过 ID 选择器为网页中的文字添加样式。

在 Dreamweaver 中选择"新建"|"HTML"命令，新建 HTML 文件。在 HTML 文件中输入的关键代码如下。

```
<style type="text/css">
    #myclass {color:red;}
    #youclass {text-decoration:underline;}
</style>
```

在菜单栏中选择"文件"|"保存"命令，输入保存路径，单击"保存"按钮，即可使用 CSS 内部样式表设置网页。运行效果如图 7.28 所示。

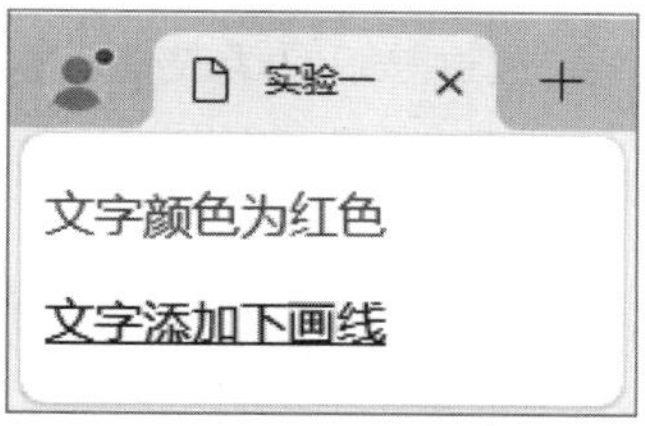

图 7.28 使用 CSS 内部样式表设置网页样式的运行效果

实验二

实验内容

为网页添加 CSS 外部样式表，并使用类选择器为网页中的表格添加样式。

实验目的

巩固知识点。

实现思路

先创建一个 CSS 外部样式表文件，然后在该文件中添加类选择器以及对应的 CSS 样式，最后通过<link>标签将 CSS 外部样式表文件引入 HTML 文件。

在 Dreamweaver 中选择"新建"|"HTML"命令，新建 HTML 文件。在 HTML 文件中输入的关键代码如下。

```
<table border="2">
    <tr class="tb1">
        <td>这是另一个表格的单元格</td>
        <td>这是另一个表格的单元格</td>
    </tr>
        <tr class="tb2">
            <td>这是另一个表格的单元格</td>
                <td>这是另一个表格的单元格</td>
    </tr>
</table>
```

< 115 >

在 Dreamweaver 中选择"新建"|"CSS"命令，新建 CSS 文件。在 CSS 文件中输入的关键代码如下。

```
.tb1 {color:green;
    background-color:#9FF
        }
.tb2 { height:50px;}
```

在菜单栏中选择"文件"|"保存"命令，输入保存路径，单击"保存"按钮，即可使用 CSS 外部样式表设置网页表格样式。运行效果如图 7.29 所示。

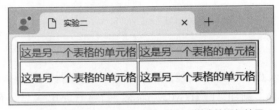

图 7.29　使用 CSS 外部样式表设置网页样式的运行效果

实验三

实验内容

通过 CSS 伪类改变超链接的样式。

实验目的

巩固知识点。

实现思路

通过多个 CSS 伪类设置网页中超链接未被访问时的颜色为蓝色、已被访问过的颜色为紫色、鼠标指针经过时的颜色为黑色。

在 Dreamweaver 中选择"新建"|"HTML"命令，新建 HTML 文件。在 HTML 文件中输入的关键代码如下。

```
<style type="text/css">
    a{ font-size:20px;}
    a:visited {color:#63F;}
    a:hover { color: #000000;}
    a:link {color:#6FF;}
</style>
```

在菜单栏中选择"文件"|"保存"命令，输入保存路径，单击"保存"按钮，即可使用 CSS 伪类设置超链接样式。运行效果如图 7.30 所示。

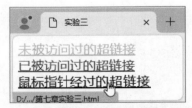

图 7.30　使用 CSS 伪类设置超链接样式的运行效果

< 116 >

第 *8* 章 设置文字和文本样式

CSS 样式的基本用途是设置文字和文本的样式。"文字"是指单个字或单词，"文本"是指由文字组成的内容。为文字设置样式主要是设置字、词的样式，对文本设置样式主要是对整段文章设置样式。

8.1 设置文字样式

CSS 中对文字样式的设置包括对文字字体、文字大小、文字粗体、文字颜色、文字斜体等的设置。

8.1.1 设置文字字体

在 HTML 中可以使用<font face="字体名">来设置文字字体。在 CSS 中设置文字字体的属性是 font-family，其语法格式如下。

```
font-family:"字体1","字体2","字体3",…
```

可以为文字设置多种字体，当运行页面的浏览器找不到第一种字体时，就会显示第二种字体；如果也找不到第二种字体，则会显示第三种字体，以此类推。如果设置的几种字体都无法找到，就自动显示浏览器设置的默认字体。

【示例 8-1】使用 CSS 内部样式表在页面的<head>标签中设置两种文字字体。

```
1    <!DOCTYPE html>
2    <html xmlns="http://www.w3.org/1999/xhtml">
3    <head>
4    <meta http-equiv="Content-Type" content="text/html; charset=utf-8" />
5    <title>使用 CSS 设置字体</title>
6    <style type="text/css">
7      h3{font-family:"方正姚体","仿宋_GB2312"}
8      .exam{font-family:"隶书"}
9    </style>
10   </head>
11   <body>
12   <h3>荷花介绍</h3>
13   <p>荷花，又名莲花、水华、芙蓉、玉环等，属睡莲科多年生水生草本花卉。地下茎长而肥厚，有长节，叶呈圆盾形。</p>
14   <p class=exam>荷花单生于花梗顶端，花瓣多数，嵌生在花托穴内，有红、粉红、白、紫等色或有彩纹、镶边，花期 6～9 月。坚果呈椭圆形，种子呈卵形。</p>
```

```
15    </body>
16    </html>
```

第 6~9 行使用<style>标签定义了一组样式，其中指定了<h3>标签的字体，也对 class 属性值为 exam 的内容设定了字体。示例 8-1 运行效果如图 8.1 所示。可以看出，虽然页面中有两段文字，但只有第二段文字采用了 exam 类选择器样式，因此只有第二段文字以隶书字体显示。

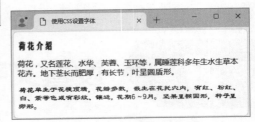

图 8.1　设置文字字体运行效果

8.1.2　设置文字大小

设置文字大小是指为页面中的文字设置绝对大小或相对大小。设置相对大小是指相对于父对象文字尺寸来设置文字大小，包括 larger 和 smaller。设置绝对大小是指设置固定的文字大小，包括 xx-small、x-small、large 等。

说明：虽然可以用英文单词设置绝对大小，但是这些文字在浏览器中的显示效果与浏览器的设置有关，而不是真正绝对不变的。这些表示绝对大小的词就是针对浏览器设置的字体而定的。

除了使用英文单词表示文字大小，还有一种设置文字大小的方式是使用具体的长度值或百分比。CSS 中可设置的文字大小如表 8.1 所示。

表 8.1　CSS 中可设置的文字大小

类型	font-size 取值或单位	含义
用英文单词表示绝对大小	xx-small	极小
	x-small	很小
	small	小
	medium	中
	large	大
	x-large	很大
	xx-large	极大
用英文单词表示相对大小	larger	较大，一般比父对象中的文字大一些
	smaller	较小，一般比父对象中的文字小一些
采用具体的长度值（浮点数+单位）	pt	点，1pt=1/72in
	px	像素
	in	英寸
采用百分比	%	相对父对象中文字尺寸的比例

使用 CSS 样式设置文字大小的语法格式如下。

```
font-size:文字大小
```

这里的文字大小取值参见表 8.1，不同取值的运行效果也不相同。

【示例 8-2】以不同的方式设置文字大小。

```
1    <!DOCTYPE html>
2    <html xmlns="http://www.w3.org/1999/xhtml">
3    <head>
```

< 118 >

```
4    <meta http-equiv="Content-Type" content="text/html; charset=utf-8" />
5    <title>使用 CSS 设置文字的大小</title>
6    <style type="text/css">
7        h3{font-family:"方正姚体","仿宋_BG2312";font-size:x-large}
8        .examfont1{font-size:larger}
9        .examfont2{font-size:14px}
10   </style>
11   </head>
12   <body>
13   <h3>荷花介绍</h3>
14   <p>荷花，又名莲花、水华、芙蓉、玉环等，属睡莲科多年生水生草本花卉。</p>
15   <p class=examfont1>地下茎长而肥厚，有长节，叶呈圆盾形。</p>
16   <p class=examfont2>荷花单生于花梗顶端，有红、粉红、白、紫等色或有彩纹、镶边，花期 6 ~ 9 月。坚果呈
     椭圆形，种子呈卵形。</p>
17   </body>
18   </html>
```

示例 8-2 中设置标题文字的大小为绝对大小 x-large，第一段文字采用默认大小，第二段文字设置为相对大小 larger，第三段文字设置为固定的 14px，其运行效果如图 8.2 所示。

当浏览器设置的默认字体变大时，只有设置了固定像素值的文字大小是绝对不变的。也就是说，如果希望在页面中显示的文字大小不随浏览器的设置改变而变化，就需要使用具体的长度值来设置文字的大小。

图 8.2　设置文字大小的运行效果

8.1.3　设置粗体

我们在页面中经常会使用加粗的字体表示强调，在 HTML 标签中加粗的程度只有一种，通过 CSS 样式可以为文字设置不同程度的加粗效果。其语法格式如下。

```
font-weight:字体的粗度
```

字体的粗度可以使用数值表示，也可以使用英文单词表示，具体如表 8.2 所示。

表 8.2　设置字体的粗度

字体粗度取值	含义
100~900	数值越小，字体笔画也越细，要求所取的数值是整百的，即 100、200、300 等
normal	正常字体效果
bold	加粗字体，其字体笔画的粗细与字体粗度设置为 700 时的效果基本相同
bolder	特粗字体，就是在加粗字体的基础上再加粗，基本相当于字体粗度设置为 900 的效果
lighter	细体字，比正常字体笔画更细一些

【示例 8-3】 为文字设置不同程度的粗体。

```
1    <!DOCTYPE html>
2    <html xmlns="http://www.w3.org/1999/xhtml">
3    <head>
4    <meta http-equiv="Content-Type" content="text/html; charset=utf-8" />
5    <title>使用 CSS 设置文字的粗细</title>
6    <style type="text/css">
7      h2{font-weight:bold}
8      .examfont1{font-size:16px;font-weight:normal}
9      .examfont2{font-size:16px;font-weight:900}
```

< 119 >

```
10    </style>
11    </head>
12    <body>
13    <h2>荷花介绍</h2>
14    <p class=examfont1>荷花，又名莲花、水华、芙蓉、玉环等，属睡莲科多年生水生草本花卉。地下茎长而肥
厚，有长节，叶呈圆盾形。</p>
15    <p class=examfont2>荷花单生于花梗顶端，有红、粉红、白、紫等色或有彩纹、镶边，花期 6～9 月。坚果呈
椭圆形，种子呈卵形。</p>
16    </body>
17    </html>
```

示例 8-3 中为标题文字和段落文字分别设置了不同粗体，运行效果如图 8.3 所示。

8.1.4 设置文字颜色

CSS 中设置文字颜色的属性是 color，其语法格式如下。

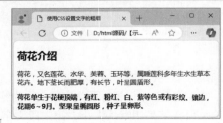

图 8.3 设置粗体的运行效果

color:颜色代码/颜色名称

颜色代码是指表示颜色的十六进制数，颜色名称是颜色的英文名。

【示例 8-4】为文字设置不同的颜色。

```
1     <!DOCTYPE html>
2     <html xmlns="http://www.w3.org/1999/xhtml">
3     <head>
4     <meta http-equiv="Content-Type" content="text/html; charset=utf-8" />
5     <title>使用 CSS 设置文字的颜色</title>
6     <style type="text/css">
7       h3{font-family:"方正姚体","仿宋_BG2312"}
8       .exam1{color:#FF99CC}
9       .exam2{color:red}
10    </style>
11    </head>
12    <body>
13    <h3>花朵介绍</h3>
14    <p>荷花，又名莲花、水华、芙蓉、玉环等，属睡莲科多年生水生草本花卉。地下茎长而肥厚，有长节，叶呈圆盾
形。荷花单生于花梗顶端，有红、粉红、白、紫等色或有彩纹、镶边，花期 6～9 月。坚果呈椭圆形，种子呈卵形。</p>
15    <p class=exam1>玫瑰，别名徘徊花，蔷薇科，属落叶丛生灌木。它可以高达 2m，茎枝上密生毛刺，叶呈椭圆
形。目前全世界的玫瑰品种有资料可查的已达七千种。</p>
16    <p class=exam2>牡丹为花中之王，有"国色天香"之称。每年 4～5 月开花，朵大色艳，奇丽无比，有红、黄、
白、粉紫、墨、绿、蓝等色。牡丹姿态典雅，花香袭人，被看作富丽繁华的象征，称为"富贵花"。</p>
17    </body>
18    </html>
```

第 8 行与第 9 行分别定义 class 属性为 exam1 与 exam2 的文字颜色。示例 8-4 运行效果如图 8.4 所示。在示例 8-4 中，第一段文字采用的是默认颜色，第二段文字为浅红色，第三段文字为红色。

8.1.5 设置斜体

在 CSS 中，也可以将文字设置为斜体显示，而且倾

图 8.4 设置文字颜色的运行效果

< 120 >

斜的程度有"倾斜"和"偏斜体"两种。设置斜体的语法格式如下。

```
font-style:normal | italic | oblique
```

font-style 的取值可以为 normal（正常字体）、italic（倾斜）或 oblique（偏斜体）。

【示例 8-5】为文字设置不同的斜体效果。

```
1   <!DOCTYPE html>
2   <html xmlns="http://www.w3.org/1999/xhtml">
3   <head>
4   <meta http-equiv="Content-Type" content="text/html; charset=utf-8" />
5   <title>使用 CSS 设置斜体文字</title>
6   <style type="text/css">
7     h3{font-family:"方正姚体","仿宋_BG2312" }
8     .examfont1{font-style:normal}
9     .examfont2{font-style: italic}
10    .examfont3{font-style: oblique }
11  </style>
12  </head>
13  <body>
14  <h3>荷花介绍</h3>
15  <p class=examfont1>荷花，又名莲花、水华、芙蓉、玉环等，属睡莲科多年生水生草本花卉。</p>
16  <p class=examfont2>地下茎长而肥厚，有长节，叶呈圆盾形。</p>
17  <p class=examfont3>荷花单生于花梗顶端，有红、粉红、白、紫等色或有彩纹、镶边，花期 6～9 月。坚果呈
椭圆形，种子呈卵形。</p>
18  </body>
19  </html>
```

第 8～10 行分别为 3 段正文文字设置正常字体、倾斜和偏斜体，运行效果如图 8.5 所示。

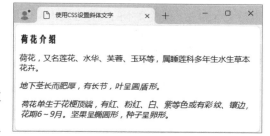

8.1.6 综合设置

前面介绍的几种属性都是以 font 开始的，表示这几种属性都属于同一类别，都用来设置文字的样式。在 CSS 中，还可以很方便地直接使用 font 属性设置文字样式。其语法格式如下。

图 8.5 设置文字斜体的运行效果

```
font:字体属性取值
```

可以直接设置字体的各种属性值，各属性值之间用空格隔开。

【示例 8-6】综合设置文字的各种样式。

```
1   <!DOCTYPE html>
2   <html xmlns="http://www.w3.org/1999/xhtml">
3   <head>
4   <meta http-equiv="Content-Type" content="text/html; charset=utf-8" />
5   <title>使用 CSS 设置文字的字体属性</title>
6   <style type="text/css">
7     h2{font:900 30px 方正姚体}
8     .exam1{font:italic 18px 宋体}
9     .exam2{font:20px 隶书}
10  </style>
11  </head>
12  <body>
13  <h2>荷花介绍</h2>
```

< 121 >

```
14    <p class=exam1>荷花，又名莲花、水华、芙蓉、玉环等，属睡莲科多年生水生草本花卉。地下茎长而肥厚，有
长节，叶呈圆盾形。</p>
15    <p class=exam2>荷花单生于花梗顶端，有红、粉红、白、紫等色或有彩纹、镶边，花期 6～9 月。坚果呈椭圆
形，种子呈卵形。</P>
16    </body>
17    </html>
```

第 7～9 行分别设置指定内容的文字字体、文字大小等。示例 8-6 运行效果如图 8.6 所示。

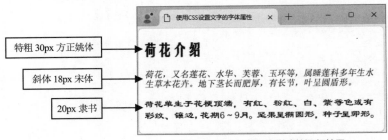

图 8.6　综合设置文字样式的运行效果

8.2 设置文本样式

文本样式的设置是对一段文字整体进行设置。设置文本样式包括设置阴影效果、设置大小写转换、设置文本缩进、设置文本的对齐方式、设置文本流入方向、设置文本修饰等。

8.2.1 设置阴影效果

CSS3 中允许设置文本的阴影，让文本看起来更有立体感。设置阴影的属性为 text-shadow，其语法格式如下。

```
text-shadow : none | color | length | length | length | inherit
```

各属性值的含义如下。

● none：不设置阴影。

● color：阴影的颜色。

● length：长度值。

● inherit：继承父级样式。

CSS 中的阴影有 3 个 length 要设置：第一个是水平方向的距离，可以为负值；第二个是垂直方向的距离，可以为负值；第三个为模糊半径，不能为负值。例如：

```
选择器{text-shadow: black 0px 0px 5px;}
```

以下代码为 class 属性值为 e 的元素设置了阴影，并且阴影在文字的右上方，但是该代码并没有指定阴影的颜色，因此阴影的颜色与文字本身颜色相同。

```
.e {text-shadow: 5px 5px 5px;}
```

模糊半径也可以省略，如果不指定模糊半径，则阴影不存在模糊效果。例如：

```
.e {text-shadow: 5px 5px;}
```

阴影还可以设置多组效果，用逗号分隔。例如：

< 122 >

```
.e {text-shadow: black 0px 0px 5px, 0px 0px 10px orange, red 5px -5px;}
```

【示例 8-7】为文本设置阴影效果。

```
1   <!DOCTYPE html>
2   <html xmlns="http://www.w3.org/1999/xhtml">
3   <head>
4   <meta http-equiv="Content-Type" content="text/html; charset=utf-8" />
5   <title>使用 CSS 设置文本的阴影</title>
6   <style type="text/css">
7      .e {text-shadow: black 6px -7px 5px;}
8   </style>
9   </head>
10  <body>
11  <h3>花朵介绍</h3>
12  <p class="e">玫瑰，别名徘徊花，蔷薇科，属落叶丛生灌木。它可以高达 2m，茎枝上密生毛刺，叶呈椭圆形。目前全世界的玫瑰品种有资料可查的已达七千种。</p>
13  </body>
14  </html>
```

第 7 行为指定类的文本设置阴影效果。示例 8-7 运行效果如图 8.7 所示。

图 8.7　为文本设置阴影效果的运行效果

8.2.2　设置大小写转换

在 CSS 中处理大小写都是通过 text-transform 属性完成的，其语法格式如下。

```
text-transform : capitalize | uppercase | lowercase | none | inherit
```

各属性值的含义如下。

- capitalize：将每个单词的第一个字母大写。
- uppercase：将整个单词都变成大写。
- lowercase：将整个单词都变成小写。
- none：不改变文字的大小写。
- inherit：继承父级样式。

【示例 8-8】设置不同类型的大小写转换。

```
1   <!DOCTYPE html>
2   <html xmlns="http://www.w3.org/1999/xhtml">
3   <head>
4   <meta http-equiv="Content-Type" content="text/html; charset=utf-8" />
5   <title>大小写</title>
6   <style type="text/css">
7      body {font-size:20px}
8      .a {text-transform:capitalize;}
9      .b {text-transform:uppercase;}
10     .c {text-transform:lowercase;}
11     .d {text-transform:none;}
12     .e {text-transform:inherit;}
13  </style>
14  </head>
15  <body>
16  <p class="a">I even do not know what is inside the box.</p>
17  <p class="b">I even do not know what is inside the box.</p>
18  <p class="c">I EVEN DO NOT KNOW WHAT IS INSIDE THE BOX.</p>
19  <p class="a">I even do not <tt class="d">know what is</tt> inside the box.</p>
```

< 123 >

```
20    <p class="a">I even do not <tt class="e">knoW whaT iS</tt> inside the box.</p>
21    </body>
22    </html>
```

第 8～12 行在创建样式时，使用 text-transform 为不同的 class 指定不同的大小写转换。示例 8-8 运行效果如图 8.8 所示。

第 1 行文字使用的是 capitalize 属性值，所以该行所有单词的第一个字母都是大写字母。

第 2 行文字使用的是 uppercase 属性值，源代码中的所有小写字母都改为大写字母。

第 3 行文字使用的是 lowercase 属性值，源代码中的所有大写字母都改为小写字母。

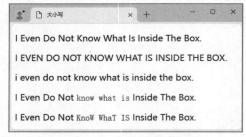

图 8.8 设置大小写转换的运行效果

第 4 行文字使用的是 capitalize 属性值，但其中 know what is 这 3 个单词使用的是 none 属性值，因此这 3 个单词保留源代码中的大小写，而其他单词都是首字母大写。

第 5 行文字使用的是 capitalize 属性值，但其中 knoW whaT iS 这 3 个单词使用的是 inherit 属性值，因此这 3 个单词继承了父元素的属性值，也就是 capitalize 属性值。

8.2.3 设置文本缩进

在没有 CSS 时，一段文字的首行缩进都是使用空格来实现的。有了 CSS 之后，就不再需要在每个段落之前都加上两个空格了。使用 CSS 中的 text-indent 属性可以轻易实现缩进。text-indent 属性的语法格式如下。

```
text-indent : length | 百分比 | inherit
```

各属性值的含义如下。

- length：缩进量，可以使用绝对单位或相对单位。
- 百分比：以相对于父元素的百分比来缩进。
- inherit：继承父级样式。

【示例 8-9】为文字设置不同类型的缩进。

```
1     <!DOCTYPE html>
2     <html xmlns="http://www.w3.org/1999/xhtml">
3     <head>
4     <meta http-equiv="Content-Type" content="text/html; charset=utf-8" />
5     <title>缩进</title>
6     <style type="text/css">
7         body {font-size:9pt}
8         .a {text-indent:20px;}
9         .b {text-indent:20%;}
10    </style>
11    </head>
12    <body>
13    <div>人生的磨难是很多的，所以我们不可对于每一点轻微的伤害都过于敏感。在生活磨难面前，精神上的坚强是我们抵抗罪恶和人生意外的最好"武器"……</div>
14    <hr />
15    <div class="a">人生的磨难是很多的，所以我们不可对于每一点轻微的伤害都过于敏感。在生活磨难面前，精神上的坚强是我们抵抗罪恶和人生意外的最好"武器"……</div>
16    <hr />
```

< 124 >

```
17    <div class="b">人生的磨难是很多的，所以我们不可对于每一点轻微的伤害都过于敏感。在生活磨难面前，精
神上的坚强是我们抵抗罪恶和人生意外的最好"武器"……</div>
18    </body>
19    </html>
```

第 8 行定义 class 属性值为 a 的段落文本内容缩进 20px；第 9 行定义 class 属性值为 b 的段落文本
内容缩进页面宽度的 20%。示例 8-9 运行效果如图 8.9 所示。

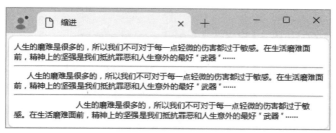

图 8.9 设置文本缩进的运行效果

在示例 8-9 中，因为第一段没有设置缩进，所以该段的第一个字是顶着浏览器窗口边框显示的。

8.2.4 设置文本的水平对齐方式

使用 text-align 属性可以在 CSS 中设置文本的水平对齐方式，包括左对齐、右对齐、
居中对齐和两端对齐，其语法格式如下。

```
text-align:left|right|center|justify
```

【示例 8-10】为几段文本设置不同的水平对齐方式。

```
1    <!DOCTYPE html>
2    <html xmlns="http://www.w3.org/1999/xhtml">
3    <head>
4    <meta http-equiv="Content-Type" content="text/html; charset=utf-8" />
5    <title>水平对齐</title>
6    <style type="text/css">
7        body {font-size:9pt}
8        .a {text-align:left;}
9        .b {text-align:right;}
10       .c {text-align:center;}
11       .d {text-align:justify;}
12   </style>
13   </head>
14   <body>
15   <div class="a">We are taking the train, leaving the day before the October holiday begins.
</div>
16   <hr />
17   <div class="b">We are taking the train, leaving the day before the October holiday begins.
</div>
18   <hr />
19   <div class="c">We are taking the train, leaving the day before the October holiday begins.
</div>
20   <hr />
21   <div class="d">We are taking the train, leaving the day before the October holiday begins.
</div>
22   </body>
23   </html>
```

示例 8-10 运行效果如图 8.10 所示。

< 125 >

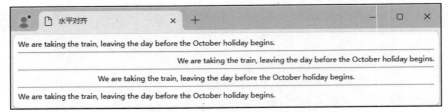

图 8.10 设置文本水平对齐方式的运行效果

8.2.5 设置文本的垂直对齐方式

CSS 的文本垂直对齐属性 vertical-align 相当于 HTML 中的垂直对齐属性。它用于设置文本和其他元素（一般是上级元素或者同行的其他元素）的垂直对齐方式，其语法格式如下。

```
vertical-align: baseline/sub/super/top/bottom/text-top/middle/text-bottom/百分比
```

此属性可取的值较多，其含义也各不相同，如表 8.3 所示。

表 8.3 垂直对齐属性值及其含义

垂直对齐属性值	含义
baseline	设置文本和上级元素的基线对齐
sub	设置文本显示为上级元素的下标，常在数组中使用
super	设置文本显示为上级元素的上标，常用于设置某个数值的幂
top	使文本元素与同行中最高的元素上端对齐
bottom	使文本元素与同行中最低的元素下端对齐
text-top	使文本元素与上级元素的文本上端对齐
middle	使文本垂直居中对齐。假如元素的基线与上级元素 x 高度的一半相加的值为 H，则文本与高度 H 的中点垂直对齐
text-bottom	使文本元素和上级元素的文本下端对齐
百分比	是相对于元素行高的百分比，表示从上级元素基线位置上移或下移指定的百分比。如果取值为正数，则表示上移设置的百分比；反之取值为负数，则表示下移相应的百分比

【示例 8-11】设置不同类型的垂直对齐方式。

```
1   <!DOCTYPE html>
2   <html xmlns="http://www.w3.org/1999/xhtml">
3   <head>
4   <meta http-equiv="Content-Type" content="text/html; charset=utf-8" />
5   <title>使用 CSS 设置元素的垂直对齐</title>
6   <style type="text/css">
7     h2{font-family:"方正姚体"}
8     img{ vertical-align:-150%}
9     .exam1{ vertical-align: sub }
10    .exam2{ vertical-align: super }
11  </style>
12  </head>
13  <body>
14  <h2>荷花介绍</h2>
15  <p>荷花，又名莲花、水华、芙蓉、玉环等，属睡莲科多年生水生草本花卉。地下茎长而肥厚，有长节，叶呈圆盾
形。<img src="pic01-8.jpg" width="150px"></p>
16  <p>荷花单生于花梗顶端，有红、粉红、白、紫等色或有彩纹、镶边，花期 6~9 月。坚果呈椭圆形，种子呈卵形。
</p>
17  <hr\>
```

< 126 >

```
18    <p>什么是上标和下标呢? 下面的方程式中就包括了上标和下标。</p>
19    <p>x<font   class=exam1>1</font><font   class=exam2>2</font>+x<font   class=exam1>2</font>
<font class=exam2>2</font>=100</p>
20    </body>
21    </html>
```

第 8 行为 img 标签定义垂直对齐方式，下移元素行高的 150%，第 9 行与第 10 行分别定义下标与上标。示例 8-11 运行效果如图 8.11 所示。

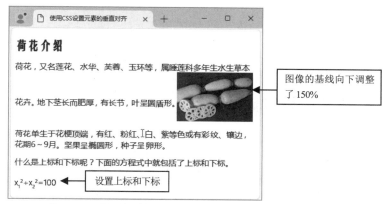

图 8.11　设置垂直对齐方式的运行效果

8.2.6　设置文本流入方向

CSS 中的 direction 属性用来设置文本流入的方向。direction 属性的语法格式如下。

```
direction : ltr | rtl | inherit
```

各属性值的含义如下。

- ltr：ltr（left to right）用于设置文本从左向右流入。该值为 direction 属性的默认值。
- rtl：rtl（right to left）用于设置文本从右向左流入。
- inherit：继承父级样式。

【示例 8-12】为文本设置不同的流入方向。

```
1     <!DOCTYPE html>
2     <html xmlns="http://www.w3.org/1999/xhtml">
3     <head>
4     <meta http-equiv="Content-Type" content="text/html; charset=utf-8" />
5     <title>文本流入方向</title>
6     <style type="text/css">
7         body {font-size:20px;}
8         .a {direction:ltr;}
9         .b {direction:rtl;}
10    </style>
11    </head>
12    <body>
13    <p class="a">I really want to see our team play.</p>
14    <p class="b">I really want to see our team play.</p>
15    <p class="a">荷花，又名莲花、水华、芙蓉、玉环等，属睡莲科多年生水生草本花卉。地下茎长而肥厚，有长
节，叶呈圆盾形。</p>
16    <p class="b">荷花，又名莲花、水华、芙蓉、玉环等，属睡莲科多年生水生草本花卉。地下茎长而肥厚，有长
节，叶呈圆盾形。</p>
17    </body>
18    </html>
```

< 127 >

示例 8-12 运行效果如图 8.12 所示。

从图 8.12 可以看出，文本流入方向为 ltr（即从左向右流入）时，文本居左显示，如图 8.12 中的第一段与第三段，效果与左对齐很相似。当文本流入方向为 rtl（即从右向左流入）时，文本居右显示，如图 8.12 中的第二段与第四段，效果与右对齐很相似。

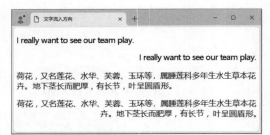

文本流入方向与水平对齐不同的是段末句号的位置。文本流入方向为从左向右流入时，句号在文本的右侧；文本流入方向为从右向左流入时，句号在文本的左侧。

图 8.12　设置文本流入方向的运行效果

8.2.7　设置文本修饰

设置文本修饰一般包括设置文字下画线、上画线、删除线等，这些都可以使用 text-decoration 属性来设置，其语法格式如下。

```
text-decoration:underline|overline|line-through|blink|none
```

text-decoration 属性可以取 5 种值，如表 8.4 所示。

表 8.4　文本修饰属性值及其含义

文本修饰属性值	含义
underline	给文本添加下画线
overline	给文本添加上画线
line-through	给文本添加删除线
blink	给文本添加闪烁效果，该效果兼容性很差，不建议使用
none	不设置任何修饰

【示例 8-13】为不同的文本添加不同的修饰效果。

```
1   <!DOCTYPE html>
2   <html xmlns="http://www.w3.org/1999/xhtml">
3   <head>
4   <meta http-equiv="Content-Type" content="text/html; charset=utf-8" />
5   <title>文本修饰</title>
6   <style type="text/css">
7       body {font-size:20px}
8       .a {text-decoration:underline;}
9       .b {text-decoration:overline;}
10      .c {text-decoration:line-through;}
11      .d {text-decoration:blink;}
12      .e {text-decoration:underline;text-decoration:overline;text-decoration:line-through;}
13      .f {text-decoration:underline overline line-through;}
14      a:link {text-decoration:none;}
15  </style>
16  </head>
17  <body>
18  <p class="a">文本修饰</p>
19  <p class="b">文本修饰</p>
20  <p class="c">文本修饰</p>
21  <p class="d">文本修饰</p>
22  <p class="e">文本修饰</p>
```

< 128 >

```
23    <p class="f">文本修饰</p>
24    <a href="#">这是一个超链接</a>
25    </body>
26    </html>
```

示例 8-13 运行效果如图 8.13 所示。第 1 行文本添加下画线；第 2 行文本添加上画线；第 3 行文本添加删除线；第 4 行文本添加闪烁效果，但在图 8.13 中体现不出来；第 5 行文本用到的 CSS 代码如下。

```
.e {text-decoration:underline;text-decoration:overline;
text-decoration:line-through;}
```

开发人员的本意是想让该行文本同时拥有 3 种修饰，但是 CSS 不支持这种写法。在遇到相同的属性取值不同的情况时，CSS 会以最后一个属性值为准来显示。如果想在文本上同时加载 3 种修饰，可以使用以下代码，其效果如图 8.13 中的第 6 行文本所示。

```
.f {text-decoration:underline overline line-through;}
```

在默认情况下，超链接是有下画线的。我们可以通过 text-decoration 设置超链接无下画线，如图 8.13 中的最后一行文本所示。此外，也可以设置超链接的不同状态是否有下画线，例如，未被访问的超链接与被访问过的链接都没有下画线，而当鼠标指针放在超链接上时显示下画线。

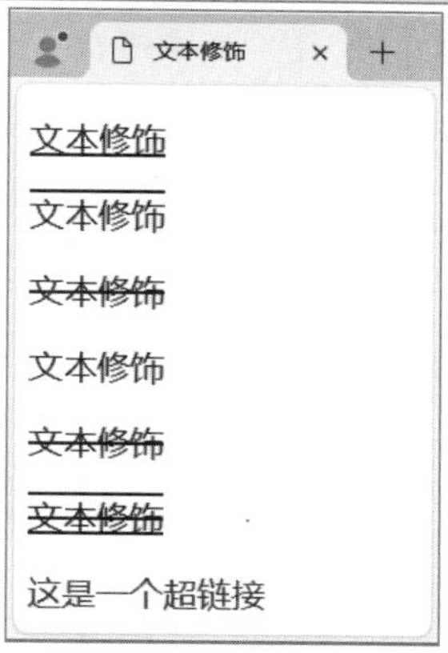

图 8.13 设置文本修饰的运行效果

8.3 空格与换行

在 HTML 代码中，通常会出现很多空格与换行。这些空格与换行在浏览器中往往不会按照源代码中的出现方式来显示。在 CSS 中可以设置如何处理这些空格与换行。

8.3.1 空格的处理方式

在 HTML 中，浏览器会自动将连续多个空格处理成为一个空格，此时可以使用 pre 元素来让浏览器在显示时不更改源代码中的排版方式。这些在 CSS 中都可以统一使用 white-space 属性来完成。white-space 属性的语法格式如下。

```
white-space : normal | pre | nowrap | inherit
```

各属性值的含义如下。
- normal：默认值，浏览器会自动忽略多余的空格，连续多个空格只显示一个。
- pre：与 pre 元素类似，浏览器不忽略源代码中的空格。
- nowrap：设置文本不自动换行。
- inherit：继承父级样式。

【示例 8-14】设置文本空格的不同处理方式。

```
1    <!DOCTYPE html>
2    <html xmlns="http://www.w3.org/1999/xhtml">
3    <head>
4    <meta http-equiv="Content-Type" content="text/html; charset=utf-8" />
5    <title>空格的处理</title>
6    <style type="text/css">
```

< 129 >

```
7           body {font-size:15px;}
8           .a {white-space:normal}
9           .b {white-space:pre}
10          .c {white-space:nowrap}
11    </style>
12    </head>
13    <body>
14    <p class="a">
15                人 生 的   磨 难 是 很 多 的, <br />
16                所以 我们 不可对于每一点 轻微的伤害 都过于敏感
17                在生活磨难面前,
18                精神上的坚强。<br />
19                人生的磨难是很多的, 所以我们不可对于每一点轻微的伤害都过于敏感。在生活磨难面前, 精神上
20    的坚强是我们抵抗罪恶和人生意外的最好"武器"……
21    </p>
22    <hr />
23    <p class="b">
24                人 生 的   磨 难 是 很 多 的, <br />
25                所以 我们 不可对于每一点 轻微的伤害 都过于敏感
26                在生活磨难面前,
27                精神上的坚强。<br />
28                人生的磨难是很多的, 所以我们不可对于每一点轻微的伤害都过于敏感。在生活磨难面前, 精神上
29    的坚强是我们抵抗罪恶和人生意外的最好"武器"……
30    </p>
31    <hr />
32    <p class="c">
33                人 生 的   磨 难 是 很 多 的, <br />
34                所以 我们 不可对于每一点 轻微的伤害 都过于敏感
35                在生活磨难面前,
36                精神上的坚强。<br />
37                人生的磨难是很多的, 所以我们不可对于每一点轻微的伤害都过于敏感。在生活磨难面前, 精神上
38    的坚强是我们抵抗罪恶和人生意外的最好"武器"……
39    </p>
40    </body>
41    </html>
```

示例8-14运行效果如图8.14所示。

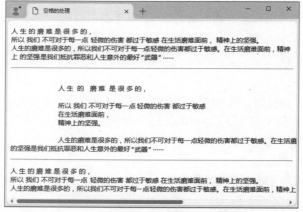

图8.14　设置不同空格处理方式的运行效果

示例8-14中有3段文本，这3段文本的white-space属性值不同。

第一段对应的white-space属性值为normal，即默认的空格处理方式。在该段的第1行，连续的多

< 130 >

个空格都显示为一个空格；在该段的第 2 行，源代码中有两个没有使用 br 元素的换行，浏览器自动忽略这些换行；该段的第 3 行是一行很长的没有换行的文本，浏览器会将这些文本自动换行。

第二段对应的 white-space 属性值为 pre，与 HTML 中的 pre 元素类似。在该段的第 1 部分，连续的多个空格按照原样显示；该段的第 2 部分依照源代码的样式换行；该段的第 3 部分是一行很长的没有换行的文本，浏览器也不会将这些文本自动换行。

第三段对应的 white-space 属性值为 nowrap，其文本效果为除了最后一行文本不自动换行，其他处理方式与 normal 一样。

8.3.2　字内换行

当文本宽度超出浏览器宽度时，默认情况下会自动换行，但如果自动换行位置正好是在较长的英文单词中间，那么整个单词都会被移动到下一行显示，这样本行的右侧就有较大的空白，影响美观。使用 word-break（字内换行）属性可以将英文单词打散显示，也可以设置在换行前或换行后整体显示，其语法格式如下。

```
word-break:normal|break-all|keep-all
```

其中，normal 是正常情况下的显示方式，即当单词中需要换行时，该单词会在下一行显示，而本行后面保留空白；break-all 允许在单词内换行；keep-all 只能在半角空格或连字符处换行。

【示例 8-15】对文本使用不同类型的字内换行。

```
1   <!DOCTYPE html>
2   <html xmlns="http://www.w3.org/1999/xhtml">
3   <head>
4   <meta http-equiv="Content-Type" content="text/html; charset=utf-8" />
5   <title>使用 CSS 设置文本的换行属性</title>
6   <style type="text/css">
7     .examfont1{font-family:Times New Roman; word-break:normal}
8     .examfont2{font-family:Times New Roman; word-break:break-all}
9     .examfont3{font-family:Times New Roman; word-break:keep-all}
10  </style>
11  </head>
12  <body>
13  <p class=examfont1>The first foreign language I ever learnt was French, but it didn't
go very well.——意思是：我学的第一门外语是法语，但学得不太好。</p>
14  <p class=examfont2>The first foreign language I ever learnt was French, but it didn't
go very well.——意思是：我学的第一门外语是法语，但学得不太好。</p>
15  <p class=examfont3>The first foreign language I ever learnt was French, but it didn't
go very well.——意思是：我学的第一门外语是法语，但学得不太好。</p>
16  </body>
17  </html>
```

第 7 ~ 9 行分别定义了 3 种换行方式。示例 8-15 运行效果如图 8.15 所示。

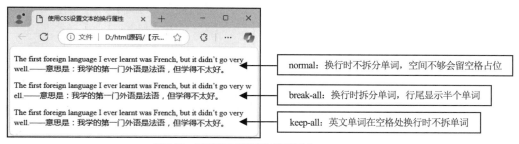

图 8.15　设置字内换行的运行效果 1

< 131 >

将 word-break 属性值设置为 keep-all 时，如果中文的内容很多，超出了浏览器宽度，中文只能在标点符号处换行显示；设置为其他属性值则可以自动换行。将示例 8-15 的代码修改如下。

```
1   <!DOCTYPE html>
2   <html xmlns="http://www.w3.org/1999/xhtml">
3   <head>
4   <meta http-equiv="Content-Type" content="text/html; charset=utf-8" />
5   <title>使用 CSS 设置文本的换行属性</title>
6   <style type="text/css">
7     .examfont1{font-family:Times New Roman; word-break:normal}
8     .examfont2{font-family:Times New Roman; word-break:break-all}
9     .examfont3{font-family:Times New Roman; word-break:keep-all}
10  </style>
11  </head>
12  <body>
13  <p class=examfont1>The first foreign language I ever learnt was French, but it didn't
go very well.——意思是：我学的第一门外语是法语，但学得不太好。</p>
14    <p class=examfont2>The first foreign language I ever learnt was French, but it didn't
go very well.——意思是：我学的第一门外语是法语，但学得不太好。</p>
15  <p class=examfont3>The first foreign language I ever learnt was French, but it didn't
go very well.——意思是：我学的第一门外语是法语，但学得不太好。</p>
16  </body>
17  </html>
```

上面代码的运行效果如图 8.16 所示。可以看到，第三段文本的中文只在标点符号的位置换行。

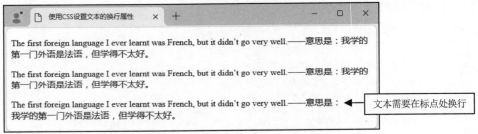

图 8.16　设置字内换行的运行效果 2

8.4　设置间距

在 CSS 中可以定义文字与文字之间的距离，包括行间距、字间距与词间距。不同的间距可以控制页面的不同显示效果。

8.4.1　设置行间距

行间距是指文本行与行之间的距离。在 CSS 中不能直接定义行间距，只能通过 line-height 属性来定义行高。行高是指上一行文字的基线与下一行文字的基线之间的距离。行高等于行间距加上文字高度，如图 8.17 所示。

设置 line-height 属性的语法格式如下。

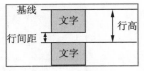

图 8.17　行高示意图

```
line-height : normal | number | length | 百分比 | inherit
```

各属性值的含义如下。

- normal：默认值，使用的是默认行高。
- number：在当前文字大小的基础上增加来设置行高，不能为负值。

< 132 >

- length：指定行高，可以用绝对长度单位，也可以用相对长度单位，不能是负值。
- 百分比：用文字大小的百分比指定行高。
- inherit：继承父级属性。

【示例 8-16】为不同的文本设置不同的行高。

```
1    <!DOCTYPE html>
2    <head>
3    <meta http-equiv="Content-Type" content="text/html; charset=utf-8" />
4    <title>行高</title>
5    <style type="text/css">
6        body {font-size:20px}
7        .a {line-height:normal;}
8        .b {line-height:1.5;}
9        .c {line-height:45px;}
10       .d {line-height:150%;}
11       .e {line-height:0.5;}
12   </style>
13   </head>
14   <body>
15   <div class="a">
16       Karsts are rock formations made of limestone.<br />
17       It was a time when people were divided geographically.<br />
18       There are many reasons why people learn a foreign language.<br />
19   </div>
20   <hr />
21   <div class="b">
22       Karsts are rock formations made of limestone.<br />
23       It was a time when people were divided geographically.<br />
24       There are many reasons why people learn a foreign language.<br />
25   </div>
26   <hr />
27   <div class="c">
28       Karsts are rock formations made of limestone.<br />
29       It was a time when people were divided geographically.<br />
30       There are many reasons why people learn a foreign language.<br />
31   </div>
32   <hr />
33   <div class="d">
34       Karsts are rock formations made of limestone.<br />
35       It was a time when people were divided geographically.<br />
36       There are many reasons why people learn a foreign language.<br />
37   </div>
38   <hr />
39   <div class="e">
40       Karsts are rock formations made of limestone.<br />
41       It was a time when people were divided geographically.<br />
42       There are many reasons why people learn a foreign language.<br />
43   </div>
44   </body>
45   </html>
```

示例 8-16 运行效果如图 8.18 所示。

在示例 8-16 中，图 8.18 中第一段文字采用的是默认的行高，通常浏览器会用文字大小的 20%左右来作为默认的行间距；第二段文字的行高为 1.5，即行高大约是字体大小的 1.5 倍，行间距约为字体大小的一半；第三段文字的行高为 45px，此时无论字体大小是多少，行高都是不变的，行间距等于 45px 减去字体的大小；第四段文字的行高为 150%，其行间距为文字大小的一半，与行高 1.5 差不多；最后一段文字的行高为 0.5，小于文字的高度，因此在浏览器中显示为挤成一团的文字。

< 133 >

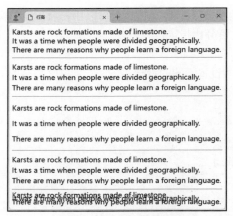

图 8.18 设置行高的运行效果

8.4.2 设置字间距

在 CSS 中可以通过 letter-spacing 属性来设置字间距。对于英文来说，字间距是指字母之间的距离。对于中文来说，字间距是字之间的距离。设置 letter-spacing 属性的语法格式如下。

```
letter-spacing : normal | length | inherit
```

各属性值的含义如下。

- normal：默认值，使用默认的字间距。
- length：设置字间距，可以用绝对长度单位或相对长度单位。
- inherit：继承父级属性。

【示例 8-17】为不同的文本设置不同的字间距。

```
1   <!DOCTYPE html>
2   <html xmlns="http://www.w3.org/1999/xhtml">
3   <head>
4   <meta http-equiv="Content-Type" content="text/html; charset=utf-8" />
5   <title>字间距</title>
6   <style type="text/css">
7       body {font-size:9pt}
8       .a {letter-spacing:normal;}
9       .b {letter-spacing:2px;}
10      .c {letter-spacing:10px;}
11  </style>
12  </head>
13  <body>
14  <div class="a">
15      Karsts are rock formations made of limestone.<br />
16      It was a time when people were divided geographically.<br />
17      There are many reasons why people learn a foreign language.<br />
18      忘记了姓名的请跟我来<br />
19      现在让我们向快乐崇拜<br />
20      放下了包袱的请跟我来<br />
21      传开去建立个快乐的时代<br />
22  </div>
23  <hr />
24  <div class="b">
25      Karsts are rock formations made of limestone.<br />
26      It was a time when people were divided geographically.<br />
27      There are many reasons why people learn a foreign language.<br />
28      忘记了姓名的请跟我来<br />
```

< 134 >

```
29        现在让我们向快乐崇拜<br />
30        放下了包袱的请跟我来<br />
31        传开去建立个快乐的时代<br />
32    </div>
33    <hr/>
34    <div class="c">
35        Karsts are rock formations made of limestone.<br />
36        It was a time when people were divided geographically.<br />
37        There are many reasons why people learn a foreign language.<br />
38        忘记了姓名的请跟我来<br />
39        现在让我们向快乐崇拜<br />
40        放下了包袱的请跟我来<br />
41        传开去建立个快乐的时代<br />
42    </div>
43    </body>
44    </html>
```

在示例 8-17 中，第一段文字采用的是默认的字间距，第二段文字的字间距为 2px，第三段文字的字间距为 10px。运行效果如图 8.19 所示。可以看出，3 段文字中的英文字母的间距、汉字的间距是不同的，尤其是第三段文字的字间距比较大。

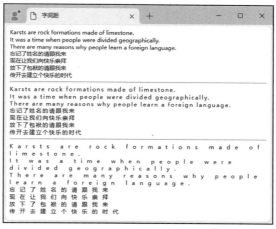

图 8.19　设置字间距的运行效果

8.4.3　设置词间距

在 CSS 中可以使用 word-spacing 来设置词间距，词间距主要是针对英文而言的。目前，浏览器还不能区分中文的"词"与"字"。设置 word-spacing 属性的语法格式如下。

```
word-spacing : normal | length | inherit
```

各属性值的含义如下。

- normal：默认值，即使用默认的词间距。
- length：设置词间距，可以用绝对长度单位或相对长度单位。
- inherit：继承父级属性。

【示例 8-18】为文本设置不同的词间距。

```
1    <!DOCTYPE html>
2    <head>
3    <meta http-equiv="Content-Type" content="text/html; charset=utf-8" />
4    <title>词间距</title>
5    <style type="text/css">
```

< 135 >

```
6         body {font-size:9pt}
7         .a {word-spacing:normal;}
8         .b {word-spacing:2px;}
9         .c {word-spacing:10px;}
10    </style>
11    </head>
12    <body>
13    <div class="a">
14        Karsts are rock formations made of limestone.<br />
15        It was a time when people were divided geographically.<br />
16        There are many reasons why people learn a foreign language.<br />
17        忘记了姓名的请跟我来<br />
18        现在让我们向快乐崇拜<br />
19        放下了包袱的请跟我来<br />
20        传开去建立个快乐的时代<br />
21    </div>
22    <hr />
23    <div class="b">
24        Karsts are rock formations made of limestone.<br />
25        It was a time when people were divided geographically.<br />
26        There are many reasons why people learn a foreign language.<br />
27        忘记了姓名的 请跟我来<br />
28        现在 让我们 向快乐崇拜<br />
29        放下了包袱的 请跟我来<br />
30        传开去 建立个 快乐的时代<br />
31    </div>
32    <hr />
33    <div class="c">
34        Karsts are rock formations made of limestone.<br />
35        It was a time when people were divided geographically.<br />
36        There are many reasons why people learn a foreign language.<br />
37        忘记了姓名的 请跟我来<br />
38        现在 让我们 向快乐崇拜<br />
39        放下了包袱的 请跟我来<br />
40        传开去 建立个 快乐的时代<br />
41    </div>
42    </body>
43    </html>
```

　　示例 8-18 运行效果如图 8.20 所示。可以看出，虽然 3 段文字中单词与单词的间距不一样，但是字母与字母的间距还是一样的。浏览器通常通过空格来判断"词"的存在，因此，如果中文中有空格，浏览器也会按词间距来处理。

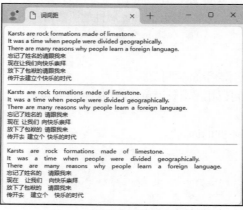

图 8.20　设置词间距的运行效果

< 136 >

8.5　小结

本章主要介绍 CSS 中文文字和文本样式的设置。其中，文字样式设置包括文字字体设置、文字大小设置、粗体设置、文字颜色设置、斜体设置；文本样式设置包括阴影效果设置、大小写转换设置、文本缩进设置、文本的水平和垂直对齐方式设置、文本流入方向设置，以及文本修饰设置。

习题

1. 使用 CSS 设置文字大小的属性为_____。
2. 在 CSS 中设置字体笔画的粗细程度可以使用_____属性实现。
3. 下列选项中设置文字字体为黑体的方法正确的是_____。
   A．.exam{font-family:"隶书"}　　　　　　B．.exam{font-size:"黑体"}
   C．.exam{font-color:"黑体"}　　　　　　D．.exam{font-style:"黑体"}
4. 下列选项中将文字设置为红色的方法正确的是_____。
   A．.a {text-transform:capitalize;}
   B．.a { font-style:normal;}
   C．.a { color:red;}
   D．.a { font:inherit;}
5. 下列选项中可以用于设置文本对齐方式的是_____。
   A．text-shadow　　　B．text-transform　　　C．text-indent　　　D．text-align

上机指导

在 CSS 样式中，文字样式和文本样式的设置是基本的属性设置，也是用得最多的属性设置。本章涉及的知识点包括文字样式和文本样式的设置。下面通过上机操作来巩固本章所学的知识点。

实验一

实验内容

使用 font 属性的多个属性值设置网页中指定文字的样式。

实验目的

巩固知识点。

实现思路

使用 font 属性设置文字的大小为 20px，字体为楷体，文字样式为斜体和粗体。

在 Dreamweaver 中选择"新建"|"HTML"命令，新建 HTML 文件。在 HTML 文件中输入的关键代码如下。

```
<style type="text/css">
```

< 137 >

```
    #a{font: bolder italic 20px 楷体 }
</style>
```

在菜单栏中选择"文件"|"保存"命令，输入保存路径，单击"保存"按钮，即可完成文字样式的设置。运行效果如图 8.21 所示。

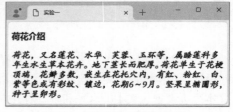

图 8.21　设置文字属性的运行效果

实验二

实验内容

使用文本样式设置中的各种属性来设置网页中文本的样式。

实验目的

巩固知识点。

实现思路

使用文本样式设置中的各种属性，将网页中每个单词的第一个字母转换成大写，文本水平右对齐，并设置文本的流入方向为从右到左。

在 Dreamweaver 中选择"新建"|"HTML"命令，新建 HTML 文件。在 HTML 文件中输入的关键代码如下。

```
<style type="text/css">
    body {font-size:16px}
    .a {text-align:right;text-transform:capitalize;direction:rtl;color:#C6C;}
</style>
```

在菜单栏中选择"文件"|"保存"命令，输入保存路径，单击"保存"按钮，即可完成文本样式的设置。运行效果如图 8.22 所示。

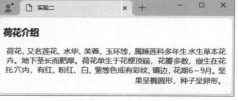

图 8.22　设置文本样式的运行效果

实验三

实验内容

使用 CSS 中的 line-height 属性和 letter-spacing 属性来设置网页中文本的间距。

实验目的

巩固知识点。

实现思路

使用 line-height 属性设置文本的行间距为 20px，使用 letter-spacing 属性设置字间距为 10px。

在 Dreamweaver 中选择"新建"|"HTML"命令，新建 HTML 文件。在 HTML 文件中输入的关键代码如下。

```
<style type="text/css">
    body {font-size:16px}
    .a {line-height:20px;letter-spacing:10px; }
</style>
```

在菜单栏中选择"文件"|"保存"命令，输入保存路径，单击"保存"按钮，即可完成文本样式的设置。运行效果如图 8.23 所示。

图 8.23　设置行间距和字间距的运行效果

< 138 >

第 **9** 章 设置背景、边框、边距和补白

　　背景颜色、背景图像、边框和边距在网页设计中都是使用得比较多的修饰方法。合理配置网页的前景与背景，再加以边框和边距的辅助，可以让网页看起来更美观。本章介绍在 CSS 中如何设置背景、边框、边距及补白。

9.1 背景颜色

　　背景通常是指除文本与边框之外的区域。在 CSS 中可以使用 background-color 来设置背景颜色。background-color 属性的语法格式如下。

```
background-color : transparent | 颜色 | inherit
```

　　各属性值的含义如下。

- transparent：设置背景颜色为透明，该值为默认值。
- 颜色：可以为颜色英文名、RGB 代码或颜色百分比。
- inherit：继承父级样式。

　　HTML 中的大多数标签都可以设置背景颜色，如\<body\>、\<div\>、\<td\>等。

　　【示例 9-1】为网页设置背景颜色。

```
1   <!DOCTYPE html>
2   <html xmlns="http://www.w3.org/1999/xhtml">
3   <head>
4   <meta http-equiv="Content-Type" content="text/html; charset=utf-8" />
5   <title>背景色</title>
6   <style type="text/css">
7       body {font-size:9pt;background-color:red;}
8       h1 {background-color:#000000;text-align:center;color:#ffffff;}
9       .c {background-color:rgb(50%,60%,70%);}
10  </style>
11  </head>
12  <body>
13  <h1>人生格言</h1>
14  <div class="c">
15      人生的磨难是很多的，所以我们不可对于每一点轻微的伤害都过于敏感。在生活磨难面前，精神上
的坚强是我们抵抗罪恶和人生意外的最好"武器"。
16  </div>
17  </body>
18  </html>
```

本例为<body>标签、<h1>标签和<div>标签设置了不同的背景颜色，并且设置颜色的方法都不同。示例 9-1 的运行效果如图 9.1 所示。

图 9.1　设置背景颜色的运行效果

9.2 背景图像

网页中的元素背景除了可以设置为特殊的颜色，还可以设置为图像。使用图像作为元素背景，除了需要设置图像的源文件，还需要设置其他一些属性。

9.2.1　设置背景图像

在 HTML 中设置网页背景图像的方式为<body background= "图片 URL">。在 CSS 中设置背景图像的属性为 background-image，该属性不但可以设置网页背景图像，还可以设置表格、单元格、按钮等元素的背景图像。

background-image 属性的语法格式如下。

```
background-image : none | url | inherit
```

各属性值的含义如下。

● none：无背景图像，该值为默认值。

● url：图像的 URL，可以是绝对地址或相对地址。

● inherit：继承父级样式。

【示例 9-2】为网页和表格分别设置背景图像。

```
1   <!DOCTYPE html>
2   <html xmlns="http://www.w3.org/1999/xhtml">
3   <head>
4   <meta http-equiv="Content-Type" content="text/html; charset=utf-8" />
5   <title>设置背景图像</title>
6   <style type="text/css">
7       h2{font-family:"方正姚体";}
8       .exam1{background-image:url(pic02-9.jpg);}
9       .exam2{background-image:url(pic03-9.jpg);}
10  </style>
11  </head>
12  <body class="exam1">
13  <h2 align="center">花卉市场</h2>
14  <p>这里有各种鲜花，价格低廉，质量上乘。您可以自己选购各个品种的鲜花，也可以选择我们为您组合的花束。
下面是我们推荐的几种畅销花束。</p>
15  <table border=2 align="center" class=exam2>
16    <tr>
17      <td>名称</td>
18      <td>单位价格（元/束）</td>
19      <td>花束的材料</td>
20      <td>花语</td>
21    </tr>
22    <tr>
23      <td>情深意浓</td>
24      <td>366</td>
25      <td>33 枝粉玫瑰，满天星配大片绿叶，土黄色布纹纸，丝带打结，单面花束</td>
```

< 140 >

```
26        <td>我把爱深藏，在这刻释放，让两颗心在此刻燃亮，从你眼中感受，原来我的面庞在发烫</td>
27     </tr>
28     <tr>
29        <td>蒸蒸日上 </td>
30        <td>688</td>
31        <td >红掌、太阳花、跳舞兰、天堂鸟、香水百合、散尾葵，三层西式，红色蝴蝶结</td>
32        <td>祝财源茂盛、生意兴隆、大吉大利</td>
33     </tr>
34     <tr>
35        <td> 福如东海</td>
36        <td>666</td>
37        <td>天堂鸟 3 枝，红掌 2 片，粉百合 2 枝，白百合 2 枝，红玫瑰 10 枝，非洲菊 1 扎，黄金鸟 5 枝，康乃馨
1 扎，散尾葵 5 枝等</td>
38        <td>预祝福如东海，寿比南山</td>
39     </tr>
40     </table>
41     </body>
42     </html>
```

第 8 行与第 9 行分别为指定的类设置不同的背景图像。示例 9-2 运行效果如图 9.2 所示。可以看出，网页的背景图像和表格的背景图像不同。

图 9.2　设置背景图像的运行效果

9.2.2　设置固定背景图像

通常在为网页设置背景图像之后，背景图像都会平铺显示。当网页内容比较多时，拖动滚动条，网页的背景图像会跟着网页的内容一起滚动。在 CSS 中使用 background-attachment 属性可以将背景图像固定在浏览器上，此时拖动滚动条，背景图像不会随着网页内容的滚动而滚动，看起来好像文字是浮在图像上似的。background-attachment 属性的语法格式如下。

```
background-attachment : scroll | fixed | inherit
```

各属性值的含义如下。
- scroll：背景图像随内容滚动，该值为默认值。
- fixed：背景图像固定，不随内容滚动。
- inherit：继承父级样式。

【示例 9-3】设置固定的网页背景图像。

```
1   <!DOCTYPE html>
2   <html xmlns="http://www.w3.org/1999/xhtml">
3   <head>
4   <meta http-equiv="Content-Type" content="text/html; charset=utf-8" />
5   <title>固定背景图像</title>
6   <style type="text/css">
7       body {font-size:9pt;background-image:url(pic02-9.jpg);background-attachment: fixed;}
```

< 141 >

```
8        h5,p {text-align:center;}
9    </style>
10   </head>
11   <body>
12   <h5>人生格言</h5>
13   <p>
14       人生的磨难是很多的，<br />
15       所以我们不可对于每一点轻微的伤害都过于敏感。<br />
16       在生活磨难面前，<br />
17       精神上的坚强<br />
18       是我们抵抗罪恶和人生意外的最好"武器"。
19   </p>
20   <p>
21       人生的磨难是很多的，<br />
22       所以我们不可对于每一点轻微的伤害都过于敏感。<br />
23       在生活磨难面前，<br />
24       精神上的坚强<br />
25       是我们抵抗罪恶和人生意外的最好"武器"。
26   </p>
27   </body>
28   </html>
```

第 7 行设置背景图像的 background-attachment 属性值为 fixed，即背景图像固定。示例 9-3 运行效果如图 9.3 所示。可以看出，无论怎么拖动滚动条，背景图像都不会与网页内容一起滚动。

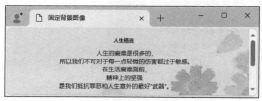 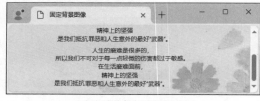

（a）滚动条在页面最上部　　　　　　　　（b）滚动条在页面最下部

图 9.3　设置固定背景图像的运行效果

9.2.3　设置背景图像平铺方式

在 HTML 中，如果背景图像小于浏览器窗口大小，浏览器会自动将背景图像平铺以充满整个浏览器窗口。不过在很多情况下，这种方式并不是展现背景图像最好的方式。在 CSS 中可以通过 background-repeat 属性来设置背景图像的平铺方式。background-repeat 属性的语法格式如下。

```
background-repeat : repeat | no-repeat | repeat-x | repeat-y | inherit
```

各属性值的含义如下。
- repeat：平铺背景图像，该值为默认值。
- no-repeat：不平铺背景图像。
- repeat-x：背景图像在水平方向平铺。
- repeat-y：背景图像在垂直方向平铺。
- inherit：继承父级样式。

【示例 9-4】设置背景图像的平铺方式。

```
1    <!DOCTYPE html>
2    <html xmlns="http://www.w3.org/1999/xhtml">
3    <head>
4    <meta http-equiv="Content-Type" content="text/html; charset=utf-8" />
5    <title>设置背景图像的平铺属性</title>
```

< 142 >

```
6    <style type="text/css">
7      h2{font-family:"方正姚体";}
8      .exam{color:red;background-image:url(pic04-9.jpg);background-repeat:repeat-x;}
9    </style>
10   </head>
11   <body class="exam">
12   <h2 align="center">花卉市场</h2>
13   <p>这里有各种鲜花，价格低廉，质量上乘。您可以自己选购各个品种的鲜花，也可以选择我们为您组合的花束。
下面是我们推荐的几种畅销花束。</p>
14   <table border=2 align="center" >
15     <tr>
16       <td>名称</td>
17       <td>单位价格（元/束）</td>
18       <td>花束的材料</td>
19       <td>花语</td>
20     </tr>
21     <tr>
22       <td>情深意浓</td>
23       <td>366</td>
24       <td>33 枝粉玫瑰，满天星配大片绿叶，土黄色布纹纸，丝带打结，单面花束</td>
25       <td>我把爱深藏，在这刻释放，让两颗心在此刻燃亮，从你眼中感受，原来我的面庞在发烫</td>
26     </tr>
27     <tr>
28       <td>蒸蒸日上 </td>
29       <td>688</td>
30       <td>红掌、太阳花、跳舞兰、天堂鸟、香水百合、散尾葵，三层西式，红色蝴蝶结</td>
31       <td>祝财源茂盛、生意兴隆、大吉大利</td>
32     </tr>
33     <tr>
34       <td> 福如东海</td>
35       <td>666</td>
36       <td>天堂鸟 3 枝，红掌 2 片，粉百合 2 枝，白百合 2 枝，红玫瑰 10 枝，非洲菊 1 扎，黄金鸟 5 枝，康乃馨
1 扎，散尾葵 5 枝等</td>
37       <td>预祝福如东海，寿比南山</td>
38     </tr>
39   </table>
40   </body>
41   </html>
```

第 8 行设置图像仅在 x 轴方向平铺，即 background-repeat 属性值为 repeat-x，效果如图 9.4 所示。

如果将代码中的 background-repeat 属性设置为 repeat-y，则图像仅在 y 轴方向（即垂直方向）平铺，效果如图 9.5 所示。

图 9.4　设置图像在 x 轴方向平铺

图 9.5　设置图像在 y 轴方向平铺

如果将其属性值更改为 no-repeat，则图像不平铺，即背景图像仅显示一次，而不论背景图像与元

< 143 >

素的大小比例，效果如图9.6所示。

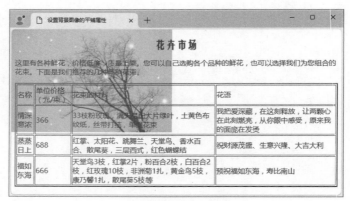

图9.6　设置图像不平铺

9.2.4　背景图像定位

在默认情况下，背景图像都是从元素的左上角开始显示的。使用 background-position 属性可以更改背景图像的开始显示位置，其语法格式如下。

```
background-position:位置的具体值
```

设置背景图像位置的属性值及其含义如表9.1所示。

表9.1　设置背景图像位置的属性值及其含义

属性值	含义
百分比（x%y%）	起始位置与元素左上角的距离占整个元素的比例，包括水平方向和垂直方向。例如，设置页面的背景图像，则会以整个页面的大小为依据
绝对值（x,y）	起始位置的绝对坐标（以元素左上角为原点），包括横坐标和纵坐标。使用这种格式时需要同时设置长度单位
top	使图像在垂直方向上居于顶端
bottom	使图像在垂直方向上居于底端
left	使图像在水平方向上居于左端
right	使图像在水平方向上居于右端
center	使图像在水平方向和垂直方向居中显示

在这些属性值中，百分比和绝对值可以混用，即前面是百分比，后面是绝对值；同样，前面可以是绝对值，后面可以是百分比。

注意：无论使用哪一种属性值，都应该包括水平方向和垂直方向两个位置，它们之间用空格分隔。

【示例9-5】设置背景图像的位置。

```
1  <!DOCTYPE html>
2  <html xmlns="http://www.w3.org/1999/xhtml">
3  <head>
4  <meta http-equiv="Content-Type" content="text/html; charset=utf-8" />
5  <title>设置背景图像的位置</title>
6  <style type="text/css">
7      h2{font-family:"方正姚体"}
```

< 144 >

```
8           .exam1{color:red;background-image:url(pic04-9.jpg);  background-repeat:no-repeat;
background-position:right bottom;}
9           .exam2{color:red;background-image:url(pic04-9.jpg);background-repeat:no-repeat;
background- position:10px 50px;}
10      </style>
11      </head>
12      <body class="exam1">
13      <h2 align="center">花卉市场</h2>
14      <p align="center">
15      这里有各种鲜花，价格低廉，质量上乘。您可以自己选购各个品种的鲜花，也可以选择我们为您组合的花束。<br/>
16      下面是我们推荐的几种畅销花束。<br/>
17      枝粉玫瑰，满天星配大片绿叶，土黄色布纹纸，丝带打结，单面花束<br/>
18      我把爱深藏，在这刻释放，让两颗心在此刻燃亮，从你眼中感受，原来我的面庞在发烫<br/>
19      红掌、太阳花、跳舞兰、天堂鸟、香水百合、散尾葵，三层西式，红色蝴蝶结<br/>
20      祝财源茂盛、生意兴隆、大吉大利<br/>
21      天堂鸟3枝，红掌2片，粉百合2枝，白百合2枝，红玫瑰10枝，非洲菊1扎，黄金鸟5枝，康乃馨1扎，散尾葵5枝等
22      </p>
23      </body>
24      </html>
```

示例 9-5 中设置背景图像的位置为右下，其运行效果如图 9.7 所示。

在示例 9-5 中，还定义了一个 exam2 的样式，该样式中的背景图像位置被设置为 10px、50px。如果将页面的样式更改为引用 exam2，其运行效果如图 9.8 所示。

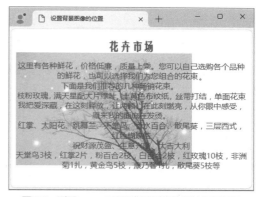

图 9.7　设置背景图像位置右下的运行效果　　图 9.8　引用 exam2 设置背景图像位置的运行效果

9.3 边框

表格的边框很容易理解，HTML 中的很多标签都是有边框的，如<div>、<input>标签等。但这些标签的边框都是很呆板的，甚至有些标签还显示不了边框。有了 CSS 之后，网页开发人员就可以很轻松地设置边框的样式了，如边框的宽度、颜色等。

9.3.1　设置边框样式

边框样式在边框的几个属性中可以说是最重要的。设置边框样式除了可以改变 HTML 中呆板的边框样式，在某些时候还可以控制边框是否显示。在 CSS 中设置边框样式的属性为 border-style，该属性的语法格式如下。

< 145 >

border-style：边框的样式值

开发人员可以为边框设置多种线条效果，也就是设置边框的样式值，如实线、点线、短线等。边框样式属性值及其含义、效果如表 9.2 所示。

表 9.2　边框样式属性值及其含义、效果

属性值	含义	线条的效果
none	无边框	
solid	实线效果	
dotted	点线效果，即边框由点组成	
dashed	短线效果，即边框由多个短线组成	
double	双实线效果	
groove	带立体效果的沟槽	
ridge	突出的脊形效果	
inset	内嵌一个立体的边框	
outset	外嵌一个立体的边框	

注意：边框只有和元素以及页面其他属性结合在一起，才能真正展现页面的风格。表 9.2 中的 groove、ridge、inset、outset 和边框颜色结合设置能达到更好的效果。

【示例 9-6】设置边框样式。

```
1   <!DOCTYPE html>
2   <html xmlns="http://www.w3.org/1999/xhtml">
3   <head>
4   <meta http-equiv="Content-Type" content="text/html; charset=utf-8" />
5   <title>边框样式</title>
6   <style type="text/css">
7       body {font-size:18px}
8       .a {border-style:none;}
9       .b {border-style:hidden;}
10      .c {border-style:dotted;}
11      .d {border-style:dashed;}
12      .e {border-style:solid;}
13      .f {border-style:double;}
14      .g {border-style:groove;}
15      .h {border-style:ridge;}
16      .i {border-style:inset;}
17      .j {border-style:outset;}
18  </style>
19  </head>
20  <body>
21  <div class="c">I even do not know what is inside the box.</div><br />
22  <div class="d">I even do not know what is inside the box.</div><br />
23  <div class="e">I even do not know what is inside the box.</div><br />
24  <div class="f">I even do not know what is inside the box.</div><br />
25  <div class="g">I even do not know what is inside the box.</div><br />
26  <div class="h">I even do not know what is inside the box.</div><br />
27  <div class="i">I even do not know what is inside the box.</div><br />
28  <div class="j">I even do not know what is inside the box.</div><br />
29  </body>
30  </html>
```

< 146 >

第 8～17 行使用 border-style 属性设置边框样式。示例 9-6 运行效果如图 9.9 所示。可以看出，每个边框都引用了一种边框样式。

9.3.2　设置不同的边框样式

使用 border-style 属性也可以为对象的 4 个方向的边框设置不同的样式。开发人员可以直接使用 border-style 属性设置 4 个方向的边框的样式，属性值对应的边框顺序依次是上边框、右边框、下边框和左边框。如果只设置了 1 个边框样式，则会对 4 个方向的边框同时起作用；如果设置了 2 个，则第 1 个用于上下边

图 9.9　设置边框样式的运行效果

框，第 2 个用于左右边框；如果设置了 3 个，则第 1 个用于上边框，第 2 个用于左右边框，第 3 个用于下边框。

【示例 9-7】在一个边框中设置不同的边框样式。

```
1   <!DOCTYPE html>
2   <html xmlns="http://www.w3.org/1999/xhtml">
3   <head>
4   <meta http-equiv="Content-Type" content="text/html; charset=utf-8" />
5   <title>边框样式</title>
6   <style type="text/css">
7       body {font-size:18px}
8       .a {border-style:dotted;}
9       .b {border-style:dashed solid;}
10      .c {border-style:double groove ridge;}
11      .d {border-style:solid dashed inset dotted;}
12  </style>
13  </head>
14  <body>
15  <div class="a">I even do not know what is inside the box.</div><br />
16  <div class="b">I even do not know what is inside the box.</div><br />
17  <div class="c">I even do not know what is inside the box.</div><br />
18  <div class="d">I even do not know what is inside the box.</div>
19  </body>
20  </html>
```

第 8～11 行为边框设置不同的样式。示例 9-7 运行效果如图 9.10 所示。

在本例中，可以看到 border-style 属性值有以下几种写法。

（1）当 border-style 属性值为 1 个时，该值控制 4 个方向的边框的样式，如第 1 个 div 元素所示。

（2）当 border-style 属性值为 2 个时，第 1 个控制上边框和下边框的样式，第 2 个控制左边框和右边框的样式，如第 2 个 div 元素所示。

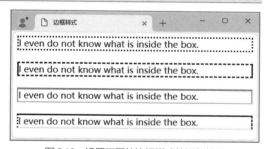

图 9.10　设置不同的边框样式的运行效果

（3）当 border-style 属性值为 3 个时，第 1 个控制上边框的样式，第 2 个控制左边框和右边框的样式，第 3 个控制下边框的样式，如第 3 个 div 元素所示。

（4）当 border-style 属性值为 4 个时，第 1 个控制上边框样式，第 2 个控制右边框样式，第 3 个控制下边框样式，第 4 个控制左边框样式，如第 4 个 div 元素所示。

< 147 >

9.3.3 设置边框宽度

在 HTML 中可以使用 border 属性来设置 table 元素的边框宽度，在 CSS 中可以使用 border-width 属性来设置边框宽度。border-width 属性不仅可以设置表格的边框宽度，还可以设置任何一个有边框的对象的边框宽度。border-width 属性的语法格式如下。

```
border-width : medium | thin | thick | 数值
```

各属性值的含义如下。

- medium：默认宽度。
- thin：比默认宽度小。
- thick：比默认宽度大。
- 数值：以绝对长度单位或相对长度单位来指定边框的宽度。

【示例 9-8】设置边框宽度。

```
1   <!DOCTYPE html>
2   <html xmlns="http://www.w3.org/1999/xhtml">
3   <head>
4   <meta http-equiv="Content-Type" content="text/html; charset=utf-8" />
5   <title>边框宽度</title>
6   <style type="text/css">
7       body {font-size:18px}
8       .a {border-width:medium;}
9       .b {border-width:thin;}
10      .c {border-width:thick;}
11      .d {border-width:12px;}
12  </style>
13  </head>
14  <body>
15  <table  border="1"  class="a"><tr><td>I  even  do  not  know  what  is  inside  the
box.</td></tr></table><br />
16  <table  border="1"  class="b"><tr><td>I  even  do  not  know  what  is  inside  the
box.</td></tr></table><br />
17  <table  border="1"  class="c"><tr><td>I  even  do  not  know  what  is  inside  the
box.</td></tr></table><br />
18  <table  border="1"  class="d"><tr><td>I  even  do  not  know  what  is  inside  the
box.</td></tr></table><br />
19  <input type="button" class="a" value="提交" />
20  <input type="button" class="b" value="提交" />
21  <input type="button" class="c" value="提交" />
22  <input type="button" class="d" value="提交" />
23  </body>
24  </html>
```

以上代码第 8~11 行为边框设置了宽度。示例 9-8 运行效果如图 9.11 所示。在图 9.11 中可以看出 border-width 属性值为 medium、thin、thick 和 12px 时的边框效果。

9.3.4 设置不同的边框宽度

使用 border-width 属性不仅可以设置整个边框的宽度，还可以设置 4 个方向的边框的宽度。其用法与设置边框样式一样，如果只设置了 1 个边

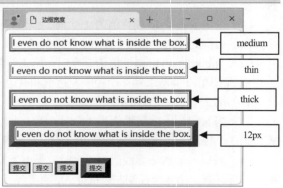

图 9.11　设置边框宽度的运行效果

< 148 >

框宽度，则会对 4 个方向的边框同时起作用；如果设置了 2 个边框宽度，则第 1 个应用于上下边框，第 2 个应用于左右边框；如果提供 3 个边框宽度，则第 1 个应用于上边框，第 2 个应用于左右边框，第 3 个应用于下边框。

【示例 9-9】为同一个边框设置不同的宽度。

```
1    <!DOCTYPE html>
2    <html xmlns="http://www.w3.org/1999/xhtml">
3    <head>
4    <meta http-equiv="Content-Type" content="text/html; charset=utf-8" />
5    <title>边框宽度</title>
6    <style type="text/css">
7        body {font-size:18px}
8        .a {border-width:3pt;}
9        .b {border-width:3pt 7pt;}
10       .c {border-width:3pt 7pt 11pt;}
11       .d {border-width:3pt 7pt 11pt 15pt;}
12       .e {border-width:medium thin thick 15pt;}
13   </style>
14   </head>
15   <body>
16   <table border="1" class="a"><tr><td>I even do not know what is inside the box.</td></tr></table><br />
17   <table border="1" class="b"><tr><td>I even do not know what is inside the box.</td></tr></table><br />
18   <table border="1" class="c"><tr><td>I even do not know what is inside the box.</td></tr></table><br />
19   <table border="1" class="d"><tr><td>I even do not know what is inside the box.</td></tr></table><br />
20   <table border="1" class="e"><tr><td>I even do not know what is inside the box.</td></tr></table>
21   </body>
22   </html>
```

示例 9-9 运行效果如图 9.12 所示。

在本例中，可以看到 border-width 属性值的以下几种写法。

（1）当 border-width 属性值为 1 个时，该值控制 4 个方向的边框的宽度，如图 9.12 中第 1 个边框所示。

（2）当 border-width 属性值为 2 个时，第 1 个控制上边框和下边框的宽度，第 2 个控制左边框与右边框的宽度，如第 2 个边框所示。

（3）当 border-width 属性值为 3 个时，第 1 个控制上边框的宽度，第 2 个控制左边框与右边框的宽度，第 3 个控制下边框的宽度，如第 3 个边框所示。

（4）当 border-width 属性值为 4 个时，第 1 个控制上边框的宽度，第 2 个控制右边框的宽度，第 3 个控制下边框的宽度，第 4 个控制左边框的宽度，如第 4 个边框所示。

（5）在设置 border-width 属性值时，可将关键字与数值搭配使用，如.e{border-width:medium thin thick 15pt;}，对应的效果如第 5 个边框所示。

图 9.12　设置不同的边框宽度的运行效果

9.3.5 设置边框颜色

在 HTML 中无法为表格设置边框颜色，而 CSS 中的 border-color 属性可以做到，并

< 149 >

且不仅可以为表格设置边框颜色，还可以设置几乎所有块对象的边框颜色，如 p、div 等。border-color
属性的语法格式如下。

```
border-color : 颜色 | transparent
```

各属性值的含义如下。
- 颜色：边框的颜色，可以是颜色英文名、RGB 代码或百分比表示法。
- transparent：透明颜色，即不设置颜色。

【示例 9-10】为边框设置颜色。

```
1    <!DOCTYPE html>
2    <html xmlns="http://www.w3.org/1999/xhtml">
3    <head>
4    <meta http-equiv="Content-Type" content="text/html; charset=utf-8" />
5    <title>边框颜色</title>
6    <style type="text/css">
7        body {font-size:18px;}
8        .a,.b,.c{border-width:3px;border-style:double;}
9        .a {border-color:#FC3;}
10       .b {border-color:#0C0;}
11       .c {border-color:#00F;}
12   </style>
13   </head>
14   <body>
15   <div class="a">I even do not know what is inside the box.</div><br />
16   <table border="0" class="b"><tr><td>I even do not know what is inside the box.</td>
</tr></table><br />
17   <table border="0">
18       <tr>
19           <td class="c">I even do not know what is inside the box.</td>
20           <td class="c">I even do not know what is inside the box.</td>
21       </tr>
22       <tr>
23           <td class="c">I even do not know what is inside the box.</td>
24           <td class="c">I even do not know what is inside the box.</td>
25       </tr>
26   </table>
27   </body>
28   </html>
```

第 9～11 行为边框设置不同颜色。示例 9-10 运行效果
如图 9.13 所示。从图 9.13 中可以看出，可以为 div 元素、
表格，甚至是单元格设置边框颜色。

9.3.6　设置不同的边框颜色

使用 border-color 属性不仅可以统一设置 4 个方向的边
框的颜色，还可以设置单个方向的边框的颜色，其设置方法
与 border-width 属性和 border-style 属性类似。

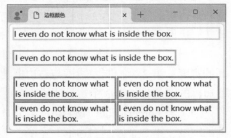

图 9.13　设置边框颜色的运行效果

【示例 9-11】为同一个边框设置不同的边框颜色。

```
1    <!DOCTYPE html>
2    <html xmlns="http://www.w3.org/1999/xhtml">
3    <head>
4    <meta http-equiv="Content-Type" content="text/html; charset=utf-8" />
5    <title>边框颜色</title>
6    <style type="text/css">
7    body {font-size:18px;}
```

< 150 >

```
8    .a {border-width:3px;border-style: solid;border-color:red;}
9    .b {border-width:3px;border-style: solid;border-color: red #FC3;}
10   .c {border-width:3px;border-style: solid;border-color: red #FC3 #0C0;}
11   .d {border-width:3px;border-style: solid;border-color: red #FC3 #0C0 #00F;}
12   </style>
13   </head>
14   <body>
15       <div class="a">I even do not know what is inside the box.</div><br />
16       <div class="b">I even do not know what is inside the box.</div><br />
17       <div class="c">I even do not know what is inside the box.</div><br />
18       <div class="d">I even do not know what is inside the box.</div>
19   </body>
20   </html>
```

第 8 ~ 11 行为边框设置不同的颜色。示例 9-11 运行效果如图 9.14 所示。

在本例中，可以看到 border-color 属性值有以下几种写法。

（1）当 border-color 属性值为 1 个时，该值为 4 个方向的边框的颜色，如第 1 个 div 元素所示。

（2）当 border-color 属性值为 2 个时，第 1 个控制上边框和下边框的颜色，第 2 个控制左边框与右边框的颜色，如第 2 个 div 元素所示。

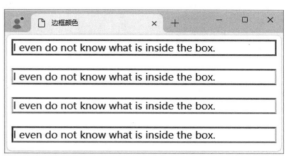

图 9.14　设置不同边框颜色的运行效果

（3）当 border-color 属性值为 3 个时，第 1 个控制上边框的颜色，第 2 个控制左边框与右边框的颜色，第 3 个控制下边框的颜色，如第 3 个 div 元素所示。

（4）当 border-color 属性值为 4 个时，第 1 个控制上边框颜色，第 2 个控制右边框颜色，第 3 个控制下边框颜色，第 4 个控制左边框颜色，如第 4 个 div 元素所示。

9.3.7　综合设置边框效果

在 CSS 中，还可以使用 border 属性直接设置边框的整体效果，其语法格式如下。

border:边框宽度 边框样式 边框颜色

开发人员可以只设置其中的一项或几项属性值，但如果要正常显示设置的边框效果，就需要设置边框的样式，即使是采用默认的属性值 solid。

说明：border 属性一般用于设置统一的边框风格，也就是说，使用该属性设置边框后，元素的 4 个方向的边框都采用该效果。即使设置了多个边框宽度，也只取最后一个值。如果希望元素 4 个方向的边框的效果不同，还是要分别设置。

【示例 9-12】综合设置边框效果。

```
1    <!DOCTYPE html>
2    <html xmlns="http://www.w3.org/1999/xhtml">
3    <head>
4    <meta http-equiv="Content-Type" content="text/html; charset=utf-8" />
5    <title>设置元素边框的整体属性</title>
6    <style type="text/css">
7      h2{font-family:"方正姚体"}
8      .exam1{border:solid #FF8888;}
9      .exam2{border:3px dashed red;}
10   </style>
11   </head>
12   <body>
```

< 151 >

```
13    <h2 align="center">花卉市场</h2>
14    <p class="exam1">这里有各种鲜花，价格低廉，质量上乘。您可以自己选购各个品种的鲜花，也可以选择我们
为您组合的花束。下面是我们推荐的几种畅销花束。</p>
15    <table border=2 align="center" class="exam2">
16      <tr>
17      <td>名称</td>
18      <td>单位价格（元/束）</td>
19      <td>花束的材料</td>
20      <td>花语</td>
21      </tr>
22      <tr>
23      <td>情深意浓</td>
24      <td>366</td>
25      <td>33枝粉玫瑰，满天星配大片绿叶，土黄色布纹纸，丝带打结，单面花束</td>
26      <td>我把爱深藏，在这刻释放，让两颗心在此刻燃亮，从你眼中感受，原来我的面庞在发烫</td>
27      </tr>
28      <tr>
29      <td>蒸蒸日上 </td>
30      <td>688</td>
31      <td>红掌、太阳花、跳舞兰、天堂鸟、香水百合、散尾葵等</td>
32      <td>祝财源茂盛、生意兴隆、大吉大利</td>
33      </tr>
34    </table>
35    </body>
36    </html>
```

第 8 行将段落的边框设置为粉色的实线，第 9 行将表格的边框设置为 3px 宽的红色短线，其运行
效果如图 9.15 所示。

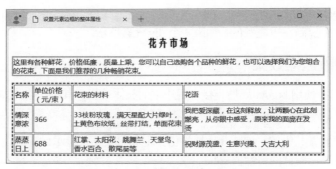

图 9.15 综合设置边框效果的运行效果

9.4 边距

边距和补白都可以用来控制页面内容的松紧程度。边距一般是指元素周围的边界宽度。这个宽度
可以用于区分不同的元素，也可以让网页中的内容没有那么拥挤。

9.4.1 设置上边距

在 CSS 中可以为一个元素分别设置各个方向的边界宽度。上边距就是元素与它上方
的元素之间的距离，采用的是 margin-top 属性。设置上边距的语法格式如下。

< 152 >

```
margin-top:距离值
```

这里的距离值可以是百分比，也可以是由数值和单位组成的确定距离。如果只给出一个数值，则默认单位是 px。百分比是以该元素的上一级元素为基础设置的。

【示例 9-13】为元素设置上边距。

```
1   <!DOCTYPE html>
2   <html xmlns="http://www.w3.org/1999/xhtml">
3   <head>
4   <meta http-equiv="Content-Type" content="text/html; charset=utf-8" />
5   <title>使用 CSS 设置元素的顶端边距</title>
6   <style type="text/css">
7     img{margin-top:50px;}
8     .exam{margin-top:70px;}
9   </style>
10  </head>
11  <body>
12  <p class="exam">玫瑰，别名徘徊花，蔷薇科，属落叶丛生灌木。它可以高达 2m，茎枝上密生毛刺，叶呈椭圆形，花单生或数朵丛生，花期 5～6 月，单瓣或重瓣。<br/>目前全世界的玫瑰品种有资料可查的已达七千种。.</p>
13  <img src="pic01-9.jpg" width="150px" align="left">
14  </body>
15  </html>
```

示例 9-13 中，第 8 行将段落文字的上边距设置为 70px，而第 7 行将图像的上边距设置为 50px。运行效果如图 9.16 所示。

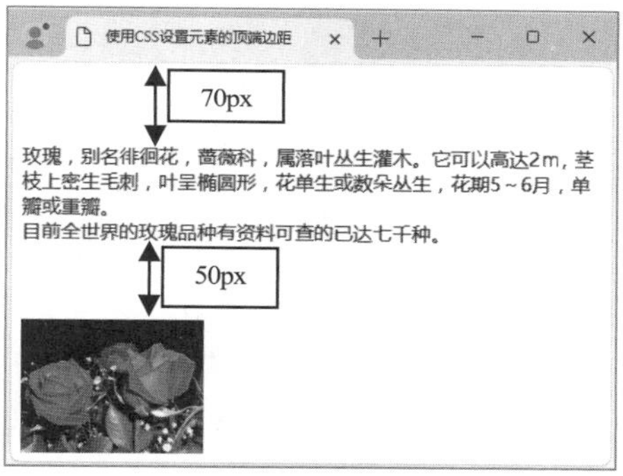

9.4.2　设置下边距

下边距与上边距相对，是指元素与其下方元素间的距离，其语法格式如下。

```
margin-bottom:距离值
```

这里的距离值同样可以是百分比或具体的数值加单位。如果只给出一个数值，则默认单位是 px。

图 9.16　设置上边距的运行效果

【示例 9-14】为文本段落设置下边距。

```
1   <!DOCTYPE html>
2   <html xmlns="http://www.w3.org/1999/xhtml">
3   <head>
4   <meta http-equiv="Content-Type" content="text/html; charset=utf-8" />
5   <title>使用 CSS 设置文本段落的下边距</title>
6   <style type="text/css">
7     .exam{ margin-bottom:60px;}
8   </style>
9   </head>
10  <body>
11  <p class="exam">玫瑰，别名徘徊花，蔷薇科，属落叶丛生灌木。它可以高达 2m，茎枝上密生毛刺，叶呈椭圆形，花单生或数朵丛生，花期 5～6 月，单瓣或重瓣。<br/>目前全世界的玫瑰品种有资料可查的已达七千种。</p>
12  <p class="exam">玫瑰色彩艳丽、芳香浓郁，常被看作"友谊之花"和"爱情之花"。但是不同颜色的玫瑰却有着不同的含义，比如，红玫瑰代表热情真爱，白玫瑰代表纯洁爱情。不同数目的玫瑰花也有着自己的花语，比如 1 朵玫瑰代表我心里只有你，99 朵玫瑰代表天长地久。</p>
13  <img src="pic01-9.jpg" width="150px" align="left">
14  </body>
15  </html>
```

< 153 >

第 7 行设置 margin-bottom 属性值为 60px，示例 9-14 运行效果如图 9.17 所示。可以看出，第一段和第二段文本都与其下方元素相隔了 60px 的距离。

9.4.3　设置左边距

左边距就是指元素与其左侧元素的距离。设置左边距的语法格式如下。

```
margin-left:距离值
```

这里的距离值可以采用百分比，也可以采用数值加单位。如果仅给出一个数值，其单位默认为 px。

【示例 9-15】为元素设置左边距。

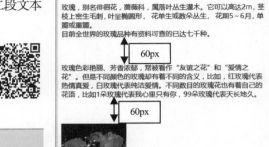

图 9.17　设置下边距的运行效果

```
1   <!DOCTYPE html>
2   <html xmlns="http://www.w3.org/1999/xhtml">
3   <head>
4   <meta http-equiv="Content-Type" content="text/html; charset=utf-8" />
5   <title>使用 CSS 设置元素的左边距</title>
6   <style type="text/css">
7     img{margin-left:70px;}
8     .exam{margin-left:40px;}
9   </style>
10  </head>
11  <body>
12  <p>玫瑰，别名徘徊花，蔷薇科，属落叶丛生灌木。它可以高达 2m，茎枝上密生毛刺，叶呈椭圆形，花单生或数朵丛生，花期 5～6 月，单瓣或重瓣。<br/>目前全世界的玫瑰品种有资料可查的已达七千种。</p>
13  <p class="exam">玫瑰色彩艳丽、芳香浓郁，常被看作"友谊之花"和"爱情之花"。但是不同颜色的玫瑰却有着不同的含义，比如，红玫瑰代表热情真爱，白玫瑰代表纯洁爱情。不同数目的玫瑰花也有着自己的花语，比如 1 朵玫瑰代表我心里只有你，99 朵玫瑰代表天长地久。</p>
14  <img src="pic01-9.jpg" width="150px" align="left">
15  </body>
16  </html>
```

第 7 行与第 8 行分别设置 margin-left 属性值为 70px 与 40px。示例 9-15 运行效果如图 9.18 所示。可以看出，第一段文本没有设置左边距，第二段文本的左边距设置为 40px，图像的左边距为 70px。

9.4.4　设置右边距

右边距就是指元素与其右侧元素的距离。设置右边距的语法格式如下。

```
margin-right:距离值
```

这里的距离值可以是百分比，也可以是具体的数值。设置为具体数值时，可以同时设置其单位；如果不设置单位，则默认单位为 px。

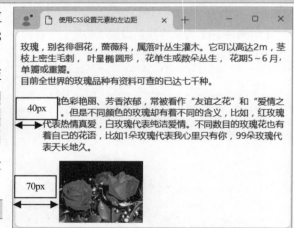

图 9.18　设置左边距的运行效果

< 154 >

【示例 9-16】为元素设置右边距。

```
1    <!DOCTYPE html>
2    <html xmlns="http://www.w3.org/1999/xhtml">
3    <head>
4    <meta http-equiv="Content-Type" content="text/html; charset=utf-8" />
5    <title>使用 CSS 设置元素的右边距</title>
6    <style type="text/css">
7      img{ margin-right:70px;}
8      .exam{ margin-right:80px;}
9    </style>
10   </head>
11   <body>
12   <p class="exam">玫瑰，别名徘徊花，蔷薇科，属落叶丛生灌木。它可以高达 2m，茎枝上密生毛刺，叶呈椭圆
形，花单生或数朵丛生，花期 5～6 月，单瓣或重瓣。目前全世界的玫瑰品种有资料可查的已达七千种。</p>
13   <img src="pic01-9.jpg" width="150px" align="left">
14   <p>玫瑰色彩艳丽、芳香浓郁，常被看作"友谊之花"和"爱情之花"。但是不同颜色的玫瑰却有着不同的含义，
比如，红玫瑰代表热情真爱，白玫瑰代表纯洁爱情。不同数目的玫瑰花也有着自己的花语，比如 1 朵玫瑰代表我心里只
有你，99 朵玫瑰代表天长地久。</p>
15   </body>
16   </html>
```

第 7 行与第 8 行分别设置 margin-right 属性值为 70px 与 80px。示例 9-16 运行效果如图 9.19 所示。可以看出，第一段文本的右边距为 80px，图像右侧与第二段文本的距离为 70px。

图 9.19　设置右边距的运行效果

9.4.5　综合设置边距

如果要同时设置某个元素的 4 个方向的边距，除了可以分别设置，还可以使用复合属性 margin 设置。其语法格式如下。

```
margin:各个边距的值
```

这里可以设置 1~4 个边距值。设置 1 个值时，同时作用于元素的 4 个方向；设置 2 个值时，分别作用于上下边距和左右边距；设置 3 个值时，分别作用于上边距、左右边距和下边距；设置 4 个值时，按照上、右、下、左的顺序起作用。

【示例 9-17】综合设置元素的边距。

```
1    <!DOCTYPE html>
2    <html xmlns="http://www.w3.org/1999/xhtml">
3    <head>
4    <meta http-equiv="Content-Type" content="text/html; charset=utf-8" />
5    <title>使用 CSS 设置元素的各侧边距</title>
6    <style type="text/css">
7      .exam{margin: 50px 60px 70px}
8    </style>
9    </head>
10   <body>
11   <p class="exam">玫瑰，别名徘徊花，蔷薇科，属落叶丛生灌木。它可以高达 2m，茎枝上密生毛刺，叶呈椭圆
形，花单生或数朵丛生，花期 5～6 月，单瓣或重瓣。目前全世界的玫瑰品种有资料可查的已达七千种。</p>
12   <img src="pic01-9.jpg" width="150px" align="left">
13   <p>玫瑰色彩艳丽、芳香浓郁，常被看作"友谊之花"和"爱情之花"。但是不同颜色的玫瑰却有着不同的含义，
比如，红玫瑰代表热情真爱，白玫瑰代表纯洁爱情。不同数目的玫瑰花也有着自己的花语，比如 1 朵玫瑰代表我心里只
有你，99 朵玫瑰代表天长地久。</p>
```

< 155 >

```
14    </body>
15    </html>
```

　　第 7 行为第一段文本设置了 3 个边距，分别作用于上边距、左右边距和下边距。示例 9-17 运行效果如图 9.20 所示。

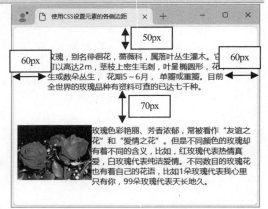

图 9.20　综合设置边距的运行效果

9.5　补白

　　补白用于设置元素的边框与内容之间的距离，也就是设置元素自身松紧程度。补白可以理解成在盒子里增加填充物，以避免里面的东西被打破。

9.5.1　设置顶端补白

　　顶端补白是指元素的内容与其上边框的距离，一般用来设置页面补白。其语法格式如下。

```
padding-top:距离值
```

其中，距离值一般采用数值，并可以为其添加单位。如果没有设置单位，则默认以 px 为单位。

　　【示例 9-18】为元素设置顶端补白。

```
1    <!DOCTYPE html>
2    <html xmlns="http://www.w3.org/1999/xhtml">
3    <head>
4    <meta http-equiv="Content-Type" content="text/html; charset=utf-8" />
5    <title>使用 CSS 设置顶端补白</title>
6    <style type="text/css">
7      div {border:solid 3px #996699;padding-top:50px;}
8    </style>
9    </head>
10   <body>
11   <div>玫瑰，别名徘徊花，蔷薇科，属落叶丛生灌木。它可以高达 2m，茎枝上密生毛刺，叶呈椭圆形，花单生或
数朵丛生，花期 5～6 月，单瓣或重瓣。目前全世界的玫瑰品种有资料可查的已达七千种。不同颜色的玫瑰却有着不同的
含义，比如，红玫瑰代表热情真爱，白玫瑰代表纯洁爱情。不同数目的玫瑰花也有着自己的花语，比如 1 朵玫瑰代表我
心里只有你，99 朵玫瑰代表天长地久。</div>
12   </body>
13   </html>
```

　　第 7 行使用 padding-top:50px 设置顶端补白为 50px。示例 9-18 运行效果如图 9.21 所示。可以看出，<div>标签中的内容和 div 元素的顶端之间有一段空白，这就是顶端补白。

9.5.2　设置底部补白

　　设置底部补白就是设置页面元素与下边框的距离。其语法格式如下。

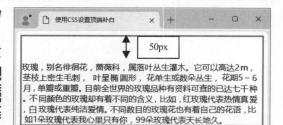

图 9.21　设置顶端补白的运行效果

```
padding-bottom:距离值
```

其中，距离值一般采用数值加单位。如果省略单位，则默认以 px 为单位。

< 156 >

【示例 9-19】将示例 9-18 中的代码

```
padding-top:50px;
```

修改为

```
padding-bottom:50px;
```

运行效果如图 9.22 所示。可以看出，<div> 标签中的内容和 div 元素的下边框之间有一段空白，这就是底部补白。

玫瑰，别名徘徊花，蔷薇科，属落叶丛生灌木。它可以高达 2 m，茎枝上密生毛刺，叶呈椭圆形，花单生或数朵丛生，花期 5 ~ 6 月，单瓣或重瓣。目前全世界的玫瑰品种有资料可查的已达七千种。不同颜色的玫瑰却有着不同的含义，比如，红玫瑰代表热情真爱，白玫瑰代表纯洁爱情。不同数目的玫瑰花也有着自己的花语，比如 1 朵玫瑰代表我心里只有你，99 朵玫瑰代表天长地久。

50px

图 9.22　设置底部补白的运行效果

9.5.3　设置左侧补白

左侧补白是指页面中的元素与左侧边界的间隔。其语法格式如下。

```
padding-left:距离值
```

一般采用数值加单位的方式设置距离。如果省略单位，则默认以 px 为单位。

【示例 9-20】设置表格元素的左侧补白。

```
1  <!DOCTYPE html>
2  <html xmlns="http://www.w3.org/1999/xhtml">
3  <head>
4  <meta http-equiv="Content-Type" content="text/html; charset=utf-8" />
5  <title>使用 CSS 设置左侧补白</title>
6  <style type="text/css">
7  td{border:solid 3px #996699;}
8  #td1{ padding-left:50px;}
9  </style>
10 </head>
11 <body>
12 <table>
13     <tr>
14         <td id="td1">
15             不同颜色的玫瑰却有着不同的含义，比如，红玫瑰代表热情真爱；白玫瑰代表纯洁爱情。不同数
目的玫瑰花也有着自己的花语，比如 1 朵玫瑰代表我心里只有你；99 朵玫瑰代表天长地久。
16         </td>
17     </tr>
18     <tr>
19         <td>
20             玫瑰，别名徘徊花，蔷薇科，属落叶丛生灌木。它可以高达 2m，茎枝上密生毛刺，叶呈椭圆形，
花单生或数朵丛生，花期 5 ~ 6 月，单瓣或重瓣。目前全世界的玫瑰品种有资料可查的已达七千种。
21         </td>
22     </tr>
23 </table>
24 </body>
25 </html>
```

示例 9-20 中设置了一个 2 行 1 列的表格，第 8 行代码通过 padding-left 为第 1 行的内容设置左侧补白为 50px，第 2 行中的内容没有设置补白。运行效果如图 9.23 所示。

9.5.4　设置右侧补白

右侧补白是指页面中元素与右侧边界的间隔。

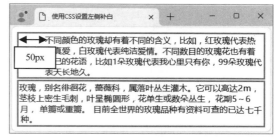

图 9.23　设置左侧补白的运行效果

< 157 >

其语法格式如下。

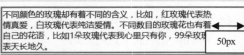

```
padding-right:距离值
```

一般采用数值加单位的方式设置距离。如果省略单位，则默认以 px 为单位。

【示例 9-21】将示例 9-20 中的代码

```
#td1{ padding-left:50px;
    }
```

修改为

```
#td1{ padding-right:50px;
    }
```

运行效果如图 9.24 所示。

图 9.24　设置右侧补白的运行效果

9.5.5　综合设置补白

如果要同时设置某个元素的 4 个方向的补白，除了可以分别设置，还可以使用复合属性 padding 来设置。其语法格式如下。

```
padding:各个方向的补白
```

这里可以设置 1~4 个距离值。设置 1 个值时，同时作用于 4 个方向；设置 2 个值时，分别作用于上下和左右方向；设置 3 个值时，分别作用于顶端补白、左右补白和底部补白；设置 4 个值时，按照上、右、下、左的顺序起作用。

【示例 9-22】综合设置元素的补白。

```
1   <!DOCTYPE html>
2   <html xmlns="http://www.w3.org/1999/xhtml">
3   <head>
4   <meta http-equiv="Content-Type" content="text/html; charset=utf-8" />
5   <title>使用 CSS 设置补白</title>
6   <style type="text/css">
7   td{border:solid 3px #996699;}
8    #td1{ padding:50px 40px;}
9    #td2{ padding:30px 50px;}
10  </style>
11  </head>
12  <body>
13  <table>
14     <tr>
15         <td id="td1">
16         不同颜色的玫瑰却有着不同的含义，比如，红玫瑰代表热情真爱，白玫瑰代表纯洁爱情。不同数目的玫瑰
    花也有着自己的花语，比如 1 朵玫瑰代表我心里只有你，99 朵玫瑰代表天长地久。
17         </td>
18     </tr>
19     <tr>
20         <td id="td2">
21         玫瑰，别名徘徊花，蔷薇科，属落叶丛生灌木。它可以高达 2m，茎枝上密生毛刺，叶呈椭圆形，花单生
    或数朵丛生，花期 5 ~ 6 月，单瓣或重瓣。目前全世界的玫瑰品种有资料可查的已达七千种。
22         </td>
23     </tr>
24  </table>
25  </body>
26  </html>
```

第 8 ~ 9 行分别设置了补白。示例 9-22 运行效果如图 9.25 所示。

< 158 >

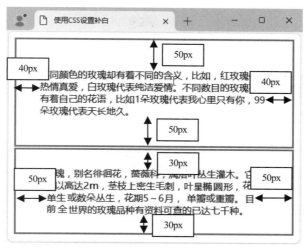

图 9.25　综合设置补白的运行效果

9.6　小结

本章主要介绍如何设置 HTML 中的背景颜色、背景图像、边框、边距和补白。其中，背景图像的讲解包括设置背景图像、设置固定背景图像、设置背景图像平铺方式和背景图像定位；边框的讲解包括设置边框样式、边框宽度和边框颜色；边距的讲解包括设置上边距、下边距、左边距和右边距；补白的讲解包括设置顶端补白、底部补白、左侧补白和右侧补白。

习题

1. 设置元素的背景图像可以使用_____属性和_____属性实现。
2. 设置背景图像位置可以使用_____属性。
3. 下列选项中设置元素边框为实线的方法正确的是_____。
   A．border-style: dotted;　　　　　　　B．border-style: double;
   C．border-style: inset;　　　　　　　　D．border-style: solid;
4. 下列选项中设置元素边距为 30px 的方法正确的是_____。
   A．.exam { margin:30px;}　　　　　　B．.exam { padding :30px;}
   C．.exam { border30px;}　　　　　　　D．.exam { background:30px;}

上机指导

背景颜色、背景图像、边框和边距在网页设计中都是使用得比较多的修饰方法。本章涉及的内容包括设置 HTML 中的背景颜色、背景图像、边框、边距和补白。下面通过上机操作来巩固本章所学的知识点。

< 159 >

实验一

实验内容

使用相关属性为元素添加背景图像，并设置背景图像的平铺方式和滚动模式。

实验目的

巩固知识点。

实现思路

先使用 background-image 属性为网页插入背景图像，然后使用 background-attachment 属性设置背景图像不随页面内容的滚动而滚动，最后使用 background-repeat 属性设置背景图像平铺整个页面。

在 Dreamweaver 中选择"新建"|"HTML"命令，新建 HTML 文件。在 HTML 文件中输入的关键代码如下。

```
<style type="text/css">
    h2{font-family:"方正姚体"}
    .exam{color:red;background-image:url(pic03-9.jpg); background-repeat:repeat-x;
background-attachment:fixed;background-repeat:repeat;}
</style>
```

在菜单栏中选择"文件"|"保存"命令，输入保存路径，单击"保存"按钮，即可完成背景图像的设置。运行效果如图 9.26 所示。

图 9.26 设置背景图像的运行效果

实验二

实验内容

使用边框属性为网页中元素添加边框样式。

实验目的

巩固知识点。

实现思路

在网页中先创建一个表格，然后使用 border 属性综合设置表格边框为点线边框、表格边框的宽度为 6px、边框颜色为蓝色。

在 Dreamweaver 中选择"新建"|"HTML"命令，新建 HTML 文件。在 HTML 文件中输入的关键代码如下。

< 160 >

```
<style type="text/css">
    h2{font-family:"方正姚体";}
    .exam{border:6px dotted blue;}
</style>
```

在菜单栏中选择"文件"|"保存"命令，输入保存路径，单击"保存"按钮，即可完成边框的设置。运行效果如图 9.27 所示。

图 9.27　设置边框的运行效果

实验三

实验内容

使用 margin 属性和 padding 属性来设置网页中元素的边距和补白。

实验目的

巩固知识点。

实现思路

首先使用 margin 属性设置表格的上下边距为 50px、左右边距为 70px；然后使用 padding 属性设置表格第 1 行的补白为 40px、第 2 行的补白为 30px。

在 Dreamweaver 中选择"新建"|"HTML"命令，新建 HTML 文件。在 HTML 文件中输入的关键代码如下。

```
<style type="text/css">
    #tb1{margin:50px 70px;}
    TD{border:solid 3px #960;}
    #tr1{ padding:40px;}
    #tr2{ padding:30px;}
</style>
```

在菜单栏中选择"文件"|"保存"命令，输入保存路径，单击"保存"按钮，即可完成边距和补白的设置。运行效果如图 9.28 所示。

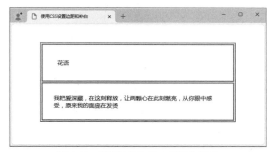

图 9.28　设置边距和补白的运行效果

< 161 >

第10章 设置表格、列表和滚动条样式

表格、列表和滚动条是网页设计中比较常用的元素。CSS 也提供了许多属性来设置表格、列表和滚动条的样式，以期网页内容更加吸引浏览者的注意。本章将介绍如何在 CSS 中设置表格、列表和滚动条的样式。

10.1 表格

CSS 中有一些样式是在表格中用得比较多的，在此统称为表格样式。这些样式可以实现合并表格边框、设置表格边框间距、设置表格标题位置、设置表格布局等功能。

10.1.1 合并表格边框

表格同时存在两种边框：一种是表格的边框，即表格最外面的 4 个方向的边框；另一种是单元格的边框，每一个单元格都有自己的边框。在默认情况下，这两种边框是分开显示的，但在 CSS 中 border-collapse 属性的作用下，可以将这两种边框合并起来。border-collapse 属性的语法格式如下。

```
border-collapse : collapse | separate | inherit
```

各属性值的含义如下。

- collapse：合并两种边框。
- separate：两种边框独立，该值为默认值。
- inherit：继承父级样式。

【示例 10-1】合并表格边框。

```
1    <!DOCTYPE html>
2    <html xmlns="http://www.w3.org/1999/xhtml">
3    <head>
4    <meta http-equiv="Content-Type" content="text/html; charset=utf-8" />
5    <title>合并边框</title>
6    <style type="text/css">
7        body {font-size:18px;}
8        table {border-color:red;}
9        td {border-color:blue;}
10       table.a {border-collapse:separate;}
11       table.b {border-collapse:collapse;}
12   </style>
13   </head>
14   <body>
15   <table border="1" cellspacing="10" class="a">
```

```
16      <tr>
17        <td>I even do not know what is inside the box.</td>
18        <td>I even do not know what is inside the box.</td>
19      </tr>
20      <tr>
21        <td>I even do not know what is inside the box.</td>
22        <td>I even do not know what is inside the box.</td>
23      </tr>
24    </table>
25    <br />
26    <table border="1" cellspacing="10" class="b">
27      <tr>
28        <td>I even do not know what is inside the box.</td>
29        <td>I even do not know what is inside the box.</td>
30      </tr>
31      <tr>
32        <td>I even do not know what is inside the box.</td>
33        <td>I even do not know what is inside the box.</td>
34      </tr>
35    </table>
36  </body>
37  </html>
```

第 10 行设置 border-collapse 为 separate，即两种
边框独立；第 11 行设置 border-collapse 为 collapse，
即合并两种边框。示例 10-1 运行效果如图 10.1 所示。
第一个表格中的外边框为表格的边框，内边框为单
元格的边框；第二个表格设置了合并边框的效果，
此时看不到两层边框。

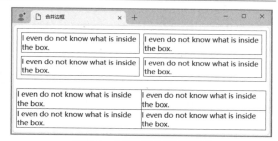

图 10.1　合并表格边框运行效果

提示：因为设置了合并边框，所以第二个表格中
设置的单元格间距（使用 cellspacing 属性）被忽略。

10.1.2　设置表格边框间距

在 CSS 中可以使用 border-spacing 属性来为表格设置边框间距，这一点与 HTML 中
的 table 元素的 cellspacing 属性十分类似。border-spacing 属性的语法格式如下。

```
border-spacing : 宽度 | inherit
```

各属性的含义如下。

- 宽度：边框间距的大小，可以使用绝对长度单位或相对长度单位，但不能为负数。
- inherit：继承父级样式。

【示例 10-2】定义表格边框的间距。

```
1   <!DOCTYPE html>
2   <html xmlns="http://www.w3.org/1999/xhtml">
3   <head>
4   <meta http-equiv="Content-Type" content="text/html; charset=utf-8" />
5   <title>边框间距</title>
6   <style type="text/css">
7       body {font-size:18px;}
8       table,td {border-color:red;}
9       table.a {border-spacing:10px;}
10      table.b {border-spacing:10px 20px;}
11  </style>
12  </head>
13  <body>
```

< 163 >

```
14    <table border="1" cellspacing="10">
15      <tr>
16        <td>I even do not know what is inside the box.</td>
17        <td>I even do not know what is inside the box.</td>
18      </tr>
19    </table>
20    <br />
21    <table border="1" class="a">
22      <tr>
23        <td>I even do not know what is inside the box.</td>
24        <td>I even do not know what is inside the box.</td>
25      </tr>
26    </table>
27    <br />
28    <table border="1" class="b">
29      <tr>
30        <td>I even do not know what is inside the box.</td>
31        <td>I even do not know what is inside the box.</td>
32      </tr>
33    </table>
34
35    </body>
36    </html>
```

第 9 行与第 10 行为 border-spacing 属性指定像素值，以设置表格边框的间距。示例 10-2 运行效果如图 10.2 所示。

示例 10-2 中创建了 3 个表格。第一个表格没有使用 CSS 中的 border-spacing 属性，而是直接使用了 HTML 中 table 元素的 cellspacing 属性来设置单元格的间距。第二个表格使用 CSS 中的 border-spacing 属性来设置边框的间距，当 border-spacing 属性值只有一个参数时，垂直

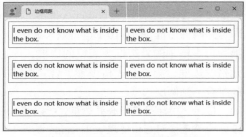

图 10.2　设置表格边框间距运行效果

方向与水平方向的间距相同，与用 table 元素的 cellspacing 属性设置单元格间距十分相像。第三个表格也使用了 CSS 中的 border-spacing 属性，不过第三个表格的 border-spacing 属性值有两个参数：第一个参数表示水平方向的间距；第二个参数表示垂直方向的间距。

注意：只有当 border-collapse 属性值为 separate 或没有设置 border-collapse 属性值时，border-spacing 属性才会起效，否则该属性不会起作用。

10.1.3　设置表格标题位置

在 HTML 中可以使用 caption 元素来设置表格的标题，而 CSS 中的 caption-side 属性用来设置标题放在表格的什么位置上。caption-side 属性的语法格式如下。

```
caption-side : top | bottom | inherit
```

各属性值的含义如下。

● top：标题位于表格顶部。

● bottom：标题位于表格底部。

● inherit：继承父级样式。

【示例 10-3】设置表格标题的位置。

```
1    <!DOCTYPE html>
2    <html xmlns="http://www.w3.org/1999/xhtml">
3    <head>
4    <meta http-equiv="Content-Type" content="text/html; charset=utf-8" />
```

< 164 >

```
5       <title>表格标题位置</title>
6       <style type="text/css">
7           body {font-size:18px;}
8           .a {caption-side:top;}
9           .b {caption-side:bottom;}
10      </style>
11      </head>
12      <body>
13      <table border="1" class="a">
14          <caption>表格标题</caption>
15          <tr>
16              <td>I even do not know what is inside the box.</td>
17              <td>I even do not know what is inside the box.</td>
18          </tr>
19      </table><br />
20      <table border="1" class="b">
21          <caption>表格标题</caption>
22          <tr>
23              <td>I even do not know what is inside the box.</td>
24              <td>I even do not know what is inside the box.</td>
25          </tr>
26      </table>
27      </body>
28      </html>
```

第 8 ~ 9 行使用 caption-side 设置了标题的 2 种位置，分别是表格顶部和表格底部。示例 10-3 运行效果如图 10.3 所示。

从图 10.3 中可以看出：

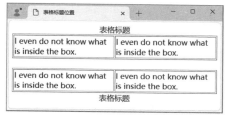

- caption-side 属性值为 top 时，效果与 caption 元素的 valign 属性值为 top 时相同；
- caption-side 属性值为 bottom 时，效果与 caption 元素的 valign 属性值为 bottom 时相同。

图 10.3　设置表格标题位置运行效果

注意：使用 caption 元素的 align 属性与 valign 属性同样可以将表格标题放在表格的不同位置，但不同的浏览器对这两种属性的支持不完全一样。

10.1.4　设置表格布局

当单元格中对象的宽度超过单元格定义的宽度且能换行（如文字）时，浏览器会自动在宽度的最大处换行；在不能换行（如图片或一个超长单词时）时，浏览器就会自动调整表格列的宽度，以容纳单元格中的对象。CSS 中的 table-layout 属性可以设置单元格宽度是否不被改变。table-layout 属性的语法格式如下。

```
table-layout : auto | fixed | inherit
```

各属性值的含义如下。

- auto：当内容超过单元格宽度时，如能自动换行则自动换行，如不能自动换行则增加宽度。该值为默认值。
- fixed：无论内容是否超过单元格宽度，都保持表格 width 属性规定的宽度不变。
- inherit：继承父级样式。

【示例 10-4】设置表格的布局方式。

```
1       <!DOCTYPE html>
2       <html xmlns="http://www.w3.org/1999/xhtml">
```

< 165 >

```
3     <head>
4     <meta http-equiv="Content-Type" content="text/html; charset=utf-8" />
5     <title>保持表格布局</title>
6     <style type="text/css">
7         body {font-size:18px;}
8         table{ width:300px; }
9         .a {table-layout:auto;}
10        .b {table-layout:fixed;}
11        td {white-space: nowrap;}
12    </style>
13    </head>
14    <body>
15    <table border="1"  class="a">
16       <tr>
17          <td ><img alt="" src="pic01-10.jpg" /></td>
18          <td>what is inside the box.</td>
19       </tr>
20       <tr>
21          <td>what is inside the box.</td>
22          <td>what is inside the box.</td>
23       </tr>
24    </table><br />
25    <table border="1"  class="b">
26       <tr>
27          <td ><img alt="" src="pic01-10.jpg" /></td>
28          <td>what is inside the box.</td>
29       </tr>
30       <tr>
31          <td>what is inside the box.</td>
32          <td>what is inside the box.</td>
33       </tr>
34    </table>
35    </body>
36    </html>
```

第 9 行将 table-layout 设置为 auto，表示根据情况改变表格；第 10 行将 table-layout 设置为 fixed，表示无视内容，按表格原本大小来显示。示例 10-4 运行效果如图 10.4 所示。

第一个表格的 table-layout 属性值为 auto，单元格中的图片与文字超出表格范围时，表格会自动加宽以容纳图片和文字。单元格的高度会被图片"撑开"，由图片高度决定。

第二个表格的 table-layout 属性值为 fixed，单元格中的图片与文字超出表格范围后，表格宽度不变，文字和图片会溢出单元格。单元格的高度会被图片"撑开"，由图片高度决定。

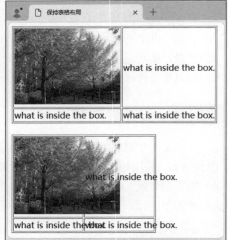

图 10.4　设置表格布局运行效果

10.2　列表

CSS 中有专门为列表设计的样式。使用这些样式可以用图片来代替列表符号，也可以用不同的方式显示列表符号，还可以设置列表文字的排列方式及间距。

< 166 >

10.2.1 设置列表符号样式

HTML 中的列表符号只能是一个预设的项目符号或项目编号，十分单调。使用 CSS 中的 list-style-type 属性可以指定列表符号的样式，其语法格式如下。

```
list-style-type : circle | disc | decimal | square | upper-roman | lower-roman |
upper-alpha | lower-alpha | none | armenian | cjk-ideographic | georgian | hebrew |
lower-greek | hiragana | hiragana-iroha | katakana | katakana-iroha | lower-latin |
upper-latin
```

各属性值的含义如下。

- circle：显示空心圆符号。
- disc：默认值，显示实心圆符号。
- decimal：显示阿拉伯数字。
- square：显示实心方块符号。
- upper-roman：显示大写罗马数字。
- lower-roman：显示小写罗马数字。
- upper-alpha：显示大写英文字母。
- lower-alpha：显示小写英文字母。
- none：不使用列表符号。
- armenian：显示传统的亚美尼亚数字。
- cjk-ideographic：显示表意数字。
- georgian：显示乔治数字。
- hebrew：显示希伯来数字。
- lower-greek：显示小写希腊字母。
- hiragana：显示日文平假名字符。
- hiragana-iroha：显示日文平假名序号。
- katakana：显示日文片假名字符。
- katakana-iroha：显示日文片假名序号。
- lower-latin：显示小写拉丁字母。
- upper-latin：显示大写拉丁字母。

list-style-type 属性可以作用在<ol>、<ul>与<li>标签上，并且该属性将获得优先显示权。例如，在有序列表 ol 上使用 list-style-typ: circle 属性，将会显示实心圆符号，而不是项目编号。

【示例 10-5】为列表符号设置不同的样式。

```
1   <!DOCTYPE html>
2   <html xmlns="http://www.w3.org/1999/xhtml">
3   <head>
4   <meta http-equiv="Content-Type" content="text/html; charset=utf-8" />
5   <title>列表样式</title>
6   <style type="text/css">
7       body {font-family:宋体; font-size:16px;color:black;}
8       h3 {text-align : center;}
9       .left {position: absolute; left: 50%; }
10      .right {position: absolute; right: 50%; }
11      .disc {list-style-type: disc}
12      .circle {list-style-type: circle}
13      .square {list-style-type: square}
14      .decimal {list-style-type: decimal}
15      .lower-roman {list-style-type: lower-roman}
```

< 167 >

```
16        .upper-roman {list-style-type: upper-roman}
17        .lower-alpha {list-style-type: lower-alpha}
18        .upper-alpha {list-style-type: upper-alpha}
19        .none {list-style-type: none}
20        .lower-roman {list-style-type: lower-roman}
21        .square {list-style-type: square}
22    </style>
23    </head>
24    <body>
25    <h3>列表样式</h3>
26    <div class="right">
27        以下是使用了样式的无序列表。
28        <ul>
29            <li class="disc">disc: 默认值, 显示实心圆符号。</li>
30            <li class="circle">circle: 显示空心圆符号。</li>
31            <li class="square">square: 显示实心方块符号。</li>
32            <li class="decimal">decimal: 显示阿拉伯数字。</li>
33            <li class="lower-roman">lower-roman: 显示小写罗马数字。</li>
34            <li class="upper-roman">upper-roman: 显示大写罗马数字。</li>
35            <li class="lower-alpha">lower-alpha: 显示小写英文字母。</li>
36            <li class="upper-alpha">upper-alpha: 显示大写英文字母。</li>
37            <li class="none">none: 不使用列表符号。</li>
38        </ul>
39        以下是在无序列表中使用 lower-roman 属性。
40        <ul class="lower-roman">
41            <li>list-style: 该属性是复合属性。</li>
42            <li>list-style-image: 该属性用于指定图片。</li>
43            <li>list-style-position: 该属性用于指定符号显示方式。</li>
44            <li>list-style-type: 该属性用于指定列表的标记样式。</li>
45            <li>marker-offset: 该属性用于指定列表的间距。</li>
46        </ul>
47    </div>
48    <div class="left">
49        以下是使用了样式的有序列表。
50        <ol>
51            <li class="disc">disc: 默认值, 显示实心圆符号。</li>
52            <li class="circle">circle: 显示空心圆符号。</li>
53            <li class="square">square: 显示实心方块符号。</li>
54            <li class="decimal">decimal: 显示阿拉伯数字。</li>
55            <li class="lower-roman">lower-roman: 显示小写罗马数字。</li>
56            <li class="upper-roman">upper-roman: 显示大写罗马数字。</li>
57            <li class="lower-alpha">lower-alpha: 显示小写英文字母。</li>
58            <li class="upper-alpha">upper-alpha: 显示大写英文字母。</li>
59            <li class="none">none: 不使用列表符号。</li>
60        </ol>
61        以下是在有序列表中使用 square 属性。
62        <ol class="square">
63            <li>list-style: 该属性是复合属性。</li>
64            <li>list-style-image: 该属性用于指定图片。</li>
65            <li>list-style-position: 该属性用于指定符号显示方式。</li>
66            <li>list-style-type: 该属性用于指定列表的标记样式。</li>
67            <li>marker-offset: 该属性用于指定列表的间距。</li>
68        </ol>
69    </div>
70    </body>
71    </html>
```

< 168 >

第 11 ~ 21 行使用 list-style-type 属性为列表设置不同的符号样式。示例 10-5 运行效果如图 10.5 所示。可以看出，无论是有序列表还是有序列表，都可以使用列表符号。

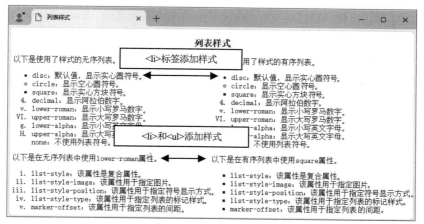

图 10.5　设置列表符号样式运行效果

10.2.2 使用图片设置列表符号样式

除了采用系统提供的列表符号，在 CSS 中还可以利用 list-style-image 属性将图片设置为列表符号。其语法格式如下。

```
list-style-image:url(源文件地址)
```

为了使列表符号清晰，不要选择过大的图片。

【示例 10-6】使用图片作为列表符号样式。

```
1   <!DOCTYPE html>
2   <html xmlns="http://www.w3.org/1999/xhtml">
3   <head>
4   <meta http-equiv="Content-Type" content="text/html; charset=utf-8" />
5   <title>设置列表的样式</title>
6   <style type="text/css">
7     body{font-family:"黑体";font-size:14px;}
8     .exam{list-style-type:square;list-style-image:url(pic02-10.jpg);}
9   </style>
10  </head>
11  <body>
12  在网页设计中可以使用多种格式的图片。
13  <ul class="exam">
14    <li>JPG 格式：用来保存超过 256 色的图像格式。
15    <li>GIF 格式：采用 LZW 压缩，适用于商标、新闻标题等。
16    <li>PNG 格式：一种非破坏性的网页图像文件格式。
17  </ul>
18  </body>
19  </html>
```

第 8 行使用 list-style-image 属性用指定的小图片作为列表符号。示例 10-6 运行效果如图 10.6 所示。

示例 10-6 除了为列表设置了普通的符号，还为其设置了图片符号。当图片符号无法正常显示时，就会显示设置的普通列表符号。

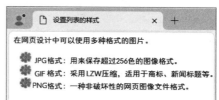

图 10.6　使用图片设置列表符号样式运行效果

< 169 >

10.2.3 列表符号显示位置

在列表中使用了文本样式（如背景颜色等）时，可以使用 list-style-position 属性指定符号的显示位置，即指定符号是放在文本块之外还是放在文本块之内。list-style-position 的语法格式如下。

```
list-style-position : outside | inside
```

各属性值的含义如下。

● outside：将列表符号放在文本块之外，该值为默认值。

● inside：将列表符号放在文本块之内。

list-style-position 属性可以作用在<ol>、<ul>与<li>标签上。

【示例 10-7】设置列表符号的显示位置。

```
1   <!DOCTYPE html>
2   <html xmlns="http://www.w3.org/1999/xhtml">
3   <head>
4   <meta http-equiv="Content-Type" content="text/html; charset=utf-8" />
5   <title>列表样式</title>
6   <style type="text/css">
7       body {font-family:宋体; font-size:9pt;color:black;}
8       h3 {text-align : center;}
9       ul {list-style-position: outside;background-color:#eeee99;}
10      .inside {list-style-position: inside;background-color:#eeee99;}
11  </style>
12  </head>
13  <body>
14  <h3>列表样式</h3>
15  以下是使用了 list-style-position: outside 样式的列表。
16  <ul>
17      <li>list-style: 该属性是复合属性。</li>
18      <li>list-style-image: 该属性用于指定图片。</li>
19      <li>list-style-position: 该属性用于指定符号显示方式。</li>
20  </ul>
21  以下是使用了 list-style-position: inside 样式的列表。
22  <ol class="inside">
23      <li>list-style: 该属性是复合属性。</li>
24      <li>list-style-image: 该属性用于指定图片。</li>
25      <li>list-style-position: 该属性用于指定符号显示方式。</li>
26  </ol>
27  以下是列表项使用了 list-style-position: inside 样式的列表。
28  <ol>
29      <li class="inside">list-style: 该属性是复合属性。</li>
30      <li>list-style-image: 该属性用于指定图片。</li>
31      <li>list-style-position: 该属性用于指定符号显示方式。</li>
32      <li class="inside">list-style-type: 该属性用于指定列表的标记样式。</li>
33      <li>marker-offset: 该属性用于指定列表的间距。</li>
34  </ol>
35  </body>
36  </html>
```

第 9 ~ 10 行使用 list-style-position 属性设置列表符号的显示位置分别为 outside、inside。示例 10-7 运行效果如图 10.7 所示。

< 170 >

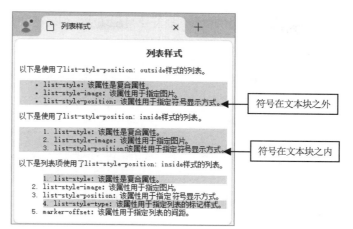

图 10.7 设置列表符号显示位置运行效果

10.2.4 综合设置列表样式

在 CSS 中可以使用 list-style 属性来综合设置列表的样式，不用输入 list-style-image、list-style-type 或 list-style-position 这些属性名，只需输入属性值，从而简化输入。list-style 属性的语法格式如下。

```
list-style : list-style-image | list-style-type | list-style-position
```

使用 list-style 设置列表样式时要注意以下两点。

- 同时指定 list-style-image 和 list-style-type 时，list-style-image 将优先显示，除非 list-style-image 为 none 或图片地址错误无法显示。
- 当列表与列表项目同时使用样式时，列表项目的样式将优先显示。

与 list-style-image、list-style-type 和 list-style-position 样式相同，list-style 样式可以作用在<ol>、<ul> 与<li>标签上。

【示例 10-8】综合设置列表样式。

```
1   <!DOCTYPE html>
2   <html xmlns="http://www.w3.org/1999/xhtml">
3   <head>
4   <meta http-equiv="Content-Type" content="text/html; charset=utf-8" />
5   <title>列表样式</title>
6   <style type="text/css">
7       body {font-family:宋体; font-size:16px;color:black;}
8       h3 {text-align : center;}
9       ul {list-style:circle inside url("li.gif");background-color:#9CC;}
10  </style>
11  </head>
12  <body>
13  <h3>列表样式</h3>
14  同时使用了3种样式，url 优先于 circle 显示。
15  <ul>
16    <li>list-style: 该属性是复合属性。</li>
17    <li>list-style-image: 该属性用于指定图片。</li>
18    <li>list-style-position: 该属性用于指定符号显示方式。</li>
19    <li>list-style-type: 该属性用于指定列表的标记样式。</li>
20    <li>marker-offset: 该属性用于指定列表的间距。</li>
21  </ul>
22  </body>
23  </html>
```

< 171 >

第 9 行通过 list-style 属性分别设置列表符号、显示位置、列表符号图片等，还使用 background-color 设置列表背景颜色。示例 10-8 运行效果如图 10.8 所示。

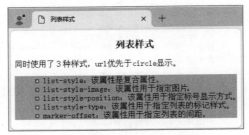

图 10.8　综合设置列表样式运行效果

10.3 滚动条

滚动条是网页中经常使用到的一个元素。通过滚动条元素可以让网页在有限的空间展示更多的内容。利用 CSS 中的滚动条属性可以设置滚动条的各种颜色效果以及滚动条的宽度。

10.3.1 设置滚动条颜色

使用 scrollbar-color 属性可以设置滚动条轨道和滑块的颜色，其语法格式如下。

```
scrollbar-color : color color
```

scrollbar-color 有两个颜色属性值，其值可以为十六进制的 RGB 代码、颜色的英文名或颜色百分比。第一个颜色属性值用于控制滚动条滑块的颜色，第二个颜色属性值用于控制滚动条轨道的颜色。

【示例 10-9】将滚动条设置为红色滑块、绿色底色。

```
1   <!DOCTYPE html>
2   <html xmlns="http://www.w3.org/1999/xhtml">
3   <head>
4   <meta http-equiv="Content-Type" content="text/html; charset=utf-8" />
5   <title>设置滚动条的颜色</title>
6   <style type="text/css">
7     h2{font-family:"方正姚体";font-size:20px;}
8     img{float:left;}
9     .exam{width:400px;height:180px; overflow:scroll; font-size:14px;scrollbar-color:red green;
10    ;}
11  </style>
12  </head>
13  <body>
14  <center>
15    <h2>花朵介绍</h2>
16    <div class="exam">
17        <img src="pic03-10.jpg" width="200px">
18        <p>玫瑰，别名徘徊花，蔷薇科，属落叶丛生灌木。它可以高达 2m，茎枝上密生毛刺，叶呈椭圆形，花单生或数朵丛生，花期 5～6 月，单瓣或重瓣。目前全世界的玫瑰品种有资料可查的已达七千种。</p>
19        <p>牡丹为花中之王，有"国色天香"之称。每年 4～5 月开花，朵大色艳，奇丽无比，有红、黄、白、粉紫、墨、绿、蓝等色。花多重瓣，姿态典雅，花香袭人，被看作富丽繁华的象征，称为"富贵花"。</p>
20    </div>
21  </center>
22  </body>
23  </html>
```

< 172 >

第 9 行将 scrollbar-color 属性设置为特定颜色值。示例 10-9 运行效果如图 10.9 所示。在实际页面中可以看出，滚动条显示为绿色的轨道和红色的滑块。

图 10.9　设置滚动条颜色运行效果

10.3.2　设置滚动条宽度

使用 scrollbar-width 属性可以设置滚动条的宽度，其语法格式如下。

```
scrollbar-width : auto | thin | none
```

各属性值的含义如下。

- auto：系统默认的滚动条宽度。
- thin：系统提供的比默认滚动条宽度更窄的宽度。
- none：不显示滚动条，但是该元素依然可以滚动。

【示例 10-10】设置滚动条的宽度。

```
1   <!DOCTYPE html>
2   <html xmlns="http://www.w3.org/1999/xhtml">
3   <head>
4   <meta http-equiv="Content-Type" content="text/html; charset=utf-8" />
5   <title>设置滚动条的宽度</title>
6   <style type="text/css">
7   h2{font-family:"方正姚体";font-size:20px;}
8   img{float:left;}
9   div{width:400px;height:180px; overflow:scroll; font-size:14px;}
10  .exam1{scrollbar-width:thin;}
11  .exam2{scrollbar-width:none;}
12  </style>
13  </head>
14  <body>
15  <h2>花朵介绍</h2>
16  <div class="exam1">
17      <img src="pic03-10.jpg" width="200px">
18      <p>玫瑰，别名徘徊花，蔷薇科，属落叶丛生灌木。它可以高达 2m，茎枝上密生毛刺，叶呈椭圆形，花单生
    或数朵丛生，花期 5～6 月，单瓣或重瓣。目前全世界的玫瑰品种有资料可查的已达七千种。</p>
19      <p>牡丹为花中之王，有"国色天香"之称。每年 4～5 月开花，朵大色艳，奇丽无比，有红、黄、白、粉
    紫、墨、绿、蓝等色。花多重瓣，姿态典雅，花香袭人，被看作富丽繁华的象征，称为"富贵花"。</p>
20  </div>
21  <div class="exam2">
22      <img src="pic03-10.jpg" width="200px">
23      <p>玫瑰，别名徘徊花，蔷薇科，属落叶丛生灌木。它可以高达 2m，
    茎枝上密生毛刺，叶呈椭圆形，花单生或数朵丛生，花期 5～6 月，单瓣或重瓣。
    目前全世界的玫瑰品种有资料可查的已达七千种。</p>
24      <p>牡丹为花中之王，有"国色天香"之称。每年 4～5 月开花，朵
    大色艳，奇丽无比，有红、黄、白、粉紫、墨、绿、蓝等色。花多重瓣，姿态典
    雅，花香袭人，被看作富丽繁华的象征，称为"富贵花"。</p>
25  </div>
26  </body>
27  </html>
```

第 10 行使用 scrollbar-width 属性设置比较窄的滚动条；第 11 行使用 scrollbar-width 属性设置滚动条为隐藏状态，但是内容仍然可以滚动。示例 10-10 运行效果如图 10.10 所示。

图 10.10　设置滚动条的宽度运行效果

< 173 >

10.4 小结

本章主要介绍如何使用 CSS 设置表格、列表和滚动条的样式。其中，设置表格介绍了合并表格边框、设置表格边框间距、设置表格标题位置和设置表格布局；设置列表介绍了设置列表符号样式、使用图片设置列表符号样式、列表符号显示位置和综合设置列表样式；设置滚动条介绍了设置滚动条颜色和设置滚动条宽度。

习题

1. 定义表格标题位置可以使用_____属性实现。
2. 设置列表符号为空心圆符号时需要将_____属性设置为_____。
3. 下列选项中设置列表符号为指定图片的方法正确的是_____。
   A. table.a {border-image:separate}
   B. table.a {list-style-image:url;}
   C. table.a {list-style-image:red;}
   D. table.a {image:fixed;}
4. 下列选项中设置列表符号样式为小写英文字母的方法正确的是_____。
   A. li.decimal {list-style-type: hiragana}
   B. li.lower-roman {list-style-type: lower-greek}
   C. li.upper-roman {list-style-type: lower-alpha}
   D. li.lower-alpha {list-style-type: lower-roman}

上机指导

本章主要涉及的知识点包括如何使用 CSS 设置表格、设置列表和设置滚动条。下面通过上机操作来巩固本章所学的知识点。

实验一

实验内容

使用 CSS 中的与表格相关的属性为表格添加样式。

实验目的

巩固知识点。

实现思路

首先使用 border-spacing 属性设置表格边框间距为 10px，然后使用 caption-side 属性设置表格标题位于表格的顶部。

在 Dreamweaver 中选择"新建"|"HTML"命令，新建 HTML 文件。在 HTML 文件中输入的关

< 174 >

键代码如下。

```
<style type="text/css">
    body {font-size:18px}
    .a {caption-side:top;border-spacing:10px;}
</style>
```

在菜单栏中选择"文件"|"保存"命令，输入保存路径，单击"保存"按钮，即可完成表格样式的设置。运行效果如图 10.11 所示。

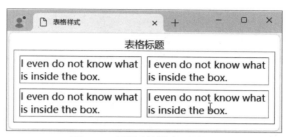

图 10.11　设置表格样式运行效果

实验二

实验内容

使用 CSS 中的列表属性来设置列表样式（列表符号样式和列表符号的位置）。

实验目的

巩固知识点。

实现思路

首先使用 list-style-type 属性设置列表符号样式为大写英文字母，然后使用 list-style-position 属性设置列表符号位于文本块的外部。

在 Dreamweaver 中选择"新建"|"HTML"命令，新建 HTML 文件。在 HTML 文件中输入的关键代码如下。

```
<style type="text/css">
    body {font-family:宋体; font-size:16px;color:Black;}
    h3 {text-align : center;}
    ul {list-style-position: outside;background-color:#6FF;list-style-type: upper-alpha;}
</style>
```

在菜单栏中选择"文件"|"保存"命令，输入保存路径，单击"保存"按钮，即可完成列表样式的设置。运行效果如图 10.12 所示。

图 10.12　设置列表样式运行效果

< 175 >

实验三

实验内容

使用 CSS 中的与滚动条相关的属性来设置滚动条的颜色样式。

实验目的

巩固知识点。

实现思路

使用 scrollbar- color 属性设置滚动条的滑块为黄色、轨道为绿色。

在 Dreamweaver 中选择"新建"|"HTML"命令，新建 HTML 文件。在 HTML 文件中输入的关键代码如下。

```
<style type="text/css">
    h2{font-family:"方正姚体";font-size:20px;}
    img{float:left;}
    div{width:400px;height:180px;overflow:scroll;font-size:14px;}
    .exam{scrollbar-color:yellow green;}
</style>
```

在菜单栏中选择"文件"|"保存"命令，输入保存路径，单击"保存"按钮，即可完成滚动条样式的设置。运行效果如图 10.13 所示。

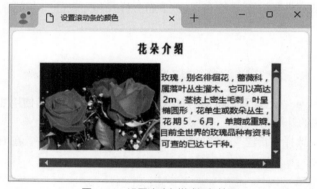

图 10.13 设置滚动条样式运行效果

< 176 >

第 **11** 章 CSS3 特效和动画

　　CSS3 可以通过代码向网页中添加多种特效和动画。这些特效和动画能够让网页元素的展现方式更加丰富多彩，从而提高网页整体的用户体验。本章介绍如何使用 CSS3 向网页中添加特效和动画。

11.1 圆角

　　圆形相较于方形给人的感觉更加柔和，更容易引起人们的好感。在网页设计中设计者在处理按钮、图片、视频等块状元素时一般会进行圆角处理，从而让整个网页更加柔和，更有亲和力。

11.1.1 设置边框为圆角

　　圆角样式的本质是设置元素边框 4 个角的弧度为指定值。设置边框为圆角时需要使用 CSS 的 border-radius 属性，其语法格式如下。

```
border-radius: 数值;
```

其中，数值可以为 px、%、em 等形式。该数值会决定元素边框的圆角弧度。该值越大，边框的形状越接近圆。当该值大于或等于元素的宽度或高度的一半时，元素边框会显示为圆。

　　【示例 11-1】设置边框为圆角。

```
1    <!DOCTYPE html>
2    <html xmlns="http://www.w3.org/1999/xhtml">
3    <head>
4    <meta http-equiv="Content-Type" content="text/html; charset=utf-8" />
5    <title>设置圆角</title>
6    <style type="text/css">
7    div{width:100px; height:100px; border:1px #000000 solid; float:left; margin-right:10px;
text-align:center;}
8    #Div1{border-radius:10px;}
9    #Div2{border-radius:30px;}
10   #Div3{border-radius:50px;}
11   #Div4{border-radius:100px;}
12   </style>
13   </head>
14   <body>
15   <div id="Div1">圆角 1</div>
16   <div id="Div2">圆角 2</div>
```

```
17    <div id="Div3">圆角 3</div>
18    <div id="Div4">圆角 4</div>
19    </body>
20    </html>
```

第 8~11 行使用不同的值设置了 div 元素的圆角，页面中每个 div 元素的圆角效果如图 11.1 所示。

从页面效果可以看到，当 border-radius 属性值小于 div 元素宽和高的一半时，可以成功地为 div 元素添加圆角效果，如圆角 1 和圆角 2 两个元素。当 border-radius 属性值大于 div 元素宽和高的一半时，div 元素变为圆形，如圆角 3 和圆角 4 两个元素。

图 11.1　设置 div 元素为圆角

11.1.2　设置每个圆角

使用 border-radius 属性设置圆角时还可以分别设置边框的每个圆角，其语法格式如下。

border-radius: 数值 1 数值 2 数值 3 数值 4;

其中，不同个数的数值可以实现不同的效果。

（1）4 个值：第一个值设置左上角的圆角，第二个值设置右上角的圆角，第三个值设置右下角的圆角，第四个值设置左下角的圆角。

（2）3 个值：第一个值设置左上角的圆角，第二个值设置右上角和左下角的圆角，第三个值设置右下角的圆角。

（3）2 个值：第一个值设置左上角与右下角的圆角，第二个值设置右上角与左下角的圆角。

【示例 11-2】分别设置元素的 4 个圆角。

```
1     <!DOCTYPE html>
2     <html xmlns="http://www.w3.org/1999/xhtml">
3     <head>
4     <meta http-equiv="Content-Type" content="text/html; charset=utf-8" />
5     <title>分别设置圆角</title>
6     <style type="text/css">
7     div{ width:100px; height:100px; border:1px #000000 solid; float:left; margin-right:
10px; text-align:center;}
8     #Div1{border-radius:10px 20px 30px 40px;}
9     #Div2{border-radius:10px 20px 30px;}
10    #Div3{border-radius:10px 20px;}
11    </style>
12    </head>
13    <body>
14    <div id="Div1">圆角 1</div>
15    <div id="Div2">圆角 2</div>
16    <div id="Div3">圆角 3</div>
17    </body>
18    </html>
```

第 8~10 行使用不同的方式设置了 div 元素指定的圆角，页面中每个 div 元素的圆角效果如图 11.2 所示。从页面效果可以看到，当 border-radius 属性值为 4 个时，可以分别指定元素的 4 个角为不同弧度的圆角，如圆角 1 元素。当 border-radius 属性值为 3 个时，元素右上角和左下角的圆角弧度相同，如圆角 2 元素。当 border-radius 属性值为 2 个时，元素对角线上的圆角弧度相同，如圆角 3 元素。

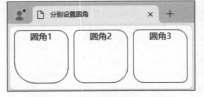

图 11.2　分别设置元素的 4 个圆角

< 178 >

11.2 透明度

在网页设计中,合理地使用透明度属性可以提升网页布局的细节表现力,增添层次感。通过调整透明度还可以提升文字对比度,以使用户在阅读网页内容时更轻松、用户体验更好。调整图片的透明度还可以实现更多富于美感的交互效果,让网页的焦点更加引人注目。

设置元素的透明度可以使用 opacity 属性实现,其语法格式如下。

```
opacity: 属性值;
```

其中,属性值的取值范围为 0.0 到 1.0。属性值越低,透明度越高。

【示例 11-3】设置图片和背景的透明度。

```
1   <!DOCTYPE html>
2   <html xmlns="http://www.w3.org/1999/xhtml">
3   <head>
4   <meta http-equiv="Content-Type" content="text/html; charset=utf-8" />
5   <title>透明度</title>
6   <style type="text/css">
7   #Div1{ float:left; margin-right:10px;}
8   img{ width:400px; height:300px; opacity:0.5;}
9   img:hover{ opacity:1;}
10  #Div2{ width:500px; height:300px; text-align:center; font-size:36px; border:1px red
solid; background:url(map.gif); float:left; }
11  #Div3{width:400px; height:200px; border:1px red solid; margin-top:50px; margin-left:50px;
background:#FFF; opacity:0.5;}
12  #Div4{line-height:200px; position:relative; top:-200px;}
13  </style>
14  </head>
15  <body>
16  <div id="Div1">
17      <img src="pic03-10.jpg"/>
18  </div>
19  <div id="Div2">
20   <div id="Div3"></div>
21   <div id="Div4">大漠孤烟直, 长河落日圆</div>
22  </div>
23  </body>
24  </html>
```

第 8~9 行使用 opacity 属性设置图片的透明度为 0.5,当鼠标指针移动到图片上时图片的透明度为 1;第 11 行使用 opacity 属性设置元素背景的透明度为 0.5。效果如图 11.3 所示。

从页面效果可以看到,玫瑰花图片处于半透明的朦胧状态。当鼠标指针移动到该图片上时,玫瑰花图片会显示为完全不透明状态,如图 11.4 所示。这种透明度的改变会给用户一个交互反馈,从而提升用户体验。

图 11.3 设置为半透明的元素效果

图 11.4 鼠标指针与图片产生交互

< 179 >

在页面中的第 2 张图片中，古诗"大漠孤烟直，长河落日圆"的文字内容如果直接放在沙漠的背景图像上，文字显示会不够清晰。因此，本例给背景图像添加了一层白色半透明的背景颜色，在让文字显示更加清晰的同时，也能显示沙漠背景，从而在保证文字内容辨识度的前提下，让网页的文字和背景更加和谐。

11.3 背景

背景可以用来衬托主体，突出主体的特点和魅力。在设计网页时，网页背景颜色或者背景图像的挑选十分重要。合适的背景图像可以增强氛围感，让用户在浏览网页时更有代入感。例如，售卖登山用具的商店所选择的背景图像大多是陡峭的大山，让用户在浏览登山用具时，能自然联想到自己要征服的山峰，从而产生更强的代入感和对商品的兴趣。

HTML 4.01 废除了标签中用于设置背景的相关属性，从此，设置元素的背景需要通过 CSS 样式实现。在 CSS 样式中可以设置元素的背景颜色、背景位置以及背景图像。通过 CSS 样式可以为任意元素设置背景样式，主要需用到 4 种属性：background-color、background-image、background- position、background-repeat。

开发人员还可以通过 background 属性直接设置元素的背景颜色、背景图像、背景图像位置以及背景图像平铺方式，其语法格式如下。

```
background: color url repeat position … ;
```

其中，color 表示背景颜色，url 表示背景图像地址，repeat 表示背景图像平铺方式，position 表示背景图像位置。省略号表示其他的可选属性，在这里不做详细介绍。这些属性值可以只出现一部分，不需要全部填写，未填写属性值的，CSS 会按照默认值进行处理。

【示例 11-4】设置元素的背景颜色和背景图像。

```
1   <!DOCTYPE html>
2   <html xmlns="http://www.w3.org/1999/xhtml">
3   <head>
4   <meta http-equiv="Content-Type" content="text/html; charset=utf-8" />
5   <title>设置背景</title>
6   <style type="text/css">
7   div{ width:300px; height:300px; float:left; border:1px solid black; color:#FFF;
text-align:center; line-height:300px;}
8   #Div1{ background-color:red;}
9   #Div2{ background-image:url(pic03-9.jpg); background-color:blue; background- repeat:repeat-y;
background-position:left;}
10  #Div3{ background:green url(pic02-10.jpg) repeat-x top;}
11  </style>
12  </head>
13  <body>
14  <div id="Div1">背景色为黄色</div>
15  <div id="Div2">背景为图像</div>
16  <div id="Div3">一次性设置背景的多个属性</div>
17  </body>
18  </html>
```

第 8 行使用 background-color 属性设置 div 元素背景为红色；第 9 行使用多个背景属性设置 div 元素背景为蓝色，背景图像为雪花点图像沿 y 轴进行平铺，背景图像位置为居于左端；第 10 行使用 background 属性一次性设置 div 元素背景为绿色，背景图像为红色小花并沿 x 轴平铺，背景图像的位置为居于顶端。在页面效果如图 11.5 所示。

< 180 >

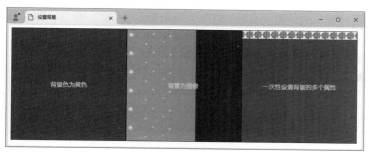

图 11.5　设置元素的背景颜色和背景图像

11.4　渐变

渐变是一种有规律性的变化，能营造很强的节奏感和审美情趣。在 CSS3 出现之前，网页要展示渐变效果只能通过渐变图像来实现。CSS3 可以通过代码实现在两个或多个指定的颜色之间显示平稳过渡的渐变效果。CSS3 主要可以产生线性渐变和径向渐变两种效果。要实现渐变效果需要使用 background-image 属性调用对应函数，其语法格式如下。

```
background-image: 函数 1 (参数) 函数 2 (参数) … 函数 n (参数);
```

其中，函数也被称为方法，它是由 CSS 官方提供的有固定功能的代码块。开发人员只需要直接调用对应的函数，就可以实现指定的样式。参数也可以称为属性，开发人员通过指定参数值就可以让函数呈现出不同的效果。函数可以一次调用一个或多个，函数用空格分隔，参数以英文逗号分隔。

11.4.1　线性渐变

线性渐变是指沿着一根轴线改变颜色，从起点到终点颜色顺序渐变。在使用 CSS 实现线性渐变时需要最少设置两个颜色以及一个方向。要实现线性渐变需要使用到 background-image 属性的 linear-gradient()函数，其语法格式如下。

```
background-image: linear-gradient(angle, color-stop1, …, color-stopN);
```

其中，angle 表示渐变的方向，可选值为关键字或角度值。color-stop1 到 color-stopN 为渐变过程中颜色的"停靠点"，每个停靠点由颜色值和百分比组成。

angle 属性可选的关键字包括 to bottom（从上向下，默认值）、to top（从下向上）、to right（从左向右）、to left（从右向左）、to bottom right（从左上向右下）等。该属性可以设置的角度值如图 11.6 所示。其中，0deg 表示从下向上垂直渐变，90deg 表示从左向右水平渐变，45deg 表示从左下向右上对角线渐变。

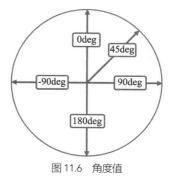

图 11.6　角度值

color-stop1 到 color-stopN 最少需要定义两个颜色值，此时两种颜色分别占整个元素的 50%。如果定义三个颜色值，那么三种颜色分别占整个元素的 33.33%。

如果颜色值后设置了百分比，那么该颜色将占整个元素的对应百分比。例如，"red 70%,blue30%"表示红色会占整个元素的 70%，而蓝色会占整个元素的 30%。如果在多个颜色值中，只有一个颜色值

< 181 >

指定了百分比，那么该颜色之外的所有颜色将平分剩余的元素空间。例如，"red 70%,blue,yellow"表示红色会占整个元素的 70%，而蓝色和黄色分别占整个元素的 15%。

【示例 11-5】实现多种线性渐变效果。

```
1   <!DOCTYPE html>
2   <html xmlns="http://www.w3.org/1999/xhtml">
3   <head>
4   <meta http-equiv="Content-Type" content="text/html; charset=utf-8" />
5   <title>线性渐变</title>
6   <style type="text/css">
7   div{ border:1px  solid black; width:200px; height:100px; float:left; text-align:
center; line-height:100px;}
8   #Div1{ background-image:linear-gradient(red,yellow);}
9   #Div2{ background-image:linear-gradient(red,orange,yellow,green,cyan,blue,
violet);}
10  #Div3{ background-image:linear-gradient(to bottom right,red,yellow,blue);}
11  #Div4{ background-image:linear-gradient(30deg,red,yellow,blue);}
12  #Div5{ background-image:linear-gradient(to right,red 50%,yellow,blue);}
13  </style>
14  </head>
15  <body>
16  <div id="Div1">两色默认方向</div>
17  <div id="Div2">多色默认方向</div>
18  <div id="Div3">多色关键字指定方向</div>
19  <div id="Div4">多色角度值指定方向</div>
20  <div id="Div5">多色百分比指定颜色占比</div>
21  </body>
22  </html>
```

第 8 行使用两种颜色以从上向下的方向实现渐变效果；第 9 行使用七种颜色以从上向下的方向实现彩虹渐变效果；第 10 行使用关键字 to bottom right 让三种颜色以从左上向右下的方向实现渐变效果；第 11 行使用角度值 30deg 让三种颜色以从左下向右上的方向实现渐变效果；第 12 行使用关键字 to right 和颜色加百分比的方式让红色占 50%、黄色占 25%、蓝色占 25%，以从左向右的方向实现渐变效果。效果如图 11.7 所示。

图 11.7　线性渐变

11.4.2　径向渐变

径向渐变是指沿着圆的半径从圆心向外进行的渐变。要实现径向渐变需要使用 background-image 属性的 radial-gradient()函数，其语法格式如下。

```
background-image: radial-gradient(shape size at position, start-color, …, last-color);
```

每个参数的功能如下。

● shape：指定渐变形状，默认为 ellipse（椭圆），也可设置为 circle（圆形）。
● size：定义渐变的大小范围，默认为 farthest-corner（径向渐变的半径长度为从圆心到离圆心最远的角），也可以是 closest-side（径向渐变的半径长度为从圆心到离圆心最近的边）、closest-corner（径向渐变的半径长度为从圆心到离圆心最近的角）、farthest-side（径向渐变的半径长度为从圆心到离圆心最远的边）。

< 182 >

- at position：at 为必须存在的关键字；position 用于定义渐变的中心位置，可以是关键字（如 center）或者具体的坐标（如 50px 50px）。使用关键字定位时，位置的坐标原点为元素中心（center center），如图 11.8 所示。使用以 px 为单位的数字定位时，位置的坐标原点（0px 0px）位于元素的左上角，如图 11.9 所示。

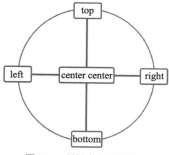

图 11.8　关键字定位坐标系

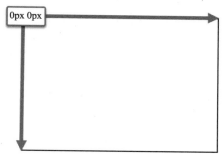

图 11.9　数字定位坐标系

- start-color,…,last-color：与线性渐变一样，定义颜色停靠点和它们的位置。

【示例 11-6】实现多种径向渐变效果。

```
1   <!DOCTYPE html>
2   <html xmlns="http://www.w3.org/1999/xhtml">
3   <head>
4   <meta http-equiv="Content-Type" content="text/html; charset=utf-8" />
5   <title>径向渐变</title>
6   <style type="text/css">
7   div{ width:150px; height:100px; border:1px solid black; float:left; text-align:center;
line-height:100px;}
8   #Div1{background-image: radial-gradient(red,yellow,blue,green);}
9   #Div2{background-image: radial-gradient(circle,red,yellow,blue,green);}
10  #Div3{background-image: radial-gradient(circle closest-side,red,yellow,blue,
green);}
11  #Div4{background-image: radial-gradient(circle at right,red,yellow,blue,green);}
12  #Div5{background-image: radial-gradient(circle at 0px 50px,red,yellow,blue, green);}
13  </style>
14  </head>
15  <body>
16  <div id="Div1">多色椭圆渐变</div>
17  <div id="Div2">圆形渐变</div>
18  <div id="Div3">渐变到最近的边</div>
19  <div id="Div4">关键字中心偏右</div>
20  <div id="Div5">数字坐标中心偏左</div>
21  </body>
22  </html>
```

第 8 行使用多种颜色从中心向四周以椭圆形实现渐变效果，第 9 行使用关键字 circle 实现多种颜色从中心向四周以圆形渐变效果，第 10 行使用关键字 closest-side 让渐变色长度为从中心到最近的边，第 11 行使用关键字 at right 让渐变的中心位于元素右侧居中，第 12 行使用数字坐标让渐变的中心位于元素左侧居中。效果如图 11.10 所示。

图 11.10　径向渐变

< 183 >

11.5 2D 和 3D 转换

CSS3 的 2D 和 3D 转换可以实现对元素进行位移、缩放、旋转、拉伸操作。这些变形效果可以为用户带来更加直观的交互反馈，提升用户浏览网页的兴趣。2D 和 3D 转换都需要使用 CSS3 的 transform 属性，通过该属性调用对应的函数即可实现 2D 和 3D 转换效果。为了兼容多种浏览器，在编写 CSS 样式时需要在 transform 属性之前添加-webkit-、-ms-或-moz-前缀，其语法格式如下。

```
transform:函数 1(参数) … 函数 n(参数);        /* 标准写法*/
-ms-transform:函数() … 函数 n(参数);         /* 支持 IE 9 以上版本*/
-webkit-transform:函数() … 函数 n(参数);      /* 支持 Safari 和 Chrome */
-moz-transform:函数() … 函数 n(参数);         /* 支持 Firefox*/
```

注意： 在后面展示的代码中为了节约篇幅，CSS 样式只编写标准写法。

11.5.1 2D 转换

2D 转换可以实现让元素位移、沿 z 轴旋转、缩放以及倾斜，这些效果要用到的函数如下。
translate()函数用于实现让元素位移，其语法格式如下。

```
transform: translate(x 轴坐标,y 轴坐标);
```

其中，x 轴坐标和 y 轴坐标用于指定元素相对于其默认位置的坐标。该坐标系的原点位于元素默认位置的左上角。
rotate()函数用于实现让元素旋转，其语法格式如下。

```
transform: rotate(度数);
```

其中，度数为角度值，单位为 deg。该值为正数时，元素顺时针旋转。该值为负数时，元素逆时针旋转。
scale()函数用于实现让元素缩放，其语法格式如下。

```
transform: scale(x 轴坐标,y 轴坐标);
```

其中，x 轴坐标用于缩放元素的宽度，y 轴坐标用于缩放元素的高度。值为正数时放大元素，值为负数时缩小元素。
skew()函数用于实现元素倾斜，其语法格式如下。

```
transform: skew(x 轴角度,y 轴角度);
```

其中，x 轴角度用于让元素沿 x 轴倾斜指定的角度值，y 轴角度用于让元素沿 y 轴倾斜指定的角度值。

【示例 11-7】 实现多种 2D 转换效果。

```
1    <!DOCTYPE html>
2    <html xmlns="http://www.w3.org/1999/xhtml">
3    <head>
4    <meta http-equiv="Content-Type" content="text/html; charset=utf-8" />
5    <title>2D 转换</title>
6    <style type="text/css">
7    div{ width:100px; height:100px; border:1px solid black; float:left; text- align:center;
line-height:100px; margin-top:20px; background:#0C9; color:#FFF;}
8    #Div2{transform: translate(0px,100px);}
9    #Div3{transform: rotate(30deg);}
10   #Div4{transform: scale(0.6,0.6);}
```

< 184 >

```
11  #Div5{transform: skew(20deg,20deg);}
12  </style>
13  </head>
14  <body>
15  <div id="Div1">元素默认样式</div>
16  <div id="Div2">向下位移</div>
17  <div id="Div3">向右旋转</div>
18  <div id="Div4">缩小</div>
19  <div id="Div5">倾斜</div>
20  </body>
21  </html>
```

第 8 行使用 translate()函数实现让元素向下位移 100px，第 9 行使用 rotate()函数实现让元素顺时针旋转 30°，第 10 行使用 scale()函数实现让元素长宽都缩小为原来的 60%（0.6），第 11 行使用 skew()函数让元素沿 x 轴和 y 轴各倾斜 20°。效果如图 11.11 所示。

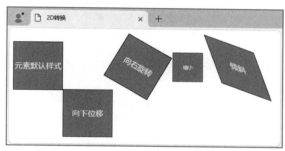

图 11.11　2D 转换

11.5.2　3D 转换

3D 转换会让元素沿着 x、y、z 这 3 个轴进行转换。3D 转换的函数可以实现旋转、缩放等效果。3D 转换的函数调用方法与 2D 转换的函数调用方法相似，都是通过 transform 属性调用对应函数。3D 转换中实现旋转和缩放效果的函数如下。

- translate3d(x,y,z)：定义 3D 位移，效果与 2D 转换的位移相似。
- translateX(x)：定义沿 x 轴的 3D 位移的距离。
- translateY(y)：定义沿 y 轴的 3D 位移的距离。
- translateZ(z)：定义沿 z 轴的 3D 位移的距离。
- scale3d(x,y,z)：定义 3D 缩放。
- scaleX(x)：定义沿 x 轴的 3D 缩放倍数。
- scaleY(y)：定义沿 y 轴的 3D 缩放倍数。
- scaleZ(z)：定义沿 z 轴的 3D 缩放倍数。
- rotate3d(x,y,z,angle)：定义 3D 旋转。
- rotateX(angle)：定义沿 x 轴的 3D 旋转角度。
- rotateY(angle)：定义沿 y 轴的 3D 旋转角度。
- rotateZ(angle)：定义沿 z 轴的 3D 旋转角度。

只用 3D 函数实现 3D 转换效果是不够的，我们还需要通过设置多个 3D 转换的属性来更加直观地展示 3D 转换效果，这些属性如下。

- transform-origin：该属性用于修改元素旋转的中心点，在 2D 转换中可以修改旋转中心的 x 轴属性值和 y 轴属性值，在 3D 转换中还可以修改 z 轴属性值。修改的属性值可以为方向关键字，

< 185 >

如 left、center 等，也可以为具体的数值或百分比，如 30px、30%。

- transform-style：该属性用于定义子元素如何在 3D 空间中显示。可选值包括 flat（子元素以 2D 形式显示）和 preserve-3d（子元素以 3D 形式显示）。
- perspective：该属性用于定义 3D 场景中的虚拟观察点，影响元素的透视效果。它通过设置元素与观察点的距离（以 px 计）来改变元素的透视感。默认值为 none，表示不设置透视效果。值越大，能看到的 3D 透视深度越深。一般该属性值超过元素的最长边长即可看到整个 3D 转换后的全部范围。
- perspective-origin：规定 3D 元素的底部位置，值越大，看到的 3D 元素侧身越多。该属性会让指定元素的子元素拥有透视效果。该属性包含 x 轴和 y 轴两个方向的值。
- backface-visibility：定义元素在不面对屏幕时是否可见。例如，一个 3D 元素有 6 个面，该属性会决定除屏幕上的可见面之外其他面是否可见。

【示例 11-8】实现多种 3D 转换效果。

```
1   <!DOCTYPE html>
2   <html xmlns="http://www.w3.org/1999/xhtml">
3   <head>
4   <meta http-equiv="Content-Type" content="text/html; charset=utf-8" />
5   <title>3D 转换</title>
6   <style type="text/css">
7   div{width:100px; height:100px; border:1px solid black; float:left; text- align:center; line-height:100px; margin:10px 0px; background:#0C9; color:#FFF; margin-right:100px;}
8   .cf{clear:left;}
9   #Div2{transform: rotateX(60deg);}
10  #Div3{transform: rotateY(60deg);}
11  #Div4{transform: rotateZ(60deg);}
12  .bc{width:900px; height:140px;}
13  .bc2{perspective:150px; perspective-origin: 10% 10%;}
14  .bc3{transform-style:preserve-3d;}
15  </style>
16  </head>
17  <body>
18  <h3>没有设置 3D 属性</h3>
19  <div class="bc">
20      <div id="Div1">元素默认样式</div>
21      <div id="Div2">X 轴旋转</div>
22      <div id="Div3">Y 轴旋转</div>
23      <div id="Div4">Z 轴旋转</div>
24  </div>
25  <h3 class="cf">子元素为 2D</h3>
26  <div class="bc2 bc">
27      <div id="Div1">元素默认样式</div>
28      <div id="Div2">X 轴旋转</div>
29      <div id="Div3">Y 轴旋转</div>
30      <div id="Div4">Z 轴旋转</div>
31  </div>
32  <h3 class="cf">子元素为 3D</h3>
33  <div class="bc3 bc2 bc">
34      <div id="Div1">元素默认样式</div>
35      <div id="Div2">X 轴旋转</div>
36      <div id="Div3">Y 轴旋转</div>
37      <div id="Div4">Z 轴旋转</div>
38  </div>
```

< 186 >

```
39    </body>
40    </html>
```

第 9 行使用 rotateX() 函数实现让元素沿 x 轴旋转 60°；第 10 行使用 rotateY() 函数实现让元素沿 y 轴旋转 60°；第 11 行使用 rotateZ() 函数实现让元素沿 z 轴旋转 60°；第 13 行使用 perspective 属性让元素的 3D 透视深度为 150px，使用 perspective-origin 属性让元素的底部位置为 "10% 10%"，从视觉上展示出 3D 效果；第 14 行通过 transform-style 属性设置当前元素为 preserve-3d，这样该元素的子元素会以 3D 形式进行展示。效果如图 11.12 所示。图 11.12 中第一行是没有设置 3D 属性直接进行 3D 转换的效果；第二行是设置 3D 虚拟观察点之后的 3D 转换效果；第三行让子元素以 3D 效果展示，以实现子元素插入父元素的 3D 效果。

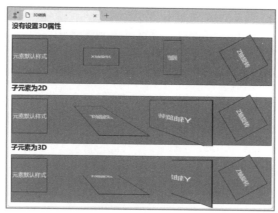

图 11.12　3D 转换

11.6　过渡

过渡效果是网页设计中常用于状态切换的效果。在网页中的元素状态发生切换时，如果没有过渡效果，就会有一种生硬和突兀的感觉。如果在元素状态切换时添加合适的过渡效果，就会让用户有更好的体验。例如，网页菜单的弹出如果没有添加过渡效果，单击选项就会直接弹出菜单，而如果添加了过渡效果，单击选项后，菜单会缓慢展开。相比之下，面对一个陌生的网页，菜单的缓慢展开会让用户感觉到更加柔和，也会让用户有足够的时间应对菜单的弹出。

在 CSS3 中采用 transition 属性和伪元素配合的方式可以实现元素状态切换的过渡效果。这种过渡效果会以动画的形式展示，以帮助用户更好地理解元素状态切换时元素变化过程的细节。transition 属性的语法格式如下。

```
transition: property duration function delay,···, propertyN durationN functionN delayN;
```

其中，每 4 种属性可以实现一种状态的过渡效果，过渡效果之间用逗号分隔。另外，transition 属性的属性值是由其他 4 种 CSS 属性实现的。这 4 种 CSS 属性的功能和可选项如下。

- property：指 transition-property 属性，该属性用于指定过渡效果会修改其状态的 CSS 属性的名称，如 color、background-color 等。
- duration：指 transition-duration 属性，该属性用于指定过渡效果持续的时间，以 s 或 ms 为单位。
- function：指 transition-timing-function 属性，该属性用于指定过渡效果的速度曲线，其可选项包

< 187 >

括 linear（线性）、ease（渐入渐出）、ease-in（渐入）、ease-out（渐出）、ease-in-out（先渐入后渐出）以及 cubic-bezier(*n,n,n,n*)（自定义的贝塞尔曲线函数，通过四个 *n* 来定义曲线的控制点，*n* 的取值范围为 0 ~ 1）。

● delay：指 transition-delay 属性，该属性用于指定过渡效果开始之前的延迟时间，以 s 或 ms 为单位。

【示例 11-9】实现多种过渡效果。

```
1   <!DOCTYPE html>
2   <html xmlns="http://www.w3.org/1999/xhtml">
3   <head>
4   <meta http-equiv="Content-Type" content="text/html; charset=utf-8" />
5   <title>过渡效果</title>
6   <style type="text/css">
7   div{ width:150px; height:100px; border:1px solid black; margin-bottom:10px;
    text-align:center; line-height:100px; background:red;}
8   #Div1{ transition:width 5s ease-in-out 2s;}
9   #Div2{ transition:width 5s ease-in-out 2s,background 3s linear 0.5s;}
10  #Div1:hover{ width:500px;}
11  #Div2:hover{ width:500px; background:yellow;}
12  </style>
13  </head>
14  <body>
15  <div id="Div1">变宽 ease-in-out</div>
16  <div id="Div2">变色变宽 linear</div>
17  </body>
18  </html>
```

第 8 行使用 transition 属性指定的过渡效果为在 2s 后以 ease-in-out 的方式持续 5s 进行宽度变化；第 9 行使用 transition 属性设置了两个过渡效果，除了设置宽度过渡效果，还设置了背景颜色过渡，过渡效果为在 0.5s 后以 linear 的方式持续 3s 进行颜色变化；第 10 行通过伪元素实现当鼠标指针处于第一个 div 元素上时，该元素会触发过渡效果并慢慢变宽，最终宽度为 500px；第 11 行通过伪元素实现当鼠标指针处于第二个 div 元素上时，该元素会触发过渡效果，背景颜色会逐渐变黄，2s 后元素慢慢变宽，最终宽度为 500px。在页面中，两个 div 元素默认样式以及在鼠标指针处于对应元素上时触发的过渡效果如图 11.13 所示。

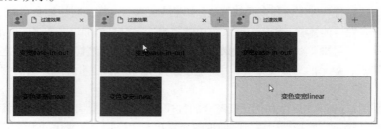

图 11.13　过渡效果

11.7　动画

人类天生对动态的事物更感兴趣。在网页中显示动画能瞬间抓住用户的眼球，激发用户的探索欲。并且动画效果可以使复杂的操作流程变得直观易懂，使用户有良好体验。通过动画的引导，用户在浏览网页的过程中会感觉到操作更加流畅，更加舒适。CSS3 中通过@keyframes 规则和 animation 属性相配合来实现动画效果。

< 188 >

@keyframes 规则用于创建指定的动画。该规则会指定动画中关键帧的样式，其语法格式如下。

```
@keyframes animationname {
    keyframes-selector{css-styles;}
    …
keyframes-selector{css-styles;}
}
```

其中，animationname 为动画的名称，由开发人员自定义，代表创建的动画。keyframes-selector 表示动画中的关键帧（动画是由一帧一帧的图形组成的，关键帧是动画切换的关键位置帧）选择器。该选择器的可选项包括 from（动画的起点关键帧）、to（动画的终点关键帧）以及百分比（动画中百分比对应的帧，如%0 就表示起点关键帧，其功能与 from 的功能相同，%50 就表示动画的中间关键帧，%100 就表示终点关键帧，其功能与 to 的功能相同）。css-styles 为定义关键帧时对应元素的样式。

animation 属性用于调用其他属性定义动画的播放效果，其语法格式如下。

```
animation: name duration timing-function delay iteration-count direction fill-mode
play-state;
```

animation 属性的属性值是由其他的 CSS 属性实现的。这些 CSS 属性的功能和可选项如下。

- name：指 animation-name 属性，该属性用于指定要执行的动画名称。动画由@keyframes 规则创建。
- duration：指 animation-duration 属性，该属性用于定义动画完成一个周期需要多少秒或毫秒。默认值为 0，表示没有动画效果。
- timing-function：指 animation-timing-function 属性，该属性用于定义动画的完成曲线，其可选项包括 linear（线性）、ease（渐入渐出）、ease-in（渐入）、ease-out（渐出）、ease-in-out（先渐入后渐出）、steps(int,start|end)（指定时间曲线的间隔时长，int 用于定义间隔次数，start 和 end 表示直接开始或戛然而止，这两个关键字任选其一）以及 cubic-bezier(n,n,n,n)（n 的取值范围为 0 ~ 1）。
- delay：指 animation-delay 属性，该属性用于定义动画开始前等待的时间，以 s 或 ms 计。默认值为 0。
- iteration-count：指 animation-iteration-count 属性，该属性用于指定动画应该播放的次数，其可选项为整数或 infinite（无限次）。
- direction：指 animation-direction 属性，该属性用于定义是否循环交替反向播放动画，其可选项包括 normal（正常播放，默认值）、reverse（反向播放）、alternate（奇数次正向播放，偶数次反向播放）、alternate-reverse（奇数次反向播放，偶数次正向播放）。
- fill-mode：指 animation-fill-mode 属性，该属性的作用是规定当动画不播放时要应用到元素的样式。该属性的可选项包括 none（默认值，不应用样式）、forwards（由 animation-iteration-count 决定）、backwards（第一个关键帧中定义的属性值）、both（遵循 forwards 和 backwards 的规则）。
- play-state：指 animation-play-state 属性，该属性用于指定动画是否正在运行或已暂停，其可选项为 paused（暂停动画）和 running（运行动画）。

【示例 11-10】实现多个动画效果。

```
1   <!DOCTYPE html>
2   <html xmlns="http://www.w3.org/1999/xhtml">
3   <head>
4   <meta http-equiv="Content-Type" content="text/html; charset=utf-8" />
5   <title>动画效果</title>
6   <style type="text/css">
7   @keyframes move1
8   {
```

< 189 >

```
9        from{background: red;  border-radius:0px;left:0px;transform: rotate(0deg);}
10       to{background: yellow; border-radius:75px; left:500px;transform: rotate (360deg);}
11   }
12   @keyframes move2
13   {
14       0%   {background: red;border-radius:0px;left:0px;}
15       25%  {background: yellow;border-radius:35px;left:100px;}
16       50%  {background: blue;border-radius:55px;left:200px;}
17       100% {background: green;border-radius:75px;left:500px;}
18   }
19   div{ border:1px solid black; width:150px; height:150px; position:relative; left:0px;
text-align:center; line-height:100px; margin-top:30px;}
20   #Div1{animation: move1 6s}
21   #Div2{animation: move2 2s ease 5 alternate ;}
22   </style>
23   </head>
24   <body>
25   <div id="Div1">两个关键帧动画</div>
26   <div id="Div2">多个关键帧动画</div>
27   </body>
28   </html>
```

第 7~11 行使用@keyframes 规则创建了一个拥有两个关键帧的动画，该动画会让元素实现变色、变圆、位移以及旋转的效果；第 12~18 行使用@keyframes 规则创建了一个拥有四个关键帧的动画，该动画会让元素实现变色、变圆以及位移的效果；第 20 行使用 animation 属性让 Div1 运行了 move1 动画，并让整个动画持续 6s；第 21 行使用 animation 属性让 Div2 运行了 move2 动画，并让整个动画以渐入渐出的时间轴在 2s 内完成动画，且每次运行动画时会重复播放 5 次动画，并在奇数次正向播放动画、在偶数次反向播放动画。在页面中，两个 div 元素的默认样式以及动画效果如图 11.14 所示。

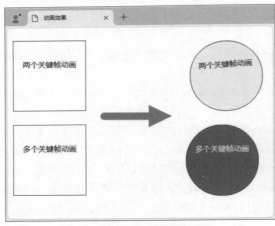

图 11.14   动画效果

11.8 小结

本章主要介绍如何在网页中使用 CSS3 样式实现修改元素的透明度、为元素添加圆角、设置元素的背景、进行 2D 和 3D 转换、为元素添加过渡以及动画效果等。其中，透明度、圆角以及背景的设置可以让静态元素有更好的展现效果；2D 和 3D 转换可以让元素有多种变形效果；过渡以及动画可以让元素状态改变更加流畅和美观。

< 190 >

习题

1. 为元素添加圆角需要使用_____属性。
2. 为元素添加背景图像需要使用_____属性。
3. 下列选项中用于实现线性渐变的函数是_____。
   A. linear-gradient()　　　　　　　　　　　B. radial-gradient();
   C. scale()　　　　　　　　　　　　　　　　D. skew()
4. 下列选项中用于设置过渡的属性是_____。
   A. animation　　　B. transition　　　C. @keyframes　　　D. translate

上机指导

在 CSS3 样式中，多种特效方法的使用可以让网页元素的展现效果更好，并且通过 CSS3 样式生成的特效能最大限度地节约带宽，提高网页的访问速度。下面通过上机操作来巩固本章所学的知识点。

实验一

实验内容

为元素添加圆角和背景，并设置背景为半透明。

实验目的

巩固知识点。

实现思路

在网页中使用 border-radius 属性设置元素的圆角为"25px"，并使用 opacity 属性设置元素的背景为半透明。

在 Dreamweaver 中选择"新建"|"HTML"命令，新建 HTML 文件。在 HTML 文件中输入的关键代码如下。

```
<style type="text/css">
  div{width:300px;  height:200px;  background-image:url(2.1.jpg);  border-radius:25px;
opacity:0.5;}
</style>
```

在菜单栏中选择"文件"|"保存"命令，输入保存路径，单击"保存"按钮。运行效果如图 11.15 所示。

实验二

实验内容

使用 CSS3 中的动画特效，让元素切换 7 种颜色。

实验目的

巩固知识点。

图 11.15　为元素设置的半透明等
特效的运行效果

< 191 >

实现思路

在网页中使用@keyframes 规则创建拥有 7 个关键帧的动画，每一个关键帧设置一种颜色，使用 animation 属性让动画在 7s 内完成播放并不断重复播放。

在 Dreamweaver 中选择"新建"｜"HTML"命令，新建 HTML 文件。在 HTML 文件中输入的关键代码如下。

```
<style type="text/css">
div{ width:300px; height:200px; border:1px solid black;}
@keyframes move1
{
    0%   {background: red;}
    14%  {background: orange;}
    28%  {background: yellow;}
    42%  {background: green;}
    60%  {background: blue;}
    74%  {background: indigo;}
    88%  {background: violet;}
    100% {background: red;}
}
div{animation:move1 7s infinite;}
</style>
```

在菜单栏中选择"文件"｜"保存"命令，输入保存路径，单击"保存"按钮，即完成设置。

< 192 >

第四篇

第 12 章 控制元素布局

在网页设计中，控制元素布局是非常重要的。只有熟练掌握元素的布局方法，开发人员在设计网页时才能如鱼得水，设计出漂亮的网页。本章介绍如何在 CSS 中控制元素布局。

12.1 块级元素和内联元素

CSS 中的网页布局使用的是块形式，而设置块出现在网页中的哪个位置采用的是定位的方式。在学习定位之前，需要先了解两个概念——块级元素和内联元素。在定位中，块级元素和内联元素的定位效果是不同的。

12.1.1 块级元素和内联元素的概念

块级元素生成的是一个矩形框，并且和与之相邻的块级元素依次垂直排列，不会排在同一行。例如，p、ul、h1、form 等元素都是块级元素，它们总是以一个块的形式出现，总是单独占据一行。

内联元素通俗来说就是文本的显示方式，我们常用的 a、img、input 都属于内联元素。内联元素的显示特点就是像文本一样显示，各个元素横向排列，到右端自动换行，不会独自占据一行。当然，块级元素也能变换成内联元素，这时就要用到后面所讲的定位和浮动了。

12.1.2 div 元素和 span 元素

为了使读者更好地理解块级元素和内联元素，这里重点介绍在 CSS 布局中经常使用的 div 元素和 span 元素。利用这两个元素，加上 CSS 对其样式的设计，可以很方便地实现各种效果。

1. div 元素

div 元素简单而言就是一个独立的对象，它是一个标准的块级元素。用它可以容纳各种元素，从而方便排版。用 CSS 设置样式时，只需要对 div 元素进行相应的控制，其包含的各个元素都会随之改变。div 元素的语法格式如下。

```
<div>
    各种元素或文字
</div>
```

【示例 12-1】 div 元素的使用。

```
1   <!DOCTYPE html>
2   <html xmlns="http://www.w3.org/1999/xhtml">
3   <head>
4   <meta http-equiv="Content-Type" content="text/html; charset=utf-8" />
5   <title>div 标签范例</title>
6   <style type="text/css">
7   div{
8       font-size:18px;                    /* 字号大小 */
9       font-weight:bold;                  /* 字体粗细 */
10      font-family:Arial;                 /* 字体 */
11      color:#FFFF00;                     /* 颜色 */
12      background-color:#0000FF;          /* 背景颜色 */
13      text-align:center;                 /* 对齐方式 */
14      width:300px;                       /* 块宽度 */
15      height:100px;                      /* 块高度 */
16  }
17  </style>
18  </head>
19  <body>
20  <div>
21      这是一个div标签
22  </div>
23  </body>
24  </html>
```

第 8～15 行通过 CSS 控制 div 元素，制作了一个宽 300px、高 100px 的蓝色块，并设置了相应的文字效果。示例 12-1 运行效果如图 12.1 所示。

图 12.1　div 元素运行效果

2. span 元素

span 元素与 div 元素一样，作为容器被广泛应用在 HTML 中。在和之间同样可以容纳各种 HTML 元素，从而形成独立的对象。span 元素与 div 元素的区别在于，div 元素是一个块级元素，它包含的元素会自动换行，而 span 元素是一个内联元素，它包含的元素不会自动换行。span 元素没有结构上的意义，纯粹是为了应用样式。当其他内联元素都不适用时，就可以使用 span 元素。span 元素的语法格式如下。

```
<span>
    各种元素或文字
</span>
```

【示例 12-2】 div 元素和 span 元素的不同。

```
1   <!DOCTYPE html>
2   <html xmlns="http://www.w3.org/1999/xhtml">
3   <head>
4   <meta http-equiv="Content-Type" content="text/html; charset=utf-8" />
5   <title>div 与 span 的区别</title>
6   </head>
7   <body>
8   <p>div 元素: </p>
9   <div><img src="pic02-12.jpg" border="0"></div>
10  <div><img src="pic02-12.jpg" border="0"></div>
11  <div><img src="pic02-12.jpg" border="0"></div>
12  <p>span 元素: </p>
13  <span><img src="pic02-12.jpg" border="0"></span>
14  <span><img src="pic02-12.jpg" border="0"></span>
15  <span><img src="pic02-12.jpg" border="0"></span>
```

< 195 >

```
16    </body>
17    </html>
```

第 9 ~ 11 行使用了 3 个 div 元素，第 13 ~ 15 行使用了 3 个 span 元素。示例 12-2 运行效果如图 12.2 所示。可以看出，div 元素中的 3 幅图片被分在了 3 行中，span 元素中的图片则在 1 行中。

图 12.2　div 元素与 span 元素运行效果

12.2　定位

定位用于精确定义元素出现的相对位置。这个相对位置可以相对父元素、另一个元素或浏览器窗口。

12.2.1　定位方式

在 CSS 中可以使用 position 属性来设置定位方式。position 属性的语法格式如下。

```
position : static | relative | absolute| fixed/ inherit;
```

各属性值的含义如下。

- static：静态定位，即无特殊定位，元素以普通方式生成。块级元素生成的是一个矩形框，是文档流中的一部分。内联元素是由一个或多个行框的上下文生成的，这些行框流动于父元素中。该值为默认值。
- relative：相对于元素正常位置进行定位。使用该定位方式，可以配合 top、left、right 和 bottom 这 4 个偏移属性来设置元素相对其正常位置的偏移量。
- absolute：绝对定位。该定位方式会以最近的已定位的父元素（父元素的 position 属性设置为 relative 或 absolute）为原点进行定位，如果元素没有已定位的父元素，那么它会以<html>所在位置为原点进行定位。设置偏移量也需要 top、left、right 和 bottom 这 4 个偏移属性。该定位方式会使元素的位置与文档流无关，因此不占据文档流的空间，该元素可以与文档流中的其他元素重叠。
- fixed：相对于浏览器进行定位。使用该定位方式，可以配合 top、left、right 和 bottom 这 4 个偏移属性来设置元素相对浏览器窗口的偏移量。通过该方式定位的元素会固定在一个位置不动，即网页发生滚动时，该元素不会跟随网页滚动。
- inherit：继承父级的定位方式。父元素是何种定义方式，当前元素就设置为对应的定位方式。

12.2.2　偏移

在所有定位方式中，有 3 种定位方式（relative、absolute 和 fixed）都需要使用偏移属性来指定位置。在 CSS 中，偏移属性有 4 种：left、right、top 和 bottom，分别代表左偏移量、右偏移量、上偏移量和下偏移量。这 4 种属性的语法格式如下。

```
left : 长度 | 百分比 | auto | inherit
right : 长度 | 百分比 | auto | inherit
top : 长度 | 百分比 | auto | inherit
bottom : 长度 | 百分比 | auto | inherit
```

各属性值的含义如下。

- 长度：可以是绝对长度单位数值，也可以是相对长度单位数值，用于指明偏移的幅度。
- 百分比：以百分比的形式指定偏移幅度，这个百分比为父元素的宽度和高度的百分比。
- auto：无特定的偏移量，由浏览器自己分配。该值为默认值。

< 196 >

- inherit：继承父级样式。

为一个元素设置了偏移之后，这个元素的所有部分都会跟着一起偏移，如边框、边距、填充等。

注意： 偏移量不仅可以为正值，还可以为负值。

12.2.3 综合应用

学习了定位和偏移，并知道定位的几种方式后，下面结合偏移来了解这几种定位的不同之处。

1．静态定位

静态定位是默认定位方式。该方式对定位没有任何要求，完全由浏览器自动生成。对块级元素来说，通常是生成一个矩形框，如 div 元素等。对内联元素来说，则按正常的文档流生成，如 b 元素等。

注意： 块级元素是能引起换行的元素，如 p、div、hr 等。内联元素是不能引起换行的元素，如 b、sup 等。

将元素的 position 属性设置为 static 即可采用静态定位。由于静态定位没有任何要求，因此所有的偏移属性在该方式下都是不起作用的。

【示例 12-3】 为元素设置静态定位和偏移。

```
1   <!DOCTYPE html>
2   <html xmlns="http://www.w3.org/1999/xhtml">
3   <head>
4   <meta http-equiv="Content-Type" content="text/html; charset=utf-8" />
5   <title>静态定位</title>
6   <style type="text/css">
7       div.a {position:static;left:100px;top:100px;right:100px;bottom:200px;}
8       div.b {position:static;background-color:red;color:white;width:200px;}
9   </style>
10  </head>
11  <body>
12  <div class="a">
13      <img alt="tupian " src="pic01-12.jpg"/>
14  </div>
15  <div class="b">
16      玫瑰，别名徘徊花，蔷薇科，属落叶丛生灌木。它可以高达 2m，茎枝上密生毛刺，叶呈椭圆形，花单生或数朵丛生，花期 5～6 月，单瓣或重瓣。目前全世界的玫瑰品种有资料可查的已达七千种。
17  </div>
18  </body>
19  </html>
```

第 7 行与第 8 行分别对 class 为 a 的 div 与 class 为 b 的 div 设置静态定位。示例 12-3 运行效果如图 12.3 所示。

示例 12-3 中创建了两个 div 元素，使用的都是静态定位。从图 12.3 中可以发现，第一个 div 元素虽然指定了偏移量，但也没起到什么作用。另外，在使用静态定位之后，还可以使用 width 属性来指定宽度。

2．绝对定位

绝对定位是相对于父元素的 4 个边框而言的，即将块放在网页的某个具体位置。至于具体将块放在网页的哪个位置则由偏移量来决定。将元素的 position 属性设置为 absolute，可以设置元素的绝对定位。

图 12.3　设置静态定位运行效果

< 197 >

【示例 12-4】 为元素设置绝对定位。

```
1   <!DOCTYPE html>
2   <html xmlns="http://www.w3.org/1999/xhtml">
3   <head>
4   <meta http-equiv="Content-Type" content="text/html; charset=utf-8" />
5   <title>绝对定位</title>
6   <style type="text/css">
7       div.a {position:absolute;background-color:black;color:white;}
8       div.b {position:absolute;background-color:red;color:white;width:300px;}
9       div.c {position:absolute;background-color:blue;color:white;left:0px;top:150px;
right:100px;}
10  </style>
11  </head>
12  <body>
13  <div class="a">
14      多风的天气，很干燥，我不喜欢；我喜欢淅淅沥沥的小雨轻柔飘洒……我喜欢欣赏郁郁葱葱、青翠欲滴、茵茵
青青芳草坪，枝头绽放的绚丽花朵，我更喜欢欣赏仰天伸展、静默沧桑的老树……
15  </div>
16  <div class="b">
17      我喜欢欣赏翠柳依依、朦胧柔情的曼妙空灵，喜欢欣赏随风飞舞的漂亮花瓣雨，我更喜欢观看、欣赏那一树一
树含苞待放的花蕾缀满枝头……我总是喜欢仰视那高远深邃的蔚蓝天空，如同一块无边无际的宝蓝色绸缎，静美又唯美。
18  </div>
19  <div class="c">
20      樱花园里，那一树树缤纷绽放的花儿，一串串、一簇簇或洁白素雅、或鲜红如火、或粉色如绸、或粉白参半……
绽放得简直如梦如幻，如同世外仙境一般，美妙绝伦！湖畔翠柳依依，湖水银光闪闪。满眼青草茵茵、樱花绚烂、游船、
欢乐的人群，还有那悠扬美妙的歌曲，春天多美好！
21  </div>
22  </body>
23  </html>
```

第 7~9 行分别为 3 个 div 元素设置绝对定位与偏移。示例 12-4 运行效果如图 12.4 所示。

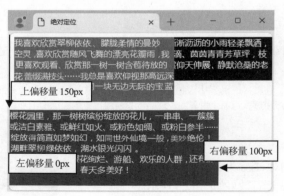

图 12.4　设置绝对定位运行效果

示例 12-4 中创建了以下 3 个元素。

（1）第一个 div 元素的背景颜色为黑色。该 div 元素中没有指定任何偏移属性，因此，浏览器会以默认的网页左边距、上边距和右边距作为左偏移量、上偏移量和右偏移量来定位该元素。

（2）第二个 div 元素的背景颜色为红色。该元素同样没有指定任何偏移属性，但指定了宽度，因此，浏览器会以默认的网页左边距和上边距作为左偏移量和上偏移量来定位该元素。

（3）第三个 div 元素的背景颜色为蓝色，该元素中设置了左偏移量为 0，即该元素的左侧与网页的左侧重合。与背景颜色为红色的元素比较，可以看到偏移量为 0 的 div 元素要比没有设置偏移量的元素靠左。该 div 元素的右偏移量为 100px，即该元素的右侧与网页的右侧之间的距离为 100px。该元素

< 198 >

的上偏移量为 150px，说明该元素的顶端与网页顶端之间的距离为 100px，注意，这个距离是与网页顶端之间的距离，而不是与浏览器上边框之间的距离。

3．相对定位

如果说绝对定位是相对于网页的定位，那么相对定位就是相对于元素自己的定位，即相对于元素设置 position 属性之前的位置。将元素的 position 属性设置为 relative 可以设置元素的相对定位。

【示例 12-5】设置元素的相对定位。

```
1   <!DOCTYPE html>
2   <html xmlns="http://www.w3.org/1999/xhtml">
3   <head>
4   <meta http-equiv="Content-Type" content="text/html; charset=utf-8" />
5   <title>相对定位</title>
6   <style type="text/css">
7       .a {position:relative;background-color:red;color:white;left:100px;top:100px;}
8       .b {position:absolute;background-color:blue;color:white;left:100px;top:100px;}
9   </style>
10  </head>
11  <body>
12  <input type="button" value="按钮一" /> <input type="button" value="按钮二" /> <br />
13  <input type="button" value="按钮三" /> <input type="button" value="按钮四" class="a" />
<input type="button" value="按钮五" /> <br />
14  <input type="button" value="按钮六" class="b" />
15  </body>
16  </html>
```

第 7 行使用了相对定位，第 8 行使用了绝对定位。示例 12-5 运行效果如图 12.5 所示。

示例 12-5 中创建了 6 个按钮。从源代码中可以看出，如果没有为"按钮四"添加样式，该按钮应该放在"按钮三"与"按钮五"之间，并且在"按钮二"的正下方。但是为该按钮添加样式之后，该按钮在垂直方向上的位置与添加样式前相差 100px，在水平方向上与添加样式前也相差 100px。与"按钮四"对比，"按钮六"使用的是绝对定位，该定位是针对网页的顶部与左边框而言的，与其添加样式前的位置没有关系。

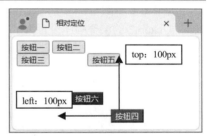

图 12.5　设置相对定位运行效果

技巧：相对定位的执行方式是，先使用静态定位生成一个块，再将这个块移动到指定的相对位置，并且在移动的过程中不改变块的大小。

12.2.4　定位元素的层叠顺序

当一个页面内有多个层时，需要设置这些层的层叠顺序，这样才不会挡住页面中需要显示的内容。一般情况下，越晚添加的层，位置也越靠上。设置层叠顺序的语法格式如下。

```
z-index:顺序号
```

层叠顺序是通过设置其所在的层的顺序号来实现的。取值为 1，表示该层为最下层，也就是其他层会覆盖该层。顺序号越大，层越靠上，被覆盖的概率也越小。

【示例 12-6】为不同元素定义不同的层叠顺序。

```
1   <!DOCTYPE html>
2   <html xmlns="http://www.w3.org/1999/xhtml">
3   <head>
4   <meta http-equiv="Content-Type" content="text/html; charset=utf-8" />
```

< 199 >

```
5    <title>使用 CSS 设置层叠顺序</title>
6    <style type="text/css">
7      h2{font-family:"方正姚体"}
8      .exam1{ position:absolute;top:80px;left:40px;background-color:#9FF;z-index:1;}
9      .exam2{ font-family:"黑体"; color:#96C; position:absolute; top:130px; left:70px;
background-color:#F60;z-index:2;}
10   </style>
11   </head>
12   <body leftmargin="30px">
13   <h2>花朵介绍</h2>
14   <div class="exam1">
15     <p><img src="12.2.jpg" width="100px" align="left">玫瑰，别名徘徊花，蔷薇科，属落叶丛生
灌木。它可以高达 2m，茎枝上密生毛刺，叶呈椭圆形，花单生或数朵丛生，花期 5～6 月，单瓣或重瓣。目前全世界的
玫瑰品种有资料可查的已达七千种。</p>
16   </div>
17   <div class="exam2">
18     <p>牡丹为花中之王，有"国色天香"之称。每年 4～5 月开花，朵大色艳，奇丽无比，有红、黄、白、粉紫、
墨、绿、蓝等色。花多重瓣，姿态典雅，花香袭人，被看作富丽繁华的象征，称为"富贵花"。</p>
19   </div>
20   </body>
21   </html>
```

示例 12-6 将介绍玫瑰的层的顺序号设置为 1，包含一幅图像和一段文字；介绍牡丹的层的顺序号设置为 2，它将位于玫瑰层的上方。由于这两层的位置有重叠，因此顺序号为 2 的层会覆盖顺序号为 1 的层。运行效果如图 12.6 所示。

如果更改示例 12-6 中两个层的顺序号，即将类选择器样式 exam1 的层叠顺序设置为 2，将类选择器样式 exam2 的层叠顺序设置为 1，覆盖和被覆盖的关系就发生了变化，效果如图 12.7 所示。

图 12.6　设置元素层叠顺序的运行效果

图 12.7　更改层叠顺序的效果

12.3 浮动

通常在一个网页文件中，文档流都是从上到下、由左向右流动的。对内联元素而言，创建一个元素之后，系统会在其右接着创建其他元素；对块级元素而言，创建一个元素之后，系统会在其下接着创建其他元素。CSS 中的浮动可以让某些元素脱离这种文档流的流动方式。

12.3.1　浮动的概念

相信读者对浮动的概念不会太陌生。本书在介绍图片和表格时都曾介绍图片和表格的对齐方式，这种对齐方式其实就是"浮动"。例如，"<img src="a.jpg" align="right">"会让图片向右浮动，并且其他元素都会围绕着图片"流动"。在 HTML 中只有图片与表格可以浮动，而使用 CSS 可

< 200 >

以让所有元素都浮动起来。

12.3.2 设置浮动

在 CSS 中使元素浮动的属性为 float，其语法格式如下。

```
float : left | right | none
```

各属性值的含义如下。

- left：对象居左浮动，文本流向对象的右侧。
- right：对象居右浮动，文本流向对象的左侧。
- none：对象不浮动。该值为默认值。

【示例 12-7】为元素设置居左浮动。

```
1  <!DOCTYPE html>
2  <html xmlns="http://www.w3.org/1999/xhtml">
3  <head>
4  <meta http-equiv="Content-Type" content="text/html; charset=utf-8" />
5  <title>浮动</title>
6  <style type="text/css">
7      .a {width:100px;float:left;margin:10px;}
8  </style>
9  </head>
10 <body>
11 <p>
12     散文精选
13 </p>
14 多风的天气，很干燥，我不喜欢；我喜欢淅淅沥沥的小雨轻柔飘洒……我喜欢欣赏郁郁葱葱、青翠欲滴、茵茵青青的芳草坪，枝头绽放的绚丽花朵，我更喜欢欣赏仰天伸展、静默沧桑的老树……
15 <hr />
16 <p class="a">
17     散文精选
18 </p>
19 樱花园里，那一树树缤纷绽放的花儿，一串串、一簇簇或洁白素雅、或鲜红如火、或粉色如绸、或粉白参半……绽放得简直如梦如幻，如同世外仙境一般，美妙绝伦！湖畔翠柳依依，湖水银光闪闪。
20 </body>
21 </html>
```

第 7 行对 class 为 a 的元素设置其 float 值为 left，指定对象居左浮动。示例 12-7 运行效果如图 12.8 所示。从图 12.8 中可以看出，水平线之上的内容是按正常的文档流来显示的。在块级元素显示完毕之后，文字另起一行显示。水平线之下的内容是 p 元素浮动之后的显示结果。由于 p 元素浮动了，因此剩下的内容围绕浮动的元素显示。

图 12.8 设置元素居左浮动的运行效果

12.3.3 清除浮动

一个元素被设置为浮动之后，如果没有特别指示，这个元素之后的所有对象就都会围绕该元素浮动，如图 12.9 所示，文本围绕着图片显示。

在这种情况下，如果希望在"鸭子的习性"标题处停止围绕图片显示，就需要清除"鸭子的习性"这段文本的浮动效果。在 CSS 中可以使用 clear 属性来清除浮动效果，其语法格式如下。

```
clear : none | left | right | both
```

< 201 >

各属性值的含义如下。

- none：不清除浮动，该值为默认值。
- left：不允许左边有浮动的元素。
- right：不允许右边有浮动的元素。
- both：左右两侧都不允许有浮动的元素。

【示例 12-8】清除元素的浮动效果。

图 12.9　浮动效果

```
1   <!DOCTYPE html>
2   <html xmlns="http://www.w3.org/1999/xhtml">
3   <head>
4   <meta                         http-equiv="Content-Type"
    content="text/html; charset=utf-8" />
5   <title>清除浮动</title>
6   <style type="text/css">
7       .a {float:left;margin:10px;}
8       .b {clear:left;}
9   </style>
10  </head>
11  <body>
12  <h1>鸭子的定义</h1>
13  <img src="duck.gif" class="a" alt="" />
14  鸭是雁形目、鸭科、鸭属禽类。鸭全身被羽，头大而圆，无冠、肉垂及耳叶；喙长而扁平，上下腭边缘呈锯齿状；颈较长，活动自如；体宽长、呈船形，前驱……
15  <h1 class="b">鸭子的习性</h1>
16  鸭在中国大部分地区均有分布，喜欢在水中觅食、嬉戏。鸭性情温驯，胆小易惊，只要有合适的饲养条件，不论鸭日龄大小，混群饲养都能和睦共处，争斗现象不明显。公鸭的适配年龄鉴于品种不同有所差异，一般孵化期为 26～28 天。
17  </body>
18  </html>
```

第 8 行使用 clear 清除左边的浮动元素。示例 12-8 运行效果如图 12.10 所示。从图 12.10 中可以看出，为标题 h1 清除浮动之后，从"鸭子的习性"标题开始，文本不再围绕图片显示。

图 12.10　清除浮动的运行效果

12.4 溢出与剪切

当一个元素的大小无法容纳其中的内容时，就会产生溢出现象，也就是元素中的内容显示在元素外面。剪切的作用是只显示元素中的部分，把其余部分隐去。

12.4.1 设置溢出效果

CSS 可以通过 overflow 属性来处理溢出情况。overflow 属性的语法格式如下。

```
overflow : visible | hidden | scroll | auto | inherit
```

各属性值的含义如下。

- visible：不剪切溢出的内容，也不添加滚动条。该值为默认值。
- hidden：隐藏溢出的内容，用户将看不到溢出部分。
- scroll：添加横向与纵向滚动条，用户可以拖动滚动条来查看溢出部分。
- auto：由浏览器决定使用什么方法处理溢出的内容，通常是在必要时显示滚动条。

< 202 >

【示例 12-9】 对元素设置不同的溢出处理方式。

```
1   <!DOCTYPE html>
2   <html xmlns="http://www.w3.org/1999/xhtml">
3   <head>
4   <meta http-equiv="Content-Type" content="text/html; charset=utf-8" />
5   <title>溢出</title>
6   <style type="text/css">
7       div{width:200px;height:100px;background-color:#cccccc;}
8       .a{position:absolute;left:10px;top:10px;overflow:visible;}
9       .b {position:absolute;left:300px;top:10px;overflow:hidden;}
10      .c {position:absolute;left:10px;top:250px;overflow:scroll;}
11      .d {position:absolute;left:300px;top:250px;overflow:auto;}
12  </style>
13  </head>
14  <body>
15  <div class="a">
16  多风的天气，很干燥，我不喜欢；我喜欢淅淅沥沥的小雨轻柔飘洒……我喜欢欣赏郁郁葱葱、青翠欲滴、茵茵青青
    的芳草坪，枝头绽放的绚丽花朵，我更喜欢欣赏仰天伸展、静默沧桑的老树……樱花园里，那一树树缤纷绽放的花儿，绽
    放得简直如梦如幻。
17  </div>
18  <div class="b">
19  多风的天气，很干燥，我不喜欢；我喜欢淅淅沥沥的小雨轻柔飘洒……我喜欢欣赏郁郁葱葱、青翠欲滴、茵茵青青
    的芳草坪，枝头绽放的绚丽花朵，我更喜欢欣赏仰天伸展、静默沧桑的老树……樱花园里，那一树树缤纷绽放的花儿，绽
    放得简直如梦如幻。
20  </div>
21  <div class="c">
22  多风的天气，很干燥，我不喜欢；我喜欢淅淅沥沥的小雨轻柔飘洒……我喜欢欣赏郁郁葱葱、青翠欲滴、茵茵青青
    的芳草坪，枝头绽放的绚丽花朵，我更喜欢欣赏仰天伸展、静默沧桑的老树……樱花园里，那一树树缤纷绽放的花儿，绽
    放得简直如梦如幻。
23  </div>
24  <div class="d">
25  多风的天气，很干燥，我不喜欢；我喜欢淅淅沥沥的小雨轻柔飘洒……我喜欢欣赏郁郁葱葱、青翠欲滴、茵茵青青
    的芳草坪，枝头绽放的绚丽花朵，我更喜欢欣赏仰天伸展、静默沧桑的老树……樱花园里，那一树树缤纷绽放的花儿，绽
    放得简直如梦如幻。
26  </div>
27  </body>
28  </html>
```

第 8 ~ 11 行用 overflow 属性设置了 4 种溢出效果，分别为"可见""隐藏""滚动条""自动"。示例 12-9 运行效果如图 12.11 所示，可以看出 overflow 属性的 4 个不同属性值的不同效果。

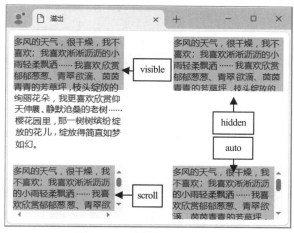

图 12.11　元素溢出设置运行效果

< 203 >

12.4.2　设置水平方向内容超出范围的处理方式

使用 overflow 属性可以设置内容超出范围时的处理方式，且一旦设置了，则对水平方向和垂直方向同时起作用。如果只需要设置其中一个方向，可以单独设置。使用 overflow-x 可以设置水平方向上的处理方式，其语法格式如下。

```
overflow-x: visible | auto | hidden | scroll
```

各属性值的含义如下。

- visible：表示可见，即使内容超出了范围，依然完整显示。
- auto：表示自动根据情况显示滚动条。
- hidden：表示隐藏超出范围的内容。
- scroll：表示显示滚动条。

【示例 12-10】设置元素内容在水平方向超出范围的处理方式。

```
1   <!DOCTYPE html>
2   <html xmlns="http://www.w3.org/1999/xhtml">
3   <head>
4   <meta http-equiv="Content-Type" content="text/html; charset=utf-8" />
5   <title>设置超出范围时的处理方式</title>
6   <style type="text/css">
7       h2{font-family:"方正姚体"}
8       .exam{padding:20px;width:350px;height:220px;overflow-x:hidden;}
9       .exam2{width:450px;}
10  </style>
11  </head>
12  <body leftmargin="30px">
13  <h2>花朵介绍</h2>
14  <div name="out" class="exam">
15      <div class="exam2">
16          <p>玫瑰，别名徘徊花，蔷薇科，属落叶丛生灌木。它可以高达 2m，茎枝上密生毛刺，叶呈椭圆形，花单生或数朵丛生，花期 5～6 月，单瓣或重瓣。目前全世界的玫瑰品种有资料可查的已达七千种。</p>
17          <p>牡丹为花中之王，有"国色天香"之称。每年 4～5 月开花，朵大色艳，奇丽无比，有红、黄、白、粉紫、墨、绿、蓝等色。花多重瓣，姿态典雅，花香袭人，被看作富丽繁华的象征，称为"富贵花"。</p>
18      </div>
19  </div>
20  </body>
21  </html>
```

第 8 行设置 overflow-x（水平溢出）的方式为 hidden，即隐藏超出部分。示例 12-10 为了说明超出范围的处理方式，将 name 属性值为 out 的 div 元素处理为一个整体，即在其中嵌套了一个 div 元素。这个嵌套的 div 元素宽度为 450px，超出了 name 属性值为 out 的 div 元素的水平宽度 350px 的范围。这里将其设置为 hidden，表示隐藏超出范围的内容。运行效果如图 12.12 所示。

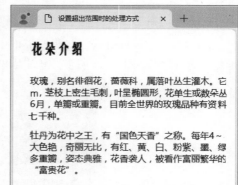

图 12.12　设置元素内容在水平方向超出范围的处理方式运行效果

12.4.3　设置垂直方向内容超出范围的处理方式

使用 overflow-y 可以设置当内容超出元素的范围时，在垂直方向上的处理方式，其语法格式如下。

< 204 >

```
overflow-y: visible | auto | hidden | scroll
```

【示例 12-11】设置元素内容在垂直方向超出范围的处理方式。

```
1    <!DOCTYPE html>
2    <html xmlns="http://www.w3.org/1999/xhtml">
3    <head>
4    <meta http-equiv="Content-Type" content="text/html; charset=utf-8" />
5    <title>设置超出范围时的处理方式</title>
6    <style type="text/css">
7      h2{font-family:"方正姚体";}
8      .exam{padding:5px 20px;width:400px;height:200px;overflow-y:scroll;}
9      .exam2{height:240px;}
10   </style>
11   </head>
12   <body leftmargin="30px">
13   <h2>花朵介绍</h2>
14   <div name=out class=exam>
15       <div class=exam2>
16         <p>玫瑰，别名徘徊花，蔷薇科，属落叶丛生灌木。它可以高达 2m，茎枝上密生毛刺，叶呈椭圆形，花单生
或数朵丛生，花期 5～6 月，单瓣或重瓣。目前全世界的玫瑰品种有资料可查的已达七千种。</p>
17         <p>牡丹为花中之王，有"国色天香"之称。每年 4～5 月开花，朵大色艳，奇丽无比，有红、黄、白、粉
紫、墨、绿、蓝等色。花多重瓣，姿态典雅，花香袭人，被看作富丽繁华的象征，称为"富贵花"。</p>
18       </div>
19   </div>
20   </body>
21   </html>
```

第 8 行设置 overflow-y 为 scroll，即垂直方向内容溢出时添加滚动条。在示例 12-11 中，name 属性值为 out 的层的高度是 200px，而层内内容的高度是 240px，超出了 name 属性值为 out 的层的垂直方向的范围。这里 scroll 表示出现滚动条。运行效果如图 12.13 所示。

可以看到，设置属性值为 scroll 之后，只有垂直方向出现了滚动条，水平方向并没有自动出现滚动条。

12.4.4 内容的剪切

在 CSS 中可以使用 clip 属性来剪切对象。所谓"剪切"，是在对象上划出一个矩形的区域，该区域中的部分会被显示出来，不属于该区域的部分会被隐藏。clip 属性的语法格式如下。

图 12.13　设置元素内容在垂直方向超出范围的处理方式运行效果

```
clip : auto | rect(上 右 下 左) | inherit
```

各属性值的含义如下。

● auto：不剪切。该值为默认值。

● rect：按上、右、下、左的顺序划出一个区域，属于该区域内的部分显示，不属于该区域内的部分隐藏。rect 的 4 个参数分别代表上、右、下、左 4 条边距。需要注意的是，这 4 条边距并不是指与上边框、右边框、下边框、左边框之间的距离，而是 4 条边相对该对象的左上角坐标而言的距离。

注意：clip 属性可以作用在任何对象上，但该对象必须是使用 position 属性定位的对象，并且 position 属性值不能为 static 或 relative。

【示例 12-12】对图片进行剪切显示。

< 205 >

```
1   <!DOCTYPE html>
2   <html xmlns="http://www.w3.org/1999/xhtml">
3   <head>
4   <meta http-equiv="Content-Type" content="text/html; charset=utf-8" />
5   <title>剪切</title>
6   <style type="text/css">
7       .a {clip:rect(50px 350px 150px 50px);}
8       .b {position:absolute;clip:rect(50px 350px 150px 50px);}
9   </style>
10  </head>
11  <body>
12  <img src="duck.gif" alt="" class="a" />
13  <img src="duck.gif" alt="" class="b" />
14  </body>
15  </html>
```

第 7 行与第 8 行均使用了 clip 属性，但因为只有第 8 行设置的层为绝对定位，所以只有 class 为 b 的对象呈现剪切的效果。示例 12-12 运行效果如图 12.14 所示。

图 12.14　剪切图片的运行效果

示例 12-12 中创建了两张图片，虽然两张图片都设置了 clip 属性，但第一张图片没有设置 position 属性，因此 clip 属性不起作用。

12.5　对象的显示与隐藏

块状对象除了可以设置溢出与剪切，还可以设置显示或隐藏。显示、隐藏与溢出、剪切不同，溢出与剪切影响的只是对象的局部（当然也可以以将局部扩大到全部），显示与隐藏影响的是整个对象。在 CSS 中可以使用 visibility（可见性）设置对象是否可见。visibility 属性的语法格式如下。

```
visibility : visible | hidden | collapse
```

各属性值的含义如下。

● visible：对象为可见的。

● hidden：对象为不可见的。

【示例 12-13】设置对象的显示方式。

```
1   <!DOCTYPE html>
2   <html xmlns="http://www.w3.org/1999/xhtml">
3   <head>
4   <meta http-equiv="Content-Type" content="text/html; charset=utf-8" />
5   <title>对象的可见性</title>
6   <style type="text/css">
7       p {width:300px;background-color:red; color:#FFFFFF;}
```

< 206 >

```
8        .a {visibility:visible;}
9        .b {visibility:hidden;}
10 </style>
11 </head>
12 <body>
13 <p>这是一个按钮<input type="button" value="提交" class="a" />一个普通的按钮。</p>
14 <p>这是一个按钮<input type="button" value="提交" class="b" />一个普通的按钮。</p>
15 <table border="1">
16 <tr>
17    <td colspan="2">春晓</td>
18 </tr>
19 <tr>
20    <td class="a">春眠不觉晓</td>
21    <td class="b">处处闻啼鸟</td>
22 </tr>
23 <tr>
24    <td class="b">夜来风雨声</td>
25    <td>花落知多少</td>
26 </tr>
27 </table>
28 </body>
29 </html>
```

示例 12-13 运行效果如图 12.15 所示。

本例先创建了以下两个按钮。

第一个按钮的 visibility 属性值为 visible，该按钮会显示在网页上。

第二个按钮的 visibility 属性值为 hidden，该按钮会隐藏，在网页上不会显示任何部分。虽然按钮被隐藏了，但是按钮在网页中占据的位置还存在，对整个网页的布局没有什么影响。

然后创建一个表格，并对表格的不同行和单元格设置不同的显示方式。在图 12.15 中，class 为 b 的单元格被隐藏了。

图 12.15 对象采用不同显示方式的运行效果

12.6 小结

本章主要介绍如何控制元素的布局，包括元素布局中的定位、浮动、溢出与剪切、对象的显示与隐藏。其中，定位部分介绍了定位方式、偏移，以及定位元素的层叠顺序；浮动部分介绍了浮动的概念、如何设置浮动以及清除浮动的方法；溢出与剪切部分介绍了设置溢出效果、设置水平方向内容超出范围的处理方式、设置垂直方向内容超出范围的处理方式和内容的剪切。

习题

1. div 元素属于_____元素，span 元素属于_____元素。
2. position 属性的属性值包括_____、_____、_____、_____4 种。
3. 下列选项中为元素设置相对定位的方法正确的是_____。
   A. div.a {position:static;}   B. div.a {position:absolute;}

< 207 >

C. div.a {position:relative;}   D. div.a {position:inherit;}

4. 下列选项中设置元素层叠顺序的方法正确的是_____。

  A. div {position:absolute;}   B. div { z-index:2;}

  C. div { x-index:2;}   D. div {overflow:visible;}

5. 下列选项中设置元素居右浮动的方法正确的是_____。

  A. div { float:left;}   B. div { float:right;}

  C. div { clear:left;}   D. div { clear:right;}

上机指导

在网页设计中，元素的布局是很重要的。好的布局可以让网页更加美观，更加吸引人。本章涉及的知识点为如何控制元素的布局，包括元素布局中的定位、浮动、溢出与剪切、对象的显示与隐藏。下面通过上机操作来巩固本章所学的知识点。

实验一

实验内容

通过绝对定位的方式设置元素的位置。

实验目的

巩固知识点。

实现思路

首先使用 position 属性设置图片和文本为绝对定位（absolute），然后通过 top、right 等偏移属性值设置图片和文本的具体位置。

在 Dreamweaver 中选择"新建"|"HTML"命令，新建 HTML 文件。在 HTML 文件中输入的关键代码如下。

```
<style type="text/css">
    .a {position:absolute;color:white;left:220px;top:10px;right:100px;}
    .b {position:absolute;background-color:#FCF;color:block;width:200px;font- family:
"幼圆";}
</style>
```

在菜单栏中选择"文件"|"保存"命令，输入保存路径，单击"保存"按钮，即可完成元素定位的设置。运行效果如图 12.16 所示。

图 12.16　设置元素定位的运行效果

实验二

实验内容

通过浮动属性设置元素的位置。

实验目的

巩固知识点。

< 208 >

实现思路

使用 float 属性设置图片浮动在文本的右侧。

在 Dreamweaver 中选择"新建"|"HTML"命令,新建 HTML 文件。在 HTML 文件中输入的关键代码如下。

```
<style type="text/css">
    h2{font-family:"方正姚体";}
    img{float:right;}
</style>
```

在菜单栏中选择"文件"|"保存"命令,输入保存路径,单击"保存"按钮,即可完成元素浮动的设置。运行效果如图 12.17 所示。

图 12.17 设置元素浮动的运行效果

实验三

实验内容

通过清除浮动属性,元素可恢复到默认的位置。

实验目的

巩固知识点。

实现思路

使用 clear 属性来清除浮动。

在 Dreamweaver 中选择"新建"|"HTML"命令,新建 HTML 文件。在 HTML 文件中输入的关键代码如下。

```
<style type="text/css">
    .a {float:right; height:200px;}
    .p1{float:left; width:300px;}
    .b {clear:left; text-align:left;}
</style>
```

在菜单栏中选择"文件"|"保存"命令,输入保存路径,单击"保存"按钮,即可清除元素的浮动效果。运行效果如图 12.18 所示。

图 12.18 清除元素的浮动运行效果

< 209 >

第 13 章 网页布局与设计技巧

前面的章节介绍了 HTML 与 CSS 的基础知识，这些基础知识大多数是面向网页元素的。这些元素组合起来可以形成一个完整的网页。本章将介绍如何组织这些网页元素来形成一个完整网页，以及网页设计中常用的技巧。

13.1 网页布局

网页布局是指网页整体的布局。虽然网页的内容很重要，但是如果网页的布局很乱，用户也会感觉很不舒服。用户打开一个网页时，第一印象就是网页漂不漂亮，然后才会去看网页内容。本节介绍如何布局网页，以让网页变得更漂亮。

13.1.1 网页大小

设计网页的第一步是考虑网页的大小。网页过大，浏览器中会出现滚动条，浏览不便；网页过小，显示内容过少，影响美观。

1. 影响网页大小的因素

直接影响网页大小的因素是浏览者显示器的分辨率。市面上主流的显示器或显示屏分辨率包括以下几种。

（1）1280px × 720px（HD）：也称为 720p，是高清晰度的标准分辨率，适合手机和平板电脑等小型显示屏。

（2）1080p（1920px×1080px）：适用于大多数日常办公和娱乐，24in 及 24in 以下的屏幕常采用此分辨率。

（3）2K（2560px×1440px）：适合需要更高清晰度的用户使用，如设计师和摄影师，27in 及 27in 以上屏幕常采用此分辨率。

（4）4K（3840px×2160px）：适合专业设计和视频制作领域使用，40in 及 40in 以上屏幕常采用此分辨率。

（5）8K（7680px×4320px）：目前市场上最高端的显示器分辨率，主要应用于科研、医疗等专业领域。

浏览器打开一个网页时，除了显示网页内容，还会显示浏览器的框架，因此，网页不能完全按照显示器的分辨率来设计。网页内容一般居中显示，两侧进行留白处理，这样在不同分辨率的屏幕中会按比例缩放，不会因为分辨率改变而导致网页内容溢出。

2．如何设计网页大小

网页究竟要设计多大的尺寸呢？近年来，计算机硬件的更新换代十分迅速，市面上的绝大多数显示器均支持超过 1440px × 900px 的分辨率，因此建议在设计网页时以 1920px×1080px 分辨率为基础。在 1920px×1080px 分辨率的显示器中，网页中心显示内容建议的宽度在 1200px 以内，最佳宽度范围为 1000~1200px。这样的尺寸可以保证大部分用户舒适地浏览网页，同时适应不同屏幕尺寸。

3．其他设计网页大小的方法

如果开发人员精益求精，也可以设计多个网页，浏览器在打开网页时，先使用 JavaScript 等脚本语言判断用户显示器分辨率的大小，再跳转到相应的网页。例如，将同一个网页按照不同的分辨率设计成两个不同的页面：一个是 1280.html；另一个是 1920.html。当用户的显示器分辨率为 1280px × 720px 时，显示 1280.html 文件；当用户的显示器分辨率为 1920px×1080px 时，显示 1920.html 文件。不过，这么做工作量很大。其实还有其他办法让网页适应用户显示器的分辨率，即结合脚本语言来设计网页大小。

13.1.2　网页栏目划分

确定网页大小之后，就可以开始设计网页的布局。网页布局是指在网页上放什么内容，以及这些内容放在网页的什么位置。网页设计没有什么定论可言，只要设计得漂亮，想怎么设计都行。一个设计良好的网站首页（即网站的第一个页面）会包含以下几个区域。

1．页头

页头也称为网页的页眉，主要作用是显示页面的标题。通过网页的标题，用户可以一目了然地知道该网页甚至该网站的主题是什么。通常页头会放置网站的 Logo、Banner 等。

2．Banner

Banner 是横幅广告的意思，很多网站首页的上方会放置一个 Banner。不过，Banner 不一定在页头上，也有可能出现在网页的其他区域。Banner 中放置的不一定都是广告，也可以是网站的标题或介绍。此外，还有一些网站干脆就没有放置 Banner。

3．导航区域

不是每个网站都会有 Banner，但几乎所有网站都会有导航区域。导航区域用于链接网站的各个栏目，通过导航区域也可以看出网站的定位是什么。导航区域通常是以导航栏的形式出现的，导航栏可以大致分为横向导航栏、纵向导航栏和菜单导航栏三大类。

（1）横向导航栏将栏目横向平铺。

（2）纵向导航栏将栏目纵向平铺。

（3）菜单导航栏通常用于栏目比较多的情况，尤其是栏目下又有子栏目的情况。

4．内容

网站按照链接的深度，可以分为以下多级。

（1）一级页面通常是网站的首页，该页面中的内容比较多，如各栏目的介绍、最新动态、最近更新、重要信息等。

（2）二级页面通常是在首页里单击栏目链接之后出现的页面，该页面中的内容是某一个栏目下的所有内容（往往只显示标题）。例如，单击新浪网首页导航栏中的"体育"之后看到的就是二级页面，在该页面中看到的是所有与体育相关的新闻标题。

< 211 >

（3）三级页面通常是在二级页面中单击标题后出现的页面，该页面通常显示一些具体内容，如某个新闻的具体内容。

注意：并不是所有的网站都仅有这3个级别的页面内容。

5．页脚

页脚通常位于网页的最下方，用于放置公司信息或制作信息、版权信息等。有时页脚也会放置一些常用的网站导航信息。

图 13.1 所示为网页效果。

图 13.1　网页效果

13.1.3　表格布局

在 CSS 出现之前，网页都使用表格来布局。在使用表格布局时，利用表格的无边框和间距的特性（将表格的边框宽度与单元格间距都设置为 0）将网页元素按版面需要划分之后插入表格的各个单元格即可。

【示例 13-1】 根据图 13.2 所示的栏目划分方式，将网页不同的部分组成一个完整的网页。

页头	
栏目：什么是博客	栏目：分享由此开始
栏目：每日推荐	栏目：搜索
	栏目：博客秀
栏目：名博推荐	栏目：最近更新
页脚	

图 13.2　栏目划分

代码如下。

```
1    <!DOCTYPE html>
2    <html xmlns="http://www.w3.org/1999/xhtml">
3    <head>
4    <meta http-equiv="Content-Type" content="text/html; charset=utf-8" />
5    <title>表格布局</title>
6    </head>
7    <body>
```

< 212 >

```
8    <table width="100%">
9       <tr>
10         <td colspan="2"><img src="img/banner.gif" alt="banner" /></td>
11      </tr>
12      <tr>
13         <td><img src="img/1-1.gif" alt="什么是博客" /></td>
14         <td><img src="img/1-2.gif" alt="分享由此开始" /></td>
15      </tr>
16      <tr>
17         <td rowspan="2"><img src="img/2-1.gif" alt="每日推荐" /></td>
18         <td><img src="img/2-2.gif" alt="搜索" /></td>
19      </tr>
20      <tr>
21         <td><img src="img/2-3.gif" alt="博客秀" /></td>
22      </tr>
23      <tr>
24         <td><img src="img/3-1.gif" alt="名博推荐" /></td>
25         <td><img src="img/3-2.gif" alt="最近更新" /></td>
26      </tr>
27      <tr>
28         <td colspan="2" align="center">
29            <font color="#AEAEAE" size="2">
30            公司简介 - 联系方法 - 招聘信息 - 客户服务 - 相关法律 - 用户反馈<br />
31            ××公司版权所有 1997—2007
32            </font>
33         </td>
34      </tr>
35   </table>
36   </body>
37   </html>
```

为方便起见，示例 13-1 中所有的栏目都以图片的形式插入单元格。

划分完大栏目之后，可以根据大栏目的具体情况，对大栏目再进行划分。这种划分也可以用表格来完成。例如，图 13.2 中的"最近更新"栏目可以再用一个嵌套的表格细分，如图 13.3 所示。

最近更新（图标）				
图片	图片	图片	图片	图片
文字	文字	文字	文字	文字
图片	图片	图片	图片	图片
文字	文字	文字	文字	文字

图 13.3　栏目细分

然后将细分的栏目插入所在单元格，形成多个表格的嵌套，如图 13.4 所示。

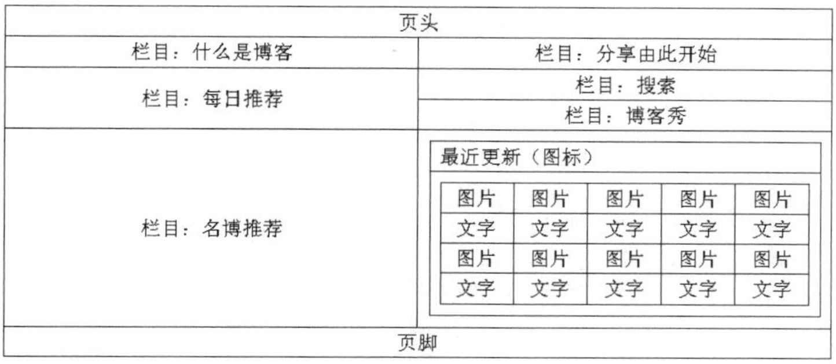

图 13.4　表格嵌套

< 213 >

13.1.4 CSS 布局

使用表格布局，会大量用到表格的嵌套，并且需要在表格中加入大量的标签属性，如 width、border、cellspacing、cellpadding 等。这会大大降低网页源代码的可读性，例如，想通过源代码弄明白哪些表格用来显示数据、哪些表格用来控制网页样式要耗费很多时间和精力，维护网页也不方便。

使用 CSS 布局可以将网页内容和网页样式分离，从根本上改变网页内容和网页标签属性混在一起的局面。使用 CSS 布局时最常用的为 div 元素，每一个 div 元素对应的是一个栏目内容。也可以将 div 元素看成一个个"块"，每一个块的作用是显示内容，至于将块放在哪个位置，就由 CSS 样式来控制。例如，将图 13.2 用 CSS 布局划分，如图 13.5 所示。

图 13.5 CSS 布局划分

【示例 13-2】根据图 13.5 所示的 CSS 布局划分方式，使用 CSS 创建网页。
代码如下。

```
1   <!DOCTYPE html>
2   <html xmlns="http://www.w3.org/1999/xhtml">
3   <head>
4   <meta http-equiv="Content-Type" content="text/html; charset=utf-8" />
5   <title>CSS 布局</title>
6   <style type="text/css">
7     #root {width:992px;}
8     #Blog {float:left;width:595px;}
9     #Suggest {float:left;width:595px;}
10    #GoodBlog {float:left;width:595px;}
11    #Foot {font-size:9pt;color:#AEAEAE;text-align:center; clear:left}
12  </style>
13  </head>
14  <body>
15  <div id="root">
16    <div id="Head">
17       <img src="img/banner.gif" alt="banner" />
18    </div>
19    <div id="Blog">
20       <img src="img/1-1.gif" alt="什么是博客" />
21    </div>
22    <div id="Sharing">
23       <img src="img/1-2.gif" alt="分享由此开始" />
24    </div>
25    <div id="Suggest">
```

< 214 >

```
26          <img src="img/2-1.gif" alt="每日推荐" />
27      </div>
28      <div id="Search">
29          <img src="img/2-2.gif" alt="搜索" />
30      </div>
31      <div id="BlogShow">
32          <img src="img/2-3.gif" alt="博客秀" />
33      </div>
34      <div id="GoodBlog">
35          <img src="img/3-1.gif" alt="名博推荐" />
36      </div>
37      <div id="New">
38          <img src="img/3-2.gif" alt="最近更新" />
39      </div>
40      <div id="Foot">
41          公司简介 - 联系方法 - 招聘信息 - 客户服务 - 相关法律 - 用户反馈<br />
42          ××公司版权所有 1997—2007
43      </div>
44   </div>
45   </body>
46   </html>
```

为方便起见，示例 13-2 将所有的栏目都以图片的形式放在层中。可以看到，每个层中放置的都是栏目的内容，至于层是如何放置在网页上的，则通过 CSS 来控制。这样，就真正做到了内容与版面控制分离，代码的可读性也大大增强。

13.2　CSS 布局技巧

使用 CSS 布局虽然比使用表格布局简洁、方便，但是 div 元素与表格还是有很大区别的。使用表格布局，只要将表格划分好，就可以在单元格中填入内容。使用 CSS 布局时，很多开发人员不知道如何控制 div 元素，总是无法将其摆放到想要放的位置上。下面总结网站上常用的一些网页布局方式，并介绍如何在 CSS 中处理这些布局。

13.2.1　一栏布局

一栏布局是最简单的布局方式，这种布局方式将网页中的所有内容都显示为一栏。一栏布局中，宽度都是一样的，只需要使用一个简单的 div 元素就可以显示整体的网页布局，代码如下。

```
<div id="mydiv">
    网页内容
</div>
```

设置 div 元素之后，就可以为该层设置样式，如层的大小、背景颜色、边框等，代码如下。

```
#mydiv {width:600px;height:300px;background-color:#AEAEAE;
    border-style:solid;border-width:1px;border-color:blue;}
```

在一栏布局中，经常要考虑以下两个方面的问题。

（1）宽度。宽度是指 div 元素的宽度。开发人员要考虑多大的宽度才能完全显示网页的内容。除此之外，还有前面说过的分辨率问题。通常，宽度可以设置成比较合适的值，如 1080px，这个宽度能适应当前的大多数显示器。或者将宽度设置为一个百分比，如 width:80%，这个宽度可以让 div 元素的大小随着浏览器窗口大小的改变而改变，也可以在不同分辨率的显示器上显示所有网页内容。但这种

< 215 >

方法也不是完美的，当 div 元素的宽度改变时，原本不换行的文本可能产生换行而引起版面混乱。

（2）水平对齐方式。设置一个元素时，默认该元素是居左显示的。当浏览器窗口宽度大于元素的宽度时，在元素的右侧会显示一些空白，这种不对称的视觉效果并不是很好，因此开发人员通常都会让元素居中显示。但是 CSS 中只有设置对象内容居中显示的属性，并没有设置对象居中显示的属性，这种情况下又应该怎么处理呢？请看示例 13-3。

【示例 13-3】设置一栏布局网页结构。

```
1    <!DOCTYPE html>
2    <html xmlns="http://www.w3.org/1999/xhtml">
3    <head>
4    <meta http-equiv="Content-Type" content="text/html; charset=utf-8" />
5    <title>一栏布局</title>
6    <style type="text/css">
7        #mydiv{width:600px;height:200px;background-color:#AEAEAE;border-style:solid;
border-width:1px;border-color:blue;margin:auto;}
8    </style>
9    </head>
10   <body>
11       <div id="mydiv">
12           一栏布局
13       </div>
14   </body>
15   </html>
```

示例 13-3 中使用了设置边距的 margin 属性。如果该属性被设置为 auto，就会由浏览器决定对象边距的大小。运行效果如图 13.6 所示。

图 13.6　一栏布局运行效果

注意：通常，将 margin 属性设置为 auto，浏览器会让对象的左边距与右边距保持相同的大小（也就是保证对象居中对齐），上边距为 8px 左右，下边距被忽略。

13.2.2　二栏布局

二栏布局是将网页分为左侧与右侧两列，这也是使用较多的布局方式。二栏布局其实也很简单，先创建两个 div 元素，再设置两个 div 元素的宽度，然后设置两栏并列显示。

【示例 13-4】设置二栏布局网页结构。

```
1    <!DOCTYPE html>
2    <html xmlns="http://www.w3.org/1999/xhtml">
3    <head>
4    <meta http-equiv="Content-Type" content="text/html; charset=utf-8" />
5    <title>二栏布局</title>
6    <style type="text/css">
7        #divleft{width:300px;height:200px;background-color:#AEAEAE;border-style:
solid;border-width:1px;border-color:blue;float:left;margin-right:10px;}
```

< 216 >

```
8          #divright{width:300px;height:200px;background-color:#AEAEAE;border-style:
solid;border-width:1px;border-color:blue;float:left;}
9     </style>
10    </head>
11    <body>
12        <div id="divleft">左分栏</div>
13        <div id="divright">右分栏</div>
14    </body>
15    </html>
```

　　示例 13-4 为左分栏设置了右边距，因此两列有了间距。运行效果如图 13.7 所示。当然，也可以为右分栏设置左边距来达到同样的效果，读者对这些方面可以灵活处理。

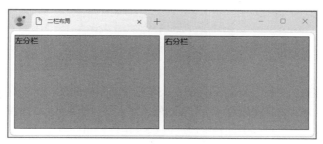

图 13.7　二栏布局运行效果

13.2.3　多栏布局

　　我们以三栏布局为例来介绍多栏布局。三栏布局是指将网页的内容分为左、中、右三大部分。这种布局方式也是网络中常用的布局方式。通常做法是固定左栏与右栏的大小，而中间栏的大小是可变的，即可以随着浏览器窗口大小的改变而改变。

　　三栏布局与一栏布局和二栏布局有很大的不同。其通常用 width 属性将左栏与右栏的宽度固定，并且这两栏使用绝对定位被固定到浏览器的左侧和右侧，中间栏还是以默认样式出现，但要为中间栏指定边距，边距至少要大于左右栏的宽度。

　　【示例 13-5】设置多栏布局网页结构。

```
1     <!DOCTYPE html>
2     <html xmlns="http://www.w3.org/1999/xhtml">
3     <head>
4     <meta http-equiv="Content-Type" content="text/html; charset=utf-8" />
5     <title>三栏布局</title>
6     <style type="text/css">
7          #div1{width:200px;height:200px;background-color:#AEAEAE;border-style:solid;
border-width:1px;border-color:blue;position:absolute;left:10px;top:15px;}
8          #div2{height:200px;background-color:#AEAEAE;border-style:solid;border-width:
1px;border-color:blue;margin-left:220px;margin-right:220px;}
9          #div3{width:200px;height:200px;background-color:#AEAEAE;border-style:solid;
border-width:1px;border-color:blue;position:absolute;right:10px;top:15px;}
10    </style>
11    </head>
12    <body>
13        <div id="div1">左分栏</div>
14        <div id="div2">中间栏</div>
15        <div id="div3">右分栏</div>
16    </body>
17    </html>
```

　　示例 13-5 运行效果如图 13.8 所示。

< 217 >

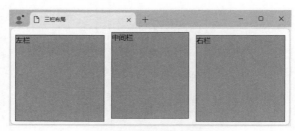

图 13.8　多栏布局运行效果

提示：对于比较复杂的网页，可以逐步分解网页中的区域，利用 div 元素的嵌套来完成布局。

13.3 CSS 盒子模型

本节的内容非常重要，这是因为盒子模型是 CSS 定位、布局的核心。在前面章节的学习中，读者了解了各种网页布局的方式，仅仅通过 div 元素和列表元素即可完成大部分的网页布局工作。在学习、理解盒子模型的概念后，读者可以更加熟练地进行 CSS 定位、布局操作。

13.3.1　盒子模型的概念

HTML 中大部分的元素（特别是块级元素）都可以被看作一个个盒子，而网页元素的定位实际上就是这些大大小小的盒子在页面中的定位。这些盒子在页面中是"流动"的，当某个块级元素被用 CSS 设置了浮动属性，这个盒子就会"流"到上一行。网页布局关注的是这些盒子在页面中如何摆放、如何嵌套，而这么多盒子摆在一起，最需要关注的是盒子尺寸的计算、盒子是否流动等。

为什么要把 HTML 元素作为盒子模型来研究呢？这是因为 HTML 元素的特性和盒子非常相似，如图 13.9 所示。

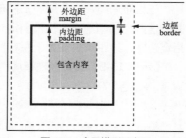

大多数 HTML 元素除了包含的内容（文本或图像），还有内边距、边框和外边距。读者在布局网页、定位 HTML 元素时只有充分考虑到这些要素，才能更自如地摆弄这些盒子。

外边距属性即 CSS 的 margin 属性，该属性可拆分为 margin-top（顶部外边距）、margin-bottom（底部外边距）、margin-left（左边外边距）和 margin-right（右边外边距）。CSS 的边框（border）属性和

图 13.9　盒子模型示意图

内边距（padding）属性同样可拆分为 4 边。在 Web 标准中，CSS 的 width 属性为盒子包含内容的宽度，而整个盒子的实际宽度为

盒子宽度=（padding-left）+（border-left）+（margin-left）+width+（padding-right）+（border-right）+（margin-right）

相应地，CSS 的 height 属性为盒子包含内容的高度，而整个盒子的实际高度为

盒子高度=（margin-top）+（border-top）+（padding-top）+height+（padding-bottom）+（border-bottom）+（margin-bottom）

13.3.2　设置外边距

在 CSS 中，margin 属性可以统一设置，也可以上、下、左、右分开设置。
【示例 13-6】控制盒子的外边距。

< 218 >

```
1   <!DOCTYPE html>
2   <html xmlns="http://www.w3.org/1999/xhtml">
3   <head>
4   <meta http-equiv="Content-Type" content="text/html; charset=utf-8" />
5   <title>控制盒子的外边距</title>
6   <style type="text/css">
7       *{margin: 0px;}
8       #all{width:400px;height:300px; margin:0px auto;background-color:#ccc;}
9       #all div{width:150px;height:50px;text-align:center;line-height:50px;background-
color:#fff;}
10      #a{margin-left:5px;margin-bottom:20px;}
11      #b{margin-left:5px;margin-right:5px;margin-top:6px;float:left;}
12      #c{margin-bottom:5px;float:left;}
13      #d{float:left;}
14      #e{margin-left:5px;margin-top:15px;float:left;}
15  </style>
16  </head>
17  <body>
18  <div id="all">
19      <div id="a">a 盒子</div>
20      <div id="b">b 盒子</div>
21      <div id="c">c 盒子</div>
22      <div id="d">d 盒子</div>
23      <div id="e">e 盒子</div>
24  </div>
25  </body>
26  </html>
```

　　为了更方便看到 div 元素的效果，以上代码给外部 div 元素设置了浅灰色背景，给内部 div 元素设置了白色背景。运行效果如图 13.10 所示。这个示例非常典型，特别是 b 盒子、c 盒子和 d 盒子之间的关系。几个盒子之间的关系如图 13.11 所示。

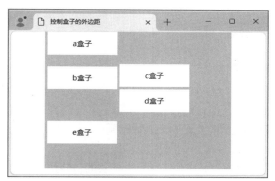

图 13.10　设置外边距运行效果

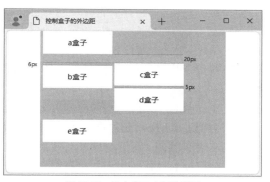

图 13.11　几个盒子之间的关系

　　从每个盒子的纵向布局可以看出，每一个盒子的高度都需要计算外边距的属性值。其中，a 盒子的高度为

```
height+(margin-bottom)=70(px)
```

b 盒子的高度为

```
height+(margin-top)=56(px)
```

c 盒子的高度为

```
height+(margin-bottom)=55(px)
```

< 219 >

13.3.3 设置边框样式

边框作为盒子模型的组成部分之一，其样式非常重要。设置边框的 CSS 样式不但影响盒子的尺寸，还影响盒子的外观。边框（border）属性的值有 3 种：边框尺寸（px）、边框类型和边框颜色（十六进制）。

【示例 13-7】设置盒子边框的样式。

```
1   <!DOCTYPE html>
2   <html xmlns="http://www.w3.org/1999/xhtml">
3   <head>
4   <meta http-equiv="Content-Type" content="text/html; charset=utf-8" />
5   <title>边框样式设置</title>
6   <style type="text/css">
7       * {margin: 0px;}
8       #all{width:400px;height:270px;margin:0px auto;background-color:#ccc;}
9       #all div{width:160px;height:50px;text-align:center;line-height:50px;background-
color:#eee; float:left;margin-left:5px; margin-bottom:5px;}
10      #a{width:380px;margin:5px;border:1px solid #333;}
11      #b{border:20px solid #333;}
12      #c{border:20px groove #f00;}
13      #d{border:2px dashed #000;}
14      #e{border:2px dotted #000;}
15      #f{border-left:2px solid #fff;border-top:2px solid #fff;border-right:2px solid
#333;border-bottom:2px solid #333;}
16      #g{border-top:2px groove #333;}
17  </style>
18  </head>
19  <body>
20  <div id="all">
21      <div id="a">a 盒子</div>
22      <div id="b">b 盒子（solid类型）</div>
23      <div id="c">c 盒子（groove类型）</div>
24      <div id="d">d 盒子（dashed类型）</div>
25      <div id="e">e 盒子（dotted类型）</div>
26      <div id="f">f 盒子</div>
27      <div id="g">g 盒子</div>
28  </div>
29  </body>
30  </html>
```

为了方便地看到 div 元素的效果，以上代码给外部 div 元素设置了#ccc 背景颜色，给内部 div 元素设置了#eee 背景颜色。示例 13-7 运行效果如图 13.12 所示。

这个例子使 HTML 对象看起来更像盒子，边框只是盒子包装中的一层，最外层的包装是不可见的外边距。计算边框的宽度非常重要，定位元素要充分考虑边框宽度。边框常用的设置方法如下。

border:宽度 类型 颜色;

这是统一设置 4 个方向的边框的方法。如果要分开设置 4 个方向的边框，可将 border 改为 border-top（顶部边框）、border-bottom（底部边框）、border-left（左边框）和 border-right（右边框）。"类型"为不同样式的边框线条，常用的有 solid（实线）、dashed（虚线）、dotted（点线）、groove（立体线）、double（双线）、outset（浮雕线）等，读者可以一一尝试。

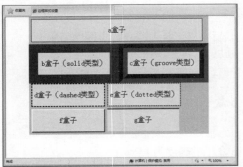

图 13.12　设置边框样式运行结果

< 220 >

13.3.4 设置内边距

内边距（padding）类似 HTML 中表格单元格的 cellpadding 属性，即盒子边框和内容之间的距离。内边距和外边距（margin）很相似，都是不可见的盒子组成部分，只不过内边距和外边距之间夹着边框。

【示例 13-8】控制盒子的内边距。

```
1   <!DOCTYPE html>
2   <html xmlns="http://www.w3.org/1999/xhtml">
3   <head>
4   <meta http-equiv="Content-Type" content="text/html; charset=utf-8" />
5   <title>内边距的设置</title>
6   <style type="text/css">
7       * {margin: 0px;}
8       #all{width:360px;height:300px;margin:0px auto;padding:25px;background-color:#ccc;}
9       #all div{width:160px;height:50px;border:1px solid #000;background-color:#eee;}
10      p{width:80px;height:30px;padding-top:15px;background-color:#cc9;}
11      #a{padding-left:50px;}
12      #b{padding-top:50px;}
13      #c{padding-right:50px;}
14      #d{padding-bottom:50px;}
15  </style>
16  </head>
17  <body>
18  <div id="all">
19      <div id="a"><p>a 盒子</p></div>
20      <div id="b"><p>b 盒子</p></div>
21      <div id="c"><p>c 盒子</p></div>
22      <div id="d"><p>d 盒子</p></div>
23  </div>
24  </body>
25  </html>
```

为了更方便地看到 div 的表现，以上代码给外部 div 设置了#ccc 背景颜色，给内部 div 设置了#eee 背景颜色，而给 p 元素设置了#cc9 背景颜色。示例 13-8 运行效果如图 13.13 所示。

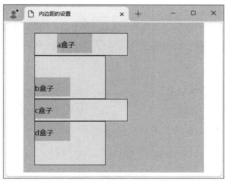

图 13.13 设置内边距运行效果

13.4 小结

本章主要介绍网页布局与设计技巧。其中，网页布局部分介绍了网页大小的设置、网页栏目划分、表格布局和 CSS 布局；CSS 布局技巧部分介绍了如何使用 CSS 进行一栏布局、二栏布局和多栏布局。

< 221 >

习题

1. 网站的首页一般包含_____、_____、_____、_____、_____ 5 个区域。
2. 网页一般有_____、_____、_____ 3 种布局方式。
3. 浏览网页时，浏览者显示器的分辨率一般是_____。
   A. 800px × 600px
   B. 1920px×1080px
   C. 1152px × 864px
   D. 1600px × 900px
4. 网页中的页脚通常用来放置_____。
   A. 广告
   B. 页面标题
   C. 导航
   D. 页面内容
5. 在网络上找找哪些网站是一栏布局，哪些是二栏布局，哪些是多栏布局。

上机指导

网页布局是设计好一个网站的基础。要想设计出成功的网页，就需要掌握网页布局与设计技巧。本章涉及的知识点包括网页布局与 CSS 布局技巧两部分。下面通过上机操作来巩固本章所学的知识点。

实验一

实验内容

使用表格布局来设计一个网页。

实验目的

巩固知识点。

实现思路

根据图 13.4 的划分，再修改示例 13-1，通过表格来细分"最近更新"栏目。

在 Dreamweaver 中选择"新建"|"HTML"命令，新建 HTML 文件。在 HTML 文件中输入的关键代码如下。

```
<table border="0" bgcolor="#A6BEFF" cellspacing="1" cellpadding="0">
  <tr>
    <td bgcolor="#FFFFFF" height="29px">
      <img src="img/new.gif" alt="最近更新" width="100%" />
    </td>
  </tr>
  <tr>
    <td bgcolor="#FFFFFF">
      <table border="0">
        <tr>
          <td><img src="img/new-1.gif" alt="跃蓝" /></td>
          <td><img src="img/new-2.gif" alt="yjhwan1" /></td>
          <td><img src="img/new-3.gif" alt="hpyrose" /></td>
          <td><img src="img/new-4.gif" alt="小小" /></td>
          <td><img src="img/new-5.gif" alt="映日荷花" /></td>
        </tr>
        <tr>
```

< 222 >

```
            <td align="center"><font color="blue" size="2">跃蓝</font></td>
            <td align="center"><font color="blue" size="2">yjhwan1</font></td>
            <td align="center"><font color="blue" size="2">hpyrose</font></td>
            <td align="center"><font color="blue" size="2">小小</font></td>
            <td align="center"><font color="blue" size="2">映日荷花</font></td>
          </tr>
        </table>
      </td>
  </tr>
</table>
```

　　在菜单栏中选择"文件"｜"保存"命令，输入保存路径，单击"保存"按钮，即可完成使用表格布局网页。效果如图 13.14 所示。

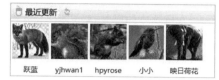

图 13.14 "最近更新"栏目效果

实验二

实验内容

使用 CSS 来设计一个网页。

实验目的

巩固知识点。

实现思路

根据图 13.5 的划分，再修改示例 13-2，通过 CSS 来细分"最近更新"栏目。

　　在 Dreamweaver 中选择"新建"｜"HTML"命令，新建 HTML 文件。在 HTML 文件中输入的关键代码如下。

```
<style type="text/css">
#New{ width:400px;}
div{ float:left; text-align:center; color:blue; font-size:12px;}
#line div{ margin:3px;}
</style>
<body>
<div id="New">
    <div id="newimg"><img src="img/new.gif" alt="最近更新" /></div>
    <div id="line">
        <div class="news"><img src="img/new-1.gif" alt="跃蓝" /><br />跃蓝</div>
        <div class="news"><img src="img/new-2.gif" alt="yjhwan1" /><br />yjhwan1 </div>
        <div class="news"><img src="img/new-3.gif" alt="hpyrose" /><br />hpyrose </div>
        <div class="news"><img src="img/new-4.gif" alt="小小" /><br />小小</div>
        <div class="news"><img src="img/new-5.gif" alt="映日荷花" /><br />映日荷花</div>
        <div class="news"><img src="img/new-6.gif" alt="雨轩" /><br />雨轩</div>
        <div class="news"><img src="img/new-7.gif" alt="liulangaji" /><br />liulangaji </div>
        <div class="news"><img src="img/new-8.gif" alt="你好明天" /><br />你好明天</div>
        <div class="news"><img src="img/new-9.gif" alt="追寻" /><br />追寻</div>
        <div class="news"><img src="img/new-10.gif" alt="鲜花烂漫" /><br />鲜花烂漫</div>
    </div>
</div>
</body>
```

　　在菜单栏中选择"文件"｜"保存"命令，输入保存路径，单击"保存"按钮，即可完成使用 CSS 设计网页。

< 223 >

实验三

实验内容

使用 CSS 布局技巧来布局网页。

实验目的

巩固知识点。

实现思路

在网页中使用 CSS 布局一个 4 栏的网页。

在 Dreamweaver 中选择"新建"|"HTML"命令，新建 HTML 文件。在 HTML 文件中输入的关键代码如下。

```
<style type="text/css">
    div{width:150px;height:200px;background-color:#AEAEAE;border-style:solid;
border-width:1px;border-color:blue;}
    #div1{position:absolute;left:10px;top:15px;}
    #div2{position:absolute;left:200px;top:15px;}
    #div3{position:absolute;left:380px;top:15px;}
    #div4{position:absolute;right:20px;top:15px;}
</style>
```

在菜单栏中选择"文件"|"保存"命令，输入保存路径，单击"保存"按钮，即可使用 CSS 布局一个 4 栏的网页。效果如图 13.15 所示。

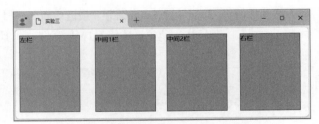

图 13.15　使用 CSS 布局一个 4 栏网页的效果

< 224 >

第 14 章　JavaScript 快速入门

JavaScript 是一种动态的编程语言，广泛应用于网页开发，主要用于增强网页的交互性和动态性。作为 Web 开发的核心技术之一，HTML 负责定义网页的内容结构，CSS 处理样式和布局，JavaScript 则控制网页的动态效果和交互行为。本章将介绍如何使用 JavaScript 语言实现动态网页。

14.1　初识 JavaScript

JavaScript 语言允许开发人员实现网页的动态效果和响应用户交互行为，同时也被用于服务器端编程、移动应用开发等。JavaScript 于 1995 年由网景（Netscape）公司的布兰登·艾奇（Brendan Eich）在网景导航者浏览器上首次设计、实现而成。本节将介绍 JavaScript 语言基础知识。

14.1.1　JavaScript 语言的组成

JavaScript 语言的组成方式与其他编程语言类似。JavaScript 语言主要由标识符、关键字、变量、运算符、语句、函数以及对象组成。

1．标识符

编程语言的基本功能是处理数据，但是单独的数据是没有任何含义的。例如，一个数字 1，谁也不知道它代表什么。因此，数字需要用有含义的词语去指代或者与其关联，例如，1 个苹果，此时数字 1 就代表 1 个苹果。

在程序中对苹果和数字 1 进行处理时，苹果这种名词就被称为标识符。标识符就是在编程语言中拥有指定功能的字、词或符号。标识符要遵循以下几条规则：

（1）标识符由数字、字母、下画线（_）、美元符号（$）等构成；

（2）第一个字符必须是字母、下画线或美元符号；

（3）标识符区分字母的大小写，推荐使用小写形式或骆驼命名法；

（4）标识符不能与 JavaScript 中的关键字相同。

2．关键字

关键字是由 JavaScript 语言官方规定的拥有特定功能的标识符。例如，for 用于实现循环语句。开发人员在自定义标识符时是不能使用关键字或保留字的。JavaScript 语言的系统预定义关键字如表 14.1 所示。

表 14.1 JavaScript 语言的系统预定义关键字

序号	关键字	序号	关键字	序号	关键字	序号	关键字
1	abstract	17	else	33	instanceof	49	switch
2	arguments	18	enum	34	int	50	synchronized
3	boolean	19	eval	35	interface	51	this
4	break	20	export	36	let	52	throw
5	byte	21	extends	37	long	53	throws
6	case	22	false	38	native	54	transient
7	catch	23	final	39	new	55	true
8	char	24	finally	40	null	56	try
9	class	25	float	41	package	57	typeof
10	const	26	for	42	private	58	var
11	continue	27	function	43	protected	59	void
12	debugger	28	goto	44	public	60	volatile
13	default	29	if	45	return	61	while
14	delete	30	implements	46	short	62	with
15	do	31	import	47	static	63	yield
16	double	32	in	48	super		

3．变量

变量是指用于存放可变化数据的标识符。在变量中可以存放不同的值，这样就可以在同一空间中实现大量数据的运算和迭代。变量就像一辆货车，在有限的空间内可以运送不同的货物。

在使用变量之前需要先创建变量，然后才能使用变量实现数据的存储和运算。声明变量是使用固定代码向计算机硬件申请一块内存空间用以存储数据，但是这块空间内是没有数据的。这就像购买了一辆卡车，卡车的货厢是空的。声明变量的语法格式如下。

```
var 变量1,变量2,…,变量n
```

其中，var 是声明或定义变量的关键字。var 可以一次声明一个或多个变量，变量之间用英文逗号分隔。变量的名字由开发人员定义，但是要符合标识符规则。JavaScript 语言是区分大小写的，所以变量 a 和变量 A 代表两个变量。声明一个变量 truck 的代码如下。

```
var truck;
```

声明多个变量 truck1、truck2、truck3 的代码如下。

```
var truck1, truck2, truck3;
```

声明变量就像买一辆空卡车，而定义变量就是给卡车装满货物。如果已经有了确定的数据，就可以使用定义变量的方式来创建变量。定义变量的语法格式如下。

```
var 变量名=初始值;
```

其中，"="为赋值运算符，该运算符会将右侧的初始值赋给左侧的变量。初始值就是要使用变量存储的数据，也就是卡车中装的货物。如果要一次性定义多个变量，其语法格式如下。

```
var 变量名1=初始值1, 变量名2=初始值2,…, 变量名n=初始值n;
```

< 226 >

4．运算符

运算符用于实现对数据的运算。JavaScript 语言中常用的运算符包括赋值运算符、算术运算符、比较运算符和逻辑运算符。按照操作数的数目，运算符又可以分为单目运算符、双目运算符和多目运算符。常用的运算符如表 14.2 所示。

表 14.2　常用的运算符

运算符	功能	示例
=	赋值运算，双目，将赋值运算符右侧的数据赋给左侧的变量	a=10 或 a=b
+	加法运算，双目，计算两个操作数的和	a+b
−	减法运算，双目，计算两个操作数的差	a−b
*	乘法运算，双目，计算两个操作数的积	a*b
/	除法运算，双目，计算两个操作数的商	a/b
%	取余运算，双目，计算两个操作数的余数	a%b
++	自加运算，单目，在操作数原来的基础上加 1	a++或++a
−−	自减运算，单目，在操作数原来的基础上减 1	a−−或−−a
>	大于。左侧的值大于右侧的值时返回 true，否则返回 false	a>b
>=	大于或等于。左侧的值大于或等于右侧的值时返回 true，否则返回 false	a>=b
<	小于。左侧的值小于右侧的值时返回 true，否则返回 false	a<b
<=	小于或等于。左侧的值小于或等于右侧的值时返回 true，否则返回 false	a<=b
!=	不等于。左侧与右侧的值不相等时返回 true，否则返回 false	a!=b
==	等于。左侧与右侧的值相等时返回 true，否则返回 false	a==b
!===	严格不等于。左侧与右侧的值不相等或数据类型不同时返回 true，否则返回 false	a!===b
===	严格等于。左侧与右侧的值相等且数据类型相同时返回 true，否则返回 false	a===b
&&	逻辑与运算符。当两个操作数同时为 true 时返回 true，否则返回 false	a&&b
!	逻辑非运算符。只有一个操作数，操作数为 true 时，返回 false，否则返回 true	!a
||	逻辑或运算符。当两个操作数同时为 false 时返回 false，否则返回 true	a||b

5．语句

语句是程序的基础单位，每个语句都会实现一个或多个功能。就像写作文，每句话都会表达一个或多个意思。在 JavaScript 语言中建议每句代码结尾处添加英文分号，以表示语句的结束。

在 JavaScript 语言中程序默认从源代码第 1 行开始依次顺序执行。有几种语句可以改变程序的执行顺序，这些语句包括分支控制语句以及循环控制语句。下面介绍几个常见的改变程序执行顺序的语句。

（1）if 语句

if 语句会为程序提供一条可执行的分支。如果满足 if 语句的条件，就执行该分支，否则跳过该分支。其语法格式如下。

```
if(条件表达式)
{
语句块;
}
```

< 227 >

（2）if…else 语句

if…else 语句会提供两条可执行的分支。如果满足条件，执行第一个分支，否则执行另一个分支，两条分支中必须有一个分支被执行。其语法格式如下。

```
if(条件表达式)
{
语句块1;
}
else
{
语句块2;
}
```

（3）for 语句

for 语句是标准的循环语句，也是所有循环语句中较有执行效率的语句。for 语句会在循环条件为 true 的前提下不断循环执行指定的语句，其语法格式如下。

```
for(初始条件;循环条件;迭代条件)
{
循环体语句块;
}
```

其中，初始条件是指循环的起始点，一般为初始化变量的值。循环条件为条件表达式，用于控制循环的次数，如果表达式的值为 true 就进入循环，执行循环体语句块，否则就停止并跳出循环。迭代条件用于对变量进行迭代。3 个条件之间要使用英文分号（;）进行分隔。循环体语句块是由一条或多条语句组成的。

（4）while 语句

while 语句的特点是先判断条件是否成立，再决定是否执行循环体语句块。它是 for 循环语句的一种变形，其语法格式如下。

```
while(条件表达式)
{
 循环体语句块;
}
```

（5）do…while 语句

do…while 语句的特点是先执行一次指定的语句，然后判断条件是否成立，再决定是否进行第 2 次循环。它也是 for 循环语句的一种变形，其语法格式如下。

```
do
{
语句块;
}while(条件表达式);
```

6．函数

函数是指有固定功能的代码块。函数名用于指代这个代码块。函数的存在是为了提高代码的利用率。开发人员定义一个函数之后就可以重复地调用该函数，这样就省去了重复编写同一段代码的过程，也提高了代码的利用率。函数就像一个锤子，人们需要敲钉子的时候，只需要直接拿起锤子使用，而不需要每次都先制造一个锤子，再敲钉子。

自定义函数的语法格式如下。

```
function 函数名() {  语句块;  }
```

< 228 >

其中，函数名由开发者自定义，但是需要符合标识符规则。语句块就是用于实现具体功能的单行或多行代码。开发人员定义函数之后可以通过函数名调用这个函数，调用的语法格式如下。

```
函数名();
```

其中，函数名必须与定义的函数名完全相同。

7．对象

对象是包含相关属性和方法的集合。其中，属性就是与对象产生关联的变量，方法就是与对象产生关联的函数。JavaScript 提供了多个对象，每个对象都有对应的属性和方法。开发人员只需要调用这些对象的属性和方法就可以实现对元素的操作。对象调用对应的属性或方法时会用到点运算符，其语法格式如下。

```
对象.属性;
```

或

```
对象.方法;
```

JavaScript 中的数组变量也会被作为对象处理，数组变量可以使用单独的变量名来存储一系列数据。定义数组变量的语法格式如下。

```
var 数组名=new Array(元素1,元素2,…,元素n);
```

简写形式为

```
var 数组名={元素1,元素2,…,元素n};
```

如果数组变量的元素是一个字符串，则定义数组变量的语法格式如下。

```
var 数组名="字符串";
```

访问数组变量中的元素，其语法格式如下。

```
数组名[下标];
```

其中，下标用于指定要访问的数组中的元素，下标默认从 0 开始。例如，定义一个数组 a，代码如下。

```
var a={1,2,3};
```

要访问该数组中的第一个元素，数组下标必须为 0，代码如下。

```
a[0];
```

14.1.2　嵌入方式

JavaScript 代码嵌入 HTML 文本的方式包括行内嵌入、内部嵌入和外部嵌入 3 种。

（1）行内嵌入 JavaScript 代码是将代码添加到标签中，其语法格式如下。

```
<标签名 触发事件="JavaScript 代码" />
```

其中，触发事件属于 JavaScript 方法的一种。

（2）内部嵌入是将 JavaScript 代码添加在<script>与</script>标签之间。<script>与</script>标签可以添加在<head>与</head>标签之间，也可以添加在<body>与</body>标签之间的末尾。如果放在<head>与</head>标签之间，脚本会在 HTML 文件全部加载前执行，这可能会导致页面显示延迟或无法触发指

< 229 >

定的效果。因此，为了不影响页面加载速度，许多开发人员倾向于将脚本放在<body>与</body>标签之间的末尾。内部嵌入 JavaScript 代码的语法格式如下。

```
<head>
<script type="text/javascript">
    JavaScript 代码;
</script>
</head>
<body>
…
网页元素
…
<script type="text/javascript">
    JavaScript 代码;
</script>
</body>
```

其中，<script>标签的 type 属性在 HTML5 标准中可以省略。但是为了兼容，建议添加该属性。

（3）外部嵌入是将 JavaScript 代码与 HTML 文件分离存放。JavaScript 代码会存放到文件扩展名为.js 的文件中，然后 HTML 页面使用<script>标签将.js 文件引入，<script>标签一般默认添加到<head>与</head>标签之间。外部嵌入时 HTML 文件引入.js 文件的语法格式如下。

```
<script type="text/javascript" src="JavaScript/xxx.js"></script>
```

【示例 14-1】使用 3 种方式插入 JavaScript 代码并实现弹窗。

创建一个扩展名为.js 的 JavaScript 代码文件 14.1.js，代码如下。

```
1    function aF2()
2    {
3        alert("外部嵌入 JavaScript 代码");
4    }
```

HTML 文件中的代码如下。

```
1    <!DOCTYPE html>
2    <html xmlns="http://www.w3.org/1999/xhtml">
3    <head>
4    <meta http-equiv="Content-Type" content="text/html; charset=utf-8" />
5    <script type="text/javascript" src="14.1.js"></script>
6    <title>引入 JavaScript</title>
7    </head>
8    <body>
9    <button onclick="alert('行内嵌入 JavaScript 代码')">按钮 1</button>
10   <button onclick="aF1()">按钮 2</button>
11   <button onclick="aF2()">按钮 3</button>
12   <script type="text/javascript">
13   function aF1()
14   {
15       alert("内部嵌入 JavaScript 代码");
16   }
17   </script>
18   </body>
19   </html>
```

第 5 行通过<script>标签实现外部嵌入 JavaScript 代码。第 9 行实现行内嵌入 JavaScript 代码；第 12~17 行实现内部嵌入 JavaScript 代码；第 9~11 行添加了 3 个按钮元素。用户单击对应按钮就会触发对应的 JavaScript 代码并出现弹窗效果。3 个按钮触发的 3 个弹窗如图 14.1 所示。

< 230 >

图 14.1　3 个按钮触发的 3 个弹窗

其中，代码 "onclick="alert('行内嵌入 JavaScript 代码')'" 中 onclick 是一个事件方法，可以捕获对应元素被鼠标单击事件。当用户单击网页中的元素时，该事件方法就会被触发。事件的编写语法格式如下。

事件名="JavaScript 代码"

其中，英文双引号不可以省略。事件方法被触发之后就会执行赋值运算符右侧的语句。在示例 14-1 的代码中会触发 alert() 函数，其作用是通过浏览器弹窗的方式显示小括号的内容。如果小括号的内容是字母、字符或符号，则需要用双引号或单引号引起来；如果是数字则不需要引号。

另外，代码 "onclick="aF1()'" 和 "onclick="aF2()'" 在用户单击对应的按钮后会被 onclick 方法获取，然后触发 aF1() 函数或 aF2() 函数。aF1() 函数由第 12~17 行内部嵌入的 JavaScript 代码定义。aF2() 函数由第 5 行引入的外部 JavaScript 代码文件 14.1.js 定义。aF1() 函数与 aF2() 函数的功能类似，都是实现通过弹窗展示指定内容。

14.1.3　注释

注释是代码中的重要部分。注释类似于古文的对照翻译，用于解释 JavaScript 代码，以提高代码的可读性。在编写代码或对代码进行后期维护时，添加合理和精准的注释是十分重要的。JavaScript 代码的注释可以分为单行注释和多行注释两种。

单行注释以双斜杠（//）开头，双斜杠后面的同行内容不会被执行。单行注释的语法格式如下。

```
alert("显示的内容");                    //单行注释
```

多行注释以斜杠和星号（/*）开头、以星号和斜杠（*/）结尾。多行注释可以跨越多行，且在注释符之间的所有内容都不会被执行。多行注释的语法格式如下。

```
/*多行注释
    alert("显示的内容");
    alert("显示的内容");
*/
```

14.2　对元素的动态操作

对元素的动态操作是指通过 JavaScript 语言提供的对象中的方法和属性实现对网页元素的动态操作，包括获取元素中的内容、修改元素内容和属性值以及修改元素样式等。

14.2.1　document 对象

document 对象是 JavaScript 语言提供的一个重要对象。通过 document 对象的属性和方法，开发人员可以实现对 HTML 页面中所有元素的操作。document 对象的常用属性如表 14.3 所示。

< 231 >

表 14.3　document 对象的常用属性

属性	功能	属性	功能
cookie	设置或返回与当前文件相关的所有 cookie	referrer	返回载入当前文件的 URL
domain	返回当前文件的域名	title	返回当前文件的标题
lastModified	返回文件被最后修改的日期和时间	URL	返回当前文件的 URL

document 对象的常用方法如表 14.4 所示。

表 14.4　document 对象的常用方法

方法	功能
getElementById()	返回拥有指定 id 属性值的第一个对象
getElementsByClassName()	返回拥有指定 class 属性值的对象集合
getElementsByTagName()	返回带有指定标签名的对象集合
write()	向文件写 HTML 表达式或 JavaScript 代码

【示例 14-2】返回当前文件的标题。

```
1   <!DOCTYPE html>
2   <html xmlns="http://www.w3.org/1999/xhtml">
3   <head>
4   <meta http-equiv="Content-Type" content="text/html; charset=utf-8" />
5   <script type="text/javascript" src="14.1.js"></script>
6   <title>JavaScript 的 document 对象</title>
7   </head>
8   <body>
9   <button onclick="aF1()">获取当前网页的标题内容</button>
10  <script type="text/javascript">
11  function aF1()
12  {
13      var title= document.title;                      //定义变量，以存放获取的属性值
14      alert(title);                                   //弹窗
15  }
16  </script>
17  </body>
18  </html>
```

第 13 行定义了一个变量 title，用于存储通过 document 对象的 title 属性获取的文件标题；第 14 行
通过 alert()函数弹出 title 变量中存储的内容。单击"获
取当前网页的标题内容"按钮后会出现一个弹窗，弹窗中
显示的内容为"JavaScript 的 document 对象"且与网页的
标题相同，如图 14.2 所示。

14.2.2　获取元素中的内容

网页中有很多元素，我们可以通过 innerHTML 属
性获取元素中的文本内容。该属性需要配合 document 对象的查找元素的方法使用，其语法格式如下。

图 14.2　弹窗显示标题内容

```
查找元素的方法.innerHTML
```

下面通过 3 种常用的查找元素方法配合 innerHTML 属性获取元素中的内容。

1．通过 id 属性获取元素的内容

通过 id 属性查找对应元素需要使用 getElementById()函数实现，其语法格式如下。

< 232 >

```
document.getElementById("id 属性值")
```

使用 getElementById()函数只可以获取一个 id 属性为指定值的元素。如果两个元素的 id 属性值相同，则只会获取文件中从上到下第一个出现的指定元素。

2．通过 class 属性获取元素的内容

通过 class 属性查找 HTML 元素需要使用 getElementsByClassName()函数实现，其语法格式如下。

```
document.getElementsByClassName("类属性值")
```

使用 getElementsByClassName()函数可以获取所有拥有指定 class 属性值的元素。该方法返回的值是一个数组，通过数组名和下标可以访问指定的元素。

3．通过标签名获取元素的内容

通过标签名查找 HTML 元素需要使用 getElementsByTagName()函数实现，其语法格式如下。

```
document.getElementsByTagName("标签名")
```

该方法的返回值为一个数组，该数组包含获取的所有指定标签的元素。通过数组名和下标可以访问对应的元素。

【示例 14-3】获取并输出元素中的内容。

```
1   <!DOCTYPE html>
2   <html xmlns="http://www.w3.org/1999/xhtml">
3   <head>
4   <meta http-equiv="Content-Type" content="text/html; charset=utf-8" />
5   <title>获取元素中的内容</title>
6   </head>
7   <body>
8   <div id="Div1" class="C1">div 元素</div>
9   <p class="C1">第 1 个 p 元素</p>
10  <p>第 2 个 p 元素</p>
11  <p>第 3 个 p 元素</p>
12  <button onclick="aF1()">通过 id 属性获取元素的内容</button>
13  <button onclick="aF2()">通过 class 属性获取元素的内容</button>
14  <button onclick="aF3()">通过标签名获取元素的内容</button>
15  <script type="text/javascript">
16  function aF1()
17  {
18      var content=document.getElementById("Div1").innerHTML;    //获取元素的内容
19      console.log("获取到的元素内容为"+content);               //输出元素的内容
20  }
21  function aF2()
22  {
23      var content=document.getElementsByClassName("C1");
24      console.log("获取到"+content.length+"个 class 属性值为 C1 的元素，它们的内容为");
        //输出所有 class 属性值为 C1 的元素总数
25      for(var i=0;i<content.length;i++)                          //循环执行
26      {
27          console.log(content[i].innerHTML);                     //获取并输出元素中的内容
28      }
29  }
30  function aF3()
31  {
32      var content=document.getElementsByTagName("p");
33      console.log("获取到"+content.length+"个 p 元素，它们的内容为");//输出 p 元素的总数
```

< 233 >

```
34        for(var i=0;i<content.length;i++)                        //循环执行
35        {
36            console.log(content[i].innerHTML);                   //获取并输出元素中的内容
37        }
38    }
39    </script>
40    </body>
41    </html>
```

第 16~20 行定义了一个 aF1()函数。该函数使用 getElementById()函数获取 id 属性值为 Div1 的元素的内容，然后存储到 content 变量，再使用 console 对象的 log()函数将变量中的内容输出到浏览器的控制台。其中，第 19 行代码中的加号 "+" 的作用是将字符串 "获取到的元素内容为" 和变量 content 连起来显示。

第 21~29 行定义了一个 aF2()函数。该函数使用 getElementsByClassName()函数获取 class 属性值为 C1 的所有元素并存储到 content 数组变量中，然后使用 log()函数将变量中的元素个数输出到浏览器的控制台，最后使用 for 循环语句，通过数组下标依次输出 content 数组变量中每个元素的内容。其中，第 24 行和第 25 行中的 length 为数组对象的属性，数组对象 content 可以直接调用该属性来获取数组的长度（数组中的元素个数）。

第 30~38 行定义了一个 aF3()函数。该函数使用 getElementsByTagName()函数获取所有 p 元素并存储到 content 数组变量中，然后使用 log()函数将变量中的元素个数输出到浏览器的控制台，最后使用 for 循环语句，通过数组下标依次输出 content 数组变量中每个元素的内容。

在浏览器中打开文件后，按键盘上的 F12 键，选择 "控制台" 选项卡，然后依次单击网页中的 3 个按钮，控制台就会依次输出获取的网页元素的内容，效果如图 14.3 所示。

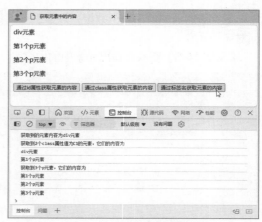

图 14.3　输出元素中的内容

14.2.3　修改元素内容和属性值

通过 JavaScript 代码可以动态地查找并修改对应元素的内容和属性值。通过修改内容可以实现交互信息的切换，通过修改属性值可以实现样式的切换等效果。查找并修改元素的内容和属性值的语法格式如下。

```
查找元素.innerHTML=文本内容;
查找元素.标签属性名=属性值;
```

其中，如果文本内容与属性值是字符串，需要使用英文双引号括起来；如果是变量，则不需要使用双引号。

【示例 14-4】获取并修改元素的内容和属性值。

```
1    <!DOCTYPE html>
2    <html xmlns="http://www.w3.org/1999/xhtml">
3    <head>
4    <meta http-equiv="Content-Type" content="text/html; charset=utf-8" />
5    <title>修改元素内容和属性值</title>
6    <style type="text/css">
7    #Div1{ background:red; border:1px solid black; width:100px; height:100px; }
```

< 234 >

```
8   #Div2{ background:yellow; border:2px dashed black; width:100px; height:100px;}
9   </style>
10  </head>
11  <body>
12  <div id="Div1"></div>
13  <p>大江东去，浪淘尽，千古风流人物。</p>
14  <input class="pt1" type="text" value="默认值"/><br/><br/>
15  <button onclick="F1()">修改背景和边框</button>
16  <button onclick="F2()">修改文本内容</button>
17  <button onclick="F3()">修改默认值</button>
18  <script type="text/javascript">
19  var n=0;
20  function F1()
21  {
22      document.getElementById("Div1").id="Div2";
23  }
24  function F2()
25  {
26      document.getElementsByTagName("p")[0].innerHTML="故垒西边，人道是，三国周郎赤壁";
27  }
28  function F3()
29  {
30      document.getElementsByClassName("pt1")[0].value=1000;
31  }
32  </script>
33  </body>
34  </html>
```

第 20~23 行定义了一个 F1()函数。该函数使用 getElementById()函数获取 id 属性值为 Div1 的元素，然后修改该属性的值为 Div2。

第 24~27 行定义了一个 F2()函数。该函数使用 getElementsByTagName()函数获取所有 p 元素并使用下标 0 访问第 1 个 p 元素，然后使用 innerHTML 属性修改 p 元素的文本内容为"故垒西边，人道是，三国周郎赤壁"。

第 28~31 行定义了一个 F3()函数。该函数使用 getElementsByClassName()函数获取 class 属性值为 pt1 的所有元素并使用下标 0 访问其中的第 1 个元素，然后使用 value 属性修改 input 元素的 value 属性值为 1000。

在浏览器中打开文件后，效果如图 14.4 所示。单击第 1 个按钮后，div 元素变为黄色背景、虚线边框。单击第 2 个按钮之后，p 元素的文本内容切换为"故垒西边，人道是，三国周郎赤壁"。单击第 3 个按钮之后，input 元素文本框中会显示数字 1000，效果如图 14.5 所示。

图 14.4　元素初始效果

图 14.5　修改元素的内容和属性值

14.2.4　修改元素样式

在 JavaScript 语言中可以通过 style 对象的 CSS 属性动态改变元素的样式。该对象的属性分为 12

< 235 >

类，包括背景、边框、边距、布局、列表、杂项、定位、打印、滚动条、表格、文本、规范，每类又可以细化为与 CSS 样式对应的属性。使用 style 对象的语法格式如下。

```
查找元素.style.property="属性值"
```

其中，查找元素需要根据具体需求选择，style 表示 style 对象不可以省略，property 表示具体的属性名（基本与 CSS 样式类似），属性值为样式要修改的具体值（基本与 CSS 样式类似）。

【示例 14-5】修改元素的样式。

```
1   <!DOCTYPE html>
2   <html xmlns="http://www.w3.org/1999/xhtml">
3   <head>
4   <meta http-equiv="Content-Type" content="text/html; charset=utf-8" />
5   <title>修改元素样式</title>
6   <style type="text/css">
7   div{ width:100px; height:100px; background:red; margin-bottom:10px;}
8   </style>
9   </head>
10  <body>
11  <div id="Div1"></div>
12  <button onclick="F1()">变大</button>
13  <button onclick="F2()">变小</button>
14  <script type="text/javascript">
15  var Div1=document.getElementById("Div1");           //查找指定元素并存储到变量
16  function F1()
17  {
18      Div1.style.width="200px";                       //修改宽度
19      Div1.style.height="200px";                      //修改高度
20  }
21  function F2()
22  {
23      Div1.style.width="50px";                        //修改宽度
24      Div1.style.height="50px";                       //修改高度
25  }
26  </script>
27  </body>
28  </html>
```

第 15 行通过 getElementById()函数获取指定的 div 元素并将其作为数据存储到变量 Div1 中，此时 Div1 就相当于 div 元素。

第 16~20 行定义了一个 F1()函数。该函数使用 style.width 属性设置 div 元素的宽度为 200px，使用 style.height 属性设置 div 元素的高度为 200px。

第 21~25 行定义了一个 F2()函数。该函数使用 style.width 属性设置 div 元素的宽度为 50px，使用 style.height 属性设置 div 元素的高度为 50px。

在浏览器中打开文件后，单击"变大"按钮后，div 元素会变大；单击"变小"按钮之后，div 元素会变小，效果如图 14.6 所示。

图 14.6　动态改变元素尺寸

< 236 >

14.3　事件

JavaScript 语言提供了多种事件用于监听对应元素上的操作（如单击元素、输入信息等操作），然后执行对应的代码。JavaScript 语言提供的事件可以分为鼠标事件、键盘事件及表单事件等。

14.3.1　事件方法的基本语法

事件需要嵌入元素标签中使用。每个元素中一次可以嵌入多个事件，事件之间以空格分隔。添加事件的语法格式如下。

```
<标签名 事件1="JavaScript 代码" 事件n="JavaScript 代码"></标签名>
```

14.3.2　鼠标事件

鼠标事件用于监听在网页中用户使用鼠标对元素的所有操作，包括单击、右击、双击、悬浮于元素上方、离开元素上方等。14.2 节中用到的事件 onclick 就是鼠标单击事件的一种。鼠标事件如表 14.5 所示。

表 14.5　鼠标事件

事件	功能
onclick	单击元素时被此事件捕获
oncontextmenu	右击某个元素并打开上下文菜单时被此事件捕获
ondblclick	双击元素时被此事件捕获
onmousedown	在元素上按鼠标键时被此事件捕获
onmouseenter	鼠标指针移动到元素上时被此事件捕获
onmouseleave	鼠标指针从元素上移出时被此事件捕获
onmousemove	鼠标指针在元素上移动时被此事件捕获
onmouseout	用户将鼠标指针移出元素或其中的子元素时被此事件捕获
onmouseover	鼠标指针移动到元素或其中的子元素上时被此事件捕获
onmouseup	在元素上释放鼠标按键时被此事件捕获

【示例 14-6】使用鼠标事件修改元素样式。

```
1    <!DOCTYPE html>
2    <html xmlns="http://www.w3.org/1999/xhtml">
3    <head>
4    <meta http-equiv="Content-Type" content="text/html; charset=utf-8" />
5    <title>使用鼠标事件</title>
6    </head>
7    <body>
8    <img id="Img1" onmouseover="F1()" onmouseout="F2()" onclick="F3()" src="14.1.jpg" />
9    <script type="text/javascript">
10   var img1=document.getElementById("Img1");
11   var n=0
12   function F1()                                //鼠标指针位于元素上
13   {
14       img1.style.border="5px solid red";       //添加边框
```

< 237 >

```
15    }
16    function F2()                                      //鼠标指针离开元素
17    {
18        img1.style.border="none";                      //取消边框
19    }
20    function F3()
21    {
22        n++;                                           //编号加 1
23        if(n==4){n=1;}                                 //编号超出范围初始化为 1
24        img1.src="14."+n+".jpg";                       //切换图片
25    }
26    </script>
27    </body>
28    </html>
```

第 8 行为 img 元素添加了 onmouseover 事件、onmouseout 事件和 onclick 事件；第 10 行通过 getElementById()方法获取指定的 img 元素并将其作为数据存储到变量 img1 中；第 12~15 行定义了一个 F1()函数，该函数使用 style.border 属性为 img 元素添加红色边框；第 16~19 行定义了一个 F2()函数，该函数使用 style. border 属性取消 img 元素的边框；第 20~25 行定义了一个 F3()函数，该函数使用 img1.src 属性和 n 变量实现切换图片路径的效果。

在浏览器中打开文件后会显示一张图片如图 14.7（a）所示；当用户将鼠标指针放置在图片上时，图片会被自动添加一个边框如图 14.7（b）所示；当用户将鼠标指针移出图片时，边框会消失；用户单击图片后，图片会切换为另外一张图片，如图 14.7（c）所示。

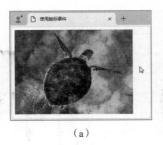
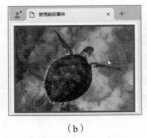

（a）　　　　　　　　　　　（b）　　　　　　　　　　　（c）

图 14.7　鼠标事件修改元素样式

14.3.3 键盘事件

键盘事件用于监听用户使用键盘在元素中输入信息时的所有操作。通过键盘事件，可以捕获键盘按下键、抬起键以及按下并抬起键 3 种事件。键盘事件如表 14.6 所示。

表 14.6　键盘事件

事件	功能
onkeydown	按下键时被此事件捕获
onkeypress	按下并释放某个键时被此事件捕获
onkeyup	松开键时被此事件捕获

【示例 14-7】使用键盘事件修改元素样式。

```
1    <!DOCTYPE html>
2    <html xmlns="http://www.w3.org/1999/xhtml">
3    <head>
4    <meta http-equiv="Content-Type" content="text/html; charset=utf-8" />
5    <title>使用键盘事件修改元素样式</title>
```

< 238 >

```
6      </head>
7      <body>
8      请输入你的名字: <input type="text" id="Ipt1" onkeyup="F1()"/>
9      <script type="text/javascript">
10     var ipt1=document.getElementById("Ipt1");      //获取 input 元素
11     var arrc=["red","blue","green"];               //颜色数组
12     var i=0;
13     function F1()
14     {
15         ipt1.style.color=arrc[i]                    //变化文本的颜色
16         i++;                                        //修改下标值
17         if(i==3){i=0;}                              //初始化下标值
18     }
19     </script>
20     </body>
21     </html>
```

第 8 行为 input 元素添加了 onkeyup 事件；第 10 行通过 getElementById()函数获取指定的 input 元素并将其作为数据存储到变量 ipt1 中；第 11 行定义一个存储颜色字符串的数组 arrc；第 13~18 行定义了一个 F1()函数，该函数使用 style.color 属性和 i 变量实现切换 input 元素的文本颜色。

在浏览器中打开文件后会显示一个文本框。用户在文本框中每输入一个字母，文本框中的文本颜色都会发生变化，如图 14.8 所示。

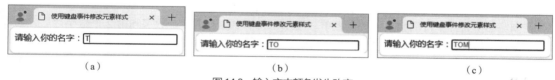

（a）　　　　　　　　　　　（b）　　　　　　　　　　　（c）

图 14.8　输入文本颜色发生改变

14.3.4　表单事件

表单元素是用于收集用户输入信息的 HTML 元素。用户在网页中输入账号、密码等信息时都需要使用表单元素。与表单相关的事件包括更改时触发事件、提交表单时触发事件以及重置表单时触发事件，具体如表 14.7 所示。

表 14.7　表单事件

事件	功能
onchange	form 元素的内容、选择的内容或选中的状态发生改变时被此事件捕获
onsubmit	提交表单时被此事件捕获
onreset	重置表单时被此事件捕获

【示例 14-8】使用表单事件实现计算。

```
1      <!DOCTYPE html>
2      <html xmlns="http://www.w3.org/1999/xhtml">
3      <head>
4      <meta http-equiv="Content-Type" content="text/html; charset=utf-8" />
5      <title>使用表单事件实现计算</title>
6      </head>
7      <body>
8      <form onreset="onresetF()" onsubmit="submitF()" >
9      输入第 1 个数: <input type="text" id="N1" /><br/>
10     输入第 2 个数: <input type="text" id="N2" /><br/>
```

< 239 >

```
11  <input type="reset" >
12  <input type="submit">
13  </form>
14  <script type="text/javascript">
15  function onresetF()
16  {
17      alert("表单将进行重置! ");                          //通过弹窗提示重置成功
18  }
19  function submitF()
20  {
21      var n1=document.getElementById("N1").value;       //获取第1个数字
22      var n2=document.getElementById("N2").value;       //获取第2个数字
23      var sum=parseFloat(n1) + parseFloat(n2);          //转换为浮点数并求和
24      alert("两个数字的和为"+sum);                        //通过弹窗显示结果
25  }
26  </script>
27  </body>
28  </html>
```

第 8 行为 form 元素添加了 onreset 事件和 onsubmit 事件；第 15~18 行定义了一个 onresetF()函数，该函数调用 alert()函数提示表单重置成功；第 19~25 行定义了一个 submitF()函数，该函数先通过 getElementById().value 的方式获取用户在网页中输入的数字并存储到对应的变量中，此时获取的数据为字符型，故不能参与运算，然后在第 23 行代码中通过 parseFloat()函数将获取的数据转换为浮点数，再进行求和计算，最后通过 alert()函数显示两个数字的和。

在浏览器中打开文件后会显示一个表单。用户在表单中输入第 1 个数字和第 2 个数字之后，如果单击"重置"按钮，浏览器会通过弹窗提示"表单将进行重置!"，如图 14.9（a）所示，单击"确定"按钮后，表单将重置；如果用户单击"提交"按钮，浏览器会显示一个弹窗，在弹窗中会显示两个数字的和，如图 14.9（b）所示。

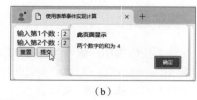

（a）　　　　　　　　　　　　　　　　　（b）

图 14.9　重置表单和提交表单

14.4 小结

本章主要介绍 JavaScript 语言的相关内容，包括 JavaScript 语言的基础语法、引入方式、动态操作元素以及事件的使用。其中，动态操作元素部分主要讲解如何使用 JavaScript 代码实现对元素的查找以及对元素内容和样式的修改；事件的使用部分分别讲解了事件的基本语法、鼠标事件、键盘事件以及表单事件的使用。

习题

1. JavaScript 语言主要由_____、_____、_____、_____、_____、函数以及对象

< 240 >

组成。

2. 下面选项中可以通过 id 属性获取元素的方法是_____。
   A.　getElementsByTagName()   B.　getElementById()
   C.　getElementsByClassName()   D.　write()

3. 下面选项中在键盘按键抬起时会被触发的事件为_____。
   A.　onkeypress   B.　onkeydown
   C.　onkeyup   D.　onchange

上机指导

JavaScript 语言可以通过固定的方法和属性实现动态获取网页元素内容或修改网页元素样式。下面通过上机操作来巩固本章所学的知识点。

实验一

实验内容

使用鼠标事件实现单击按钮切换 div 元素的 CSS 样式。

实验目的

巩固知识点。

实现思路

在网页中创建一个 div 元素和一个 button 元素。为 div 元素添加两套 CSS 样式，然后通过 JavaScript 代码实现单击按钮切换 div 元素的 CSS 样式。

在 Dreamweaver 中选择"新建"|"HTML"命令，新建 HTML 文件。在 HTML 文件中输入的关键代码如下。

```
<style type="text/css">
div{border:1px solid black; width:100px; height:100px; margin-bottom:10px;}
#Div1{ background:blue;}
#Div2{ background:red;}
</style>

<div id="Div1"></div>
<button onClick="F1()">变红</button>
<button onClick="F2()">变蓝</button>

<script type="text/javascript">
function F1()
{
    document.getElementById("Div1").id="Div2";
}
function F2()
{
    document.getElementById("Div2").id="Div1";
}
</script>
```

在菜单栏中选择"文件"|"保存"命令，输入保存路径，单击"保存"按钮。运行程序，单击"变蓝"按钮，div 元素变为蓝色背景，如图 14.10（a）所示；单击"变红"按钮，div 元素变为红色背景，

< 241 >

如图 14.10（b）所示。

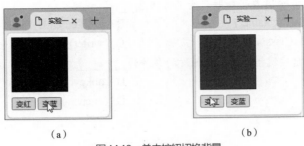

（a）　　　　　　　　　　　　　（b）

图 14.10　单击按钮切换背景

实验二

实验内容

将文本框中的字母全部转换为大写形式。

实验目的

巩固知识点。

实现思路

在网页中使用 onchange 事件实现用户在文本框中输入完成后，转换文本框中的小写字母为大写字母。

在 Dreamweaver 中选择"新建"|"HTML"命令，新建 HTML 文件。在 HTML 文件中输入的关键代码如下。

```
请输入要转换的小写字母: <input type="text" id="Inpt1" onchange="F1()" />
<script type="text/javascript">
function F1()
{
    var inpt1=document.getElementById("Inpt1");
    inpt1.value=inpt1.value.toUpperCase();
}
</script>
```

在菜单栏中选择"文件"|"保存"命令，输入保存路径，单击"保存"按钮。运行程序，在文本框中输入 7 个小写字母 a，如图 14.11（a）所示，输入完成后，文本框中的小写字母 a 会自动变为大写字母 A，如图 14.11（b）所示。

（a）　　　　　　　　　　　　　（b）

图 14.11　设置文本框触发事件实现大写字母转换

实验三

实验内容

使用 onsubmit 事件捕获"提交"按钮的表单提交操作。

< 242 >

实验目的

巩固知识点。

实现思路

在网页中让用户填写姓名，然后单击"提交"按钮提交表单。使用 onsubmit 事件捕获表单事件后，通过弹窗欢迎对应的用户登录网站。

在 Dreamweaver 中选择"新建"|"HTML"命令，新建 HTML 文件。在 HTML 文件中输入的关键代码如下。

```
<form  onsubmit="submitF()" >
请输入你的名字: <input type="text" id="N1" /><br/>
<input type="submit">
</form>
<script type="text/javascript">
function submitF()
{
    var name=document.getElementById("N1").value;
    alert("欢迎"+name+"登录本网站! ")
}
</script>
```

在菜单栏中选择"文件"|"保存"命令，输入保存路径，单击"保存"按钮。运行程序，在文本框中输入用户的名字，如图 14.12（a）所示，单击"提交"按钮后会出现弹窗欢迎用户登录，如图 14.12（b）所示。

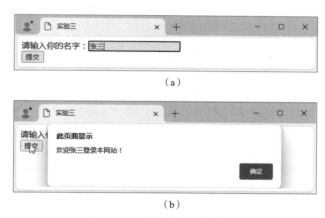

图 14.12　表单事件实现弹窗效果

< 243 >

第 15 章 网页布局综合案例——BABY HOUSING 网上商店

本章我们将结合前面所学的知识来分析、策划、设计并制作一个完整的网站首页。这个案例的目的是通过为 BABY HOUSING（宝贝屋）儿童用品网上商店制作网站首页，使读者进一步了解前面所学的知识，并掌握一套遵从 Web 标准的网页设计流程。

15.1 案例分析

BABY HOUSING 网站首页在垂直方向分为上、中、下 3 部分。其中，上、下两部分的背景会自动延伸；中间的内容区域分为左、右两列，左栏为主要内容，右栏由若干圆角框构成。网站首页效果如图 15.1 所示。

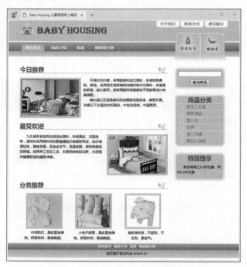

图 15.1　网站首页效果

此外，这个页面具有很好的交互提示功能。例如，页头部分的菜单具有鼠标指针经过时发生变化的效果，如图 15.2 所示。

图 15.2　鼠标指针经过时发生变化的菜单

下面具体分析这个案例的完整开发过程。

15.2　内容分析

在设计网页之前，首先要明确网站的内容，即通过网页要传达给浏览者什么信息，这些信息中哪些是最重要的、哪些是相对重要的，以及这些信息应该如何组织。

现以 BABY HOUSING 网站的首页为例进行说明。首先，要有明确的网站名称和标志。其次，要给浏览者方便地了解网站所有者自身信息的途径，包括指向"关于我们""联系方式"等内容的超链接。接下来，此网站的根本目的是销售商品，因此必须有清晰的商品分类，以及合理的导航栏。网上商店的商品通常都是以类别组织的，首页上通常会展示最受欢迎的和重点推荐的商品，因为首页的访问量明显比其他页面大得多，这相当于做广告了。

网站首页要展示的内容大致包括以下几种：网站名称、网站标志、主导航栏、关于我们、登录账号、购物车、今日推荐、最受欢迎、分类推荐、搜索商品框、商品分类、特别提示、版权信息。

15.3　原型设计

分析完网页内容后，还要对网站的完整功能和内容进行全面分析。如果有条件，应该制作出线框图，这个过程专业上称为"原型设计"。例如，在具体制作网页之前，可以先设计图 15.3 所示的网站首页原型线框图。

原型设计也是分步骤完成的。例如，首先要考虑把一个页面从上至下依次分为 3 部分，如图 15.4 所示。

然后将每个部分逐渐细化，例如，页头部分可以细化为图 15.5 所示的效果。

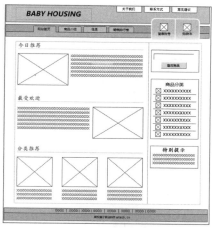

图 15.3　网站首页原型线框图

图 15.4　首页分成 3 部分的效果

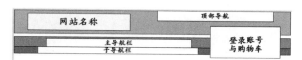

图 15.5　页头部分细化

中间内容部分分为左、右两栏，如图 15.6 所示，再进一步细化为图 15.7 所示的效果。

图 15.6　中间内容分栏

图 15.7　对内容部分进行细化

页脚部分比较简单，这里不再阐述。将这 3 部分组合起来，就形成了图 15.3 所示的效果。

< 245 >

15.4 布局设计

下面可以根据原型线框图来设计网页。先设计整体样式，然后设计页头部分、中间内容部分和页脚部分。

15.4.1 整体样式

首先对页面进行整体样式设计，以下是根据图 15.3 编写的页面基本结构代码。代码分为 3 部分：页头部分、中间内容部分和页脚部分，每部分为一个 div 元素。

```
<body>
    <div class="header">                <!--页头部分-->
    页头内容
    </div>

    <div class="content">               <!--中间内容部分-->
    详细内容
    </div>

    <div class="footer">                <!--页脚部分-->
    页脚内容
    </div>
</body>
```

然后使用 CSS 设置整个页面的共有属性。例如，对 font、margin、padding 等属性进行初始设置，这些属性在后面的设计中用来保证这些内容在各个浏览器中有相同表现。CSS 代码如下。

```
body{
    margin:0;
    padding:0;
    background: white url('images/header-background.png') repeat-x;
    font:12px/1.6 arial;
    }
ul{
    margin:0;
    padding:0;
    list-style:none;
}

a{
    text-decoration:none;
    color:#3D81B4;
}

p{
    text-indent:2em;
}
```

使用 CSS 在 body 中设置水平背景图像，并使这个背景图像在水平方向平铺，即可产生宽度方向自动延伸的背景效果。

15.4.2 页头部分

下面介绍页头部分的设计。根据图 15.5 设定的页头各部分来编写 HTML 代码，代码如下。

< 246 >

```
<div class="header">
   <h1><span>BABY HOUSING</span></h1>                          <!--网站名称-->
   <div class="logo"><img src="images/logo.gif" /></div>        <!--网站 Logo-->
   <ul class="mainNavigation">                                  <!--主导航栏-->
      <li class="current"><a href="#"><strong>网站首页</strong></a></li>
      <li><a href="#"><strong>商品介绍</strong></a></li>
      <li><a href="#"><strong>信息</strong></a></li>
      <li><a href="#"><strong>畅销排行榜</strong></a></li>
   </ul>
   <ul class="topNavigation">                                   <!--顶部导航栏-->
      <li><a href="#"><span>关于我们</span></a></li>
      <li><a href="#"><span>联系方式</span></a></li>
      <li><a href="#"><span>意见建议</span></a></li>
   <ul>
   <ul class="accountBox">                                      <!--登录账号与购物车-->
      <li ><a href="#" class="login"><span>登录账号</span></a></li>
      <li ><a href="#" class="cart"><span>购物车</span></a></li>
   </ul>
</div>
```

以上代码中进行了如下设置。

- 将整个页头部分放入一个 div 元素，为该 div 元素设置类别名称为 header。
- 将网站 Logo 图像放在一个嵌套的 div 元素中，为该 div 元素设置类别名称为 logo。
- 将主导航栏、顶部导航栏、登录账号与购物车分别放在不同的 ul 元素中，并在 li 元素中定义主导航栏、顶部导航栏、登录账号与购物车的详细内容，这里的内容都设置为超链接。
- 为主导航栏的列表设置类别名称为 mainNavigation。
- 为主导航栏的第一个项目（也就是"网站首页"）设置类别名称为 current。
- 为公司介绍的链接列表（也就是顶部导航）设置类别名称为 topNavigation。
- 为登录账号和购物车链接列表设置类别名称为 accountBox。

当然仅仅增加这些 div 元素和类别名称是不够的，还必须设置相应的 CSS 样式。

1. 设置头部样式

为整个头部设置样式，代码如下。

```
.header{
   position:relative;
   width:760px;
   height:138px;
   margin:0 auto;
   font:15px/1.6 arial;
}
```

在 header 部分的代码中首先将 position 属性设置为 relative，目的是使后面的子元素使用绝对定位时以页头而不是浏览器窗口为定位基准；然后设置宽度、高度、水平居中对齐方式和字体样式。

2. 设置 h1 标题样式

设置 h1 标题的 HTML 代码如下。

```
<h1><span>BABY HOUSING</span></h1>
```

本网站的 h1 标题是插入的 title.png 图片，并设置图片不平铺。将 margin 属性设置为 0，避免干扰其他元素的定位，CSS 代码如下。

```
.header h1{
```

< 247 >

```
background:transparent url('images/title.png') no-repeat bottom left;
height:63px;
margin:0;
margin-left:40px;
}
```

设置完成后的效果如图 15.8 所示。

3. 设置网站 Logo 样式

设置网站 Logo 的 HTML 代码如下。

图 15.8　h1 标题效果

```
<div class="logo"><img src="images/logo.gif" /></div>
```

在 CSS 中将 Logo 图片所在的 div 元素设置为绝对定位，并设置它的位置，代码如下。

```
.header .logo{
    position:absolute;
    top:10px;
    left:0px;
}
```

网站 Logo 设置完成的效果如图 15.9 所示。

4. 设置顶部导航栏样式

设置顶部导航栏的 HTML 代码如下。

图 15.9　网站 Logo 效果

```
<ul  class="topNavigation">                              <!--顶部导航栏-->
<li><a href="#"><span>关于我们</span></a></li>
<li><a href="#"><span>联系方式</span></a></li>
<li><a href="#"><span>意见建议</span></a></li>
<ul>
```

在 CSS 中，将顶部导航栏的列表设置为绝对定位，右上角对齐 header 的右上角，代码如下。

```
.header .topNavigation{
    position:absolute;
    top:0;
    right:0;
}
```

将顶部导航栏的列表项目 li 元素设置为居左浮动，且使它们水平排列，并使项目之间有一定的间隔，代码如下。

```
.header .topNavigation li{
    float:left;
    padding:0 2px;
}
```

设置顶部导航栏中的链接样式 a 元素，代码如下。

```
.header .topNavigation a{
    display:block;
    line-height:25px;
    padding:0 0 0 15px;
    background:transparent url('images/top-navi-white.gif') no-repeat;
}
.header .topNavigation a span{
    display:block;
    padding:0 15px 0 0;
    background:transparent url('images/top-navi-white.gif') no-repeat right;
}
```

此段代码将 a 元素由内联元素变为块级元素，设置行高的目的是使文字能在垂直方向居中显

< 248 >

示。将已经设置好的图片指定为 a 元素的背景图像，这样
链接样式就成了圆角样式。顶部导航栏设置完成的效果如
图 15.10 所示。

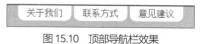

图 15.10　顶部导航栏效果

5．设置主导航栏样式

设置主导航栏的 HTML 代码如下。

```html
<ul class="mainNavigation">                        <!--主导航栏-->
    <li class="current"><a href="#"><strong>网站首页</strong></a></li>
<li><a href="#"><strong>商品介绍</strong></a></li>
<li><a href="#"><strong>信息</strong></a></li>
<li><a href="#"><strong>畅销排行榜</strong></a></li>
</ul>
```

在 CSS 中使用同样的方法，将主导航栏的列表设置为绝对定位，并定位到适当的位置，代码如下。

```css
.header .mainNavigation{
    position:absolute;
    color:white;
    font-weight:bold;
    top:88px;
    left:0;
}
```

将主导航栏的列表项目 li 元素设置为居左浮动，且使它们水平排列，并使项目之间有一定的间隔。
代码如下。

```css
.header .mainNavigation li{
    float:left;
    padding:5px;
}
```

对主导航栏中的 a 元素进行设置，其设置方法和顶部导航栏的设置方法基本一样，代码如下。

```css
.header .mainNavigation a{
    display:block;
    line-height:25px;
    text-decoration:none;
    padding:0 0 0 15px;
    color:white;
}
.header .mainNavigation a strong{
    display:block;
    padding:0 15px 0 0;
}
```

与顶部导航栏不同的是，这里希望只有当前页的菜单项有圆角背景图像，其他菜单项没有背景图
像。因此，可以针对类别名称为 current 的项目进行设置，也就是设置"网站首页"的样式。这里分别
设置 current 类别的 li 中的 a 元素和 strong 元素的圆角背景图像，代码如下。

```css
.header .mainNavigation .current a{
    color:white;
    background:transparent url('images/main-navi.gif') no-repeat;
}

.header .mainNavigation .current a strong{
    color:white;
    background:transparent url('images/main-navi.gif') no-repeat right;
}
```

至此，主导航栏就设置完成了，效果如图 15.11 所示。

< 249 >

6．设置登录账号与购物车样式

图 15.11　主导航栏效果

设置登录账号与购物车的 HTML 代码如下。

```
<ul class="accountBox">                          <!--登录账号与购物车-->
<li><a href="#" class="login"><span>登录账号</span></a></li>
<li><a href="#" class="cart"><span>购物车</span></a></li>
</ul>
```

在 CSS 中，将登录账号与购物车所在的 div 元素的列表设置为绝对定位，并放到右侧的适当位置，代码如下。

```
.header .accountBox{
    position:absolute;
    top:44px;
    right:10px;
}
```

同样，将登录账号与购物车所在的 div 元素的列表项目 li 元素设置为居左浮动，且使它们水平排列，并使项目之间有一定的间隔，代码如下。

```
.header .accountBox li{
    float:left;
    top:0;
    right:0;
    width:93px;
    height:110px;
    text-align:center;
}
```

设置超链接 a 元素。设置超链接的 display 属性值为 block，即将超链接由内联元素变为块级元素，以使鼠标指针进入图像范围即可触发事件，代码如下。

```
.header .accountBox a{
    display:block;
    height:110px;
    width:93px;
}
```

最后分别设置登录账号和购物车各自的背景图像，代码如下。

```
.header .accountBox .login{
    background:transparent url('images/account-left.jpg') no-repeat;
}

.header .accountBox .cart{
    background:transparent url('images/account-right.jpg') no-repeat;
}
```

登录账号与购物车效果如图 15.12 所示。

至此，网页页头部分设计完成，页头部分整体效果如图 15.13 所示。

图 15.12　登录账号与购物车效果

图 15.13　页头部分整体效果

15.4.3　中间内容部分

下面开始设计网页的中间内容部分。根据图 15.6，将中间内容部分分为"主要内容"和"侧边栏"两部分，每部分为一个 div 元素，然后在两个 div 元素中分别设置详细内容。

< 250 >

1．主要内容

根据图 15.7，使用 div 元素将"主要内容"部分划分为"今日推荐""最受欢迎""分类推荐"3 部分。

（1）HTML 设置部分

在"今日推荐"中，首先使用<h2></h2>标签设置标题，然后设置一个图片链接，最后使用 p 元素来显示"今日推荐"的文本内容。设置"今日推荐"的 HTML 代码如下。

```
<div class="mainContent">
    <div class="recommendation img-left">
        <h2>今日推荐</h2>
        <a href="#"><img id="binner1" src="images/ex4.jpg" width="210px" height =
"150px"/> </a>
        <p>环保印花件套，采用超柔和进口面料，手感极其柔软、舒适。采用高支高密精梳纯棉织物作为面料，手
感柔软舒适，经久耐用，多款图案风格能够与不同家居设计完美搭配。</p>
        <p>缩水率以及退色率均符合国家检测标准，绿色环保。30℃以下水温洗衣机弱洗，中性洗涤剂，中温熨烫。
</p>
    </div>
</div>
```

"最受欢迎"和"分类推荐"的设置方法与"今日推荐"的设置方法一样，设置"最受欢迎"和"分类推荐"的 HTML 代码如下。

```
<div class="recommendation">
    <h2>最受欢迎</h2>
    <div class="img-right"><a href="#"><img src="images/ex5.jpg" width ="210px" height=
"150px"/></a></div>
        <p>九孔棉冬被选用优质涤纶面料，手感柔软、花型独特，填充料采用高科技的聚酯螺旋纤维精制而成，该纤维
细如发，弹性强，且饱含空气，恒温性强，使您倍感轻软舒适。经特殊工艺加工后，长期保持松软如新，为您提供健康舒
适的睡眠体验。</p>
</div>
<div class="recommendation multiColumn">
    <h2>分类推荐</h2>
    <ul>
        <li><a href="#"><img src="images/ex1.jpg" width="120px" height="120px"/></a>
            <p>休闲款式，柔软富有弹性。舒服自然，飘逸聪颖。</p></li>
        <li><a href="#"><img src="images/ex2.jpg" width="120px" height="120px"/></a>
            <p>小兔子披肩，柔软富有弹性。舒服自然，飘逸聪颖。</p></li>
        <li><a href="#"><img src="images/ex3.jpg" width="120px" height= "120px" /></a>
            <p>精梳棉材质，不起球、不变形、更透气。</p></li>
    </ul>
</div>
```

至此，"主要内容"的 HTML 设置就完成了。

（2）CSS 样式设置部分

接下来设置"主要内容"部分的 CSS 样式。

首先设置"主要内容"的宽度并设置图像居左浮动，代码如下。

```
.mainContent{
    float:left;
    width:540px;
}
```

然后为"主要内容"中展示的图像设置边框样式，这样可以使图像看起来更精致，代码如下。

```
.content a img{
    padding:5px;
    background:#BDD6E8;
    border:1px #DEAF50  solid;
}
```

< 251 >

这时，"主要内容"部分中的图像增加了一个边框，如图 15.14 所示。

图 15.14　给图像设置边框

接着，设置"今日推荐"的样式。可以看出，"今日推荐"中的图像在文本的左边。这里要使图像居左浮动，并使图像与文本间隔 10px，代码如下。

```
.img-left img{
    float:left;
    margin-right:10px;
}
```

再设置"最受欢迎"的样式。要使图像居右浮动，并使图像与文本间隔 10px，代码如下。

```
.img-right{
    float:right;
    margin-left:10px;
}
```

设置"分类推荐"的样式，先将其分为 3 列，并设置每个列表项目的固定高度，然后设置使用浮动方式排列，代码如下。

```
.multiColumn li{
    float:left;
    width:160px;
    margin:0 10px;
    text-align:center;
}
```

接下来，对"主要内容"中<h2></h2>中的标题样式做一些 CSS 样式设置，使其效果更精致。本例设置了标题的字体、颜色、下画线，并在标题行的右端插入一个装饰花的图片，代码如下。

```
.recommendation h2{
    padding-top:20px;
    color:#069;
    border-bottom:1px #DEAF50 solid;
    font:bold 22px/24px 楷体_GB2312;
    background:transparent  url('images/rose.png')
no-repeat bottom right;
}
```

至此，"主要内容"设计完成，效果如图 15.15 所示。

2．侧边栏

设计中间内容部分的"侧边栏"时，仍然使用 div 元素将"侧边栏"部分划分为"搜索商品框""商品分类""特别提示" 3 部分。

（1）HTML 设置部分

在"搜索商品框"部分，插入一个表单 form 元素，然后在 form 元素中添加一个文本框和一个显示"查询商品"的按钮，用以搜索商品。"搜索商品框"部分的 HTML 代码如下。

图 15.15　"主要内容"设计效果

```
<div class="searchBox">
```

< 252 >

```
        <span>
            <form><input name="" type="text" /><input name="" type="submit" value="查询商
品" /></form>
        </span>
    </div>
```

在"商品分类"部分，插入一个表示标题的 h2 元素和一个显示"商品分类"内容的 ul 元素。"商品分类"部分的 HTML 代码如下。

```
<div class="menuBox">
    <span>
    <h2>商品分类</h2>
    <ul>
        <li><a href="#">新生儿必备</a></li>
        <li><a href="#">喂养用品</a></li>
        <li><a href="#">婴儿车</a></li>
        <li><a href="#">玩具</a></li>
        <li><a href="#">育儿书籍</a></li>
        <li><a href="#">婴幼儿食品</a></li>
    </ul>
    </span>
</div>
```

在"特别提示"部分，插入一个表示标题的 h2 元素和一个显示"特别提示"内容的 p 元素。"特别提示"部分的 HTML 代码如下。

```
<div class="extraBox">
    <span>
        <h2>特别提示</h2>
        <p>新品每周三 8.8 折优惠，两件 8.5 折优惠</p>
    </span>
</div>
```

（2）CSS 样式设置部分

下面设置"侧边栏"的 CSS 样式。

首先设置"侧边栏"的整体样式，代码如下。

```
.sideBar{
    float:right;
    width:186px;
    margin-right:10px;
    margin-top:20px;
    display:inline;/* IE 6 浏览器不兼容 */
}
.sideBar div{
    margin-top:20px;
    background:transparent url('images/sidebox-bottom.png') no-repeat bottom;
    width:100%;
}
.sideBar div span{
    display:block;
    background:transparent url('images/sidebox-top.png') no-repeat;
    padding:10px;
}
```

上面的代码其实很简单，就是为 div 元素和 span 元素分别设置一个背景图像。这里 div 元素使用的是高的背景图像，span 元素使用的是矮的背景图像，因为 span 元素在 div 元素中，所以 span 元素的背景图像在 div 元素的背景图像之上，它遮盖住了 div 元素的顶部，从而实现了圆角框的效果，如图 15.16 所示。

接下来，具体设置圆角框中的样式。

< 253 >

（1）对"侧边栏"中<h2></h2>中的标题进行统一设置，包括边距、字体、颜色和居中显示，CSS代码如下。

```
.sideBar h2{
    margin:0px;
    font:bold 22px/24px 楷体_GB2312;
    color:#069;
    text-align:center;
}
```

（2）设置"搜索商品框"的样式，使文本框和按钮都居中对齐，并设置间距，代码如下。

```
.sideBar .searchBox{
    text-align:center;
}
.sideBar input{
    margin:5px 0;
}
```

（3）设置"商品分类"的列表样式，包括列表的字体、高度、各行高和上边框的样式，然后设置列表中超链接a元素的样式，在每个超链接前面插入一张蝴蝶形状的装饰图，代码如下。

```
.sideBar .menuBox li a{
    display:block;
    padding-left:35px;
    background:transparent url('images/menu-bullet.png') no-repeat 10px center;
    height:25px;
}
```

至此，"侧边栏"设计完成，效果如图15.17所示。

图15.16 "侧边栏"设置圆角框后的效果

图15.17 "侧边栏"设计效果

15.4.4 页脚部分

页脚部分的设置非常简单，就是在div元素中添加两个p元素，用以显示超链接和版权信息。页脚部分的HTML代码如下。

```
<div class="footer">
    <p class="p1"><a href="#">网站首页</a> | <a href="#">商品介绍</a> | <a href="#">信息</a> | <a href="#">畅销排行榜</a></p>
    <p class="p2">版权属于前沿科技 artech.cn</p>
</div>
```

页脚部分的CSS样式设计也非常简单。在页脚部分插入背景图像，设置页脚部分的文字颜色为白色，并设置行高和边距，CSS代码如下。

< 254 >

```
.footer{
    clear:both;
    height:53px;
    margin:0;
    background:transparent url('images/footer-background.png') repeat-x;
    text-indent:0px;
    text-align:center;
}
.footer p{
    margin:0px;
}
.footer a{
    color:white;
}
.footer .p1{
    line-height:23px;
}
.footer .p2{
    line-height:30px;
}
```

上面代码中的 clear 属性用来保证页脚内容在页面的底端显示。页脚部分的设计效果如图 15.18 所示。

图 15.18　页脚部分的设计效果

至此，整个网站首页的视觉设计就完成了，效果如图 15.1 所示。在网站首页制作过程中，读者可以发现我们反复运用了一些元素，如列表、超链接等，只是它们在不同的地方产生了不同的效果。因此，建议读者熟练掌握一些基本方法，这样才能将其灵活运用在各个需要的地方。

15.5　交互效果设计

本节进行一些交互效果的设计，主要是为网页元素增加鼠标指针经过时的效果。当鼠标指针经过主导航栏、顶部导航栏、登录账号与购物车图像时，会有不同的效果。这一设计效果是为了提示用户所进行的选择，以提升用户体验。

15.5.1　顶部导航栏

为顶部导航栏增加鼠标指针经过时的效果，首先要准备一个与原有背景图像形状相同，但是颜色不同的新图像 top-navi-hover.gif，如图 15.19 所示。

图 15.19　顶部导航栏中鼠标指针经过时的背景图像

为顶部导航栏中的超链接元素增加 ":hover" 伪类，在其中更换背景图像，同时更换 ":hover" 包含的 span 元素的背景图像，并适当修改文字的颜色，代码如下。

```
.header .topNavigation a:hover{
    color:white;
    background:transparent url('images/top-navi-hover.gif') no-repeat;
}
.header .topNavigation a:hover span{
    background:transparent url('images/top-navi-hover.gif') no-repeat right;
```

< 255 >

```
}
```

设置完成后，鼠标指针经过顶部导航栏时的效果如
图 15.20 所示。

图 15.20　鼠标指针经过顶部导航栏时的效果

15.5.2　主导航栏

主导航栏的设置方法与顶部导航栏的设置方法一样，准备背景图像 main-navi-hover.gif，如图 15.21
所示。

为主导航栏中的超链接元素增加 ":hover" 伪类，在其中更换背景图像，同时更换 ":hover" 包含
的 span 元素的背景图像，并适当修改文字的颜色，代码如下。

```
.header .mainNavigation a:hover{
    color:white;
    background:transparent url('images/main-navi-hover.gif') no-repeat;
}

.header .mainNavigation a:hover strong{
    background:transparent url('images/main-navi-hover.gif') no-repeat right;
    color:#3D81B4;
}
```

设置完成后，鼠标指针经过主导航栏时的效果如图 15.22 所示。

图 15.21　主导航栏中鼠标指针经过时的背景图像

图 15.22　鼠标指针经过主导航栏时的效果

15.5.3　登录账号和购物车

本小节实现 "登录账号" 和 "购物车" 图像的鼠标指针经过时的效果。实际上，这里同样是
更换背景图像，不过会介绍一种略有变化的方法。这种方法就是把鼠标指针经过前和鼠标指针经
过时的背景图像设置为同一张图片，只是在鼠标指针经过时，通过改变背景图像的位置来实现交
互效果。

例如，每一张图片的上半部分和下半部分基本一样，区别就在于下半部分的颜色比上半部分浅一
些，当鼠标指针没有经过时显示上半部分，当鼠标指针经过时更换为显示下半部分。

分别对两个超链接元素的 ":hover" 伪类进行如下设置。

```
.header .accountBox .login:hover{
    background:transparent url('images/account-left.jpg') no-repeat  left bottom ;
}

.header .accountBox .cart:hover{
    background:transparent url('images/account-right.jpg') no-repeat  left bottom ;
}
```

可以看到，背景图像的文件名和鼠标指针未经过时的文件名是
一样的，而区别是最后的 bottom。bottom 表示从底端开始显示，而
在默认情况下是从顶端开始显示的，这样就实现了所需要的效果，
如图 15.23 所示。购物车部分的设置与登录账号部分的设置类似，
这里不再详述。

图 15.23　鼠标指针经过登录账号时效果

< 256 >

15.5.4　图像边框

接下来实现鼠标指针经过某个展示图片时，边框发生变化的效果，如图 15.24 所示。

可以看到，鼠标指针经过"最受欢迎"商品图片时，图像的边框颜色发生了变化，由黄色变为蓝色，背景颜色由浅蓝色变为深蓝色。要实现这种效果，对链接的":hover"伪类进行如下设置即可。

图 15.24　鼠标指针经过图片时的效果

```
.content a:hover img{
    padding:5px;
    background:#3D81B4;
    border:1px #3D81B4  solid;
}
```

15.5.5　商品分类

本小节实现"侧边栏"中"商品分类"列表的鼠标指针经过时的效果，如图 15.25 所示。

实现图 15.25 所示效果的代码如下。

图 15.25　鼠标指针经过商品分类时的效果

```
.sideBar .menuBox li a{
    display:block;
    padding-left:35px;
    background:transparent url('images/menu-bullet.png') no-repeat 10px center;
    height:25px;
}

.sideBar .menuBox li a:hover{
    display:block;
    color:#069;
    background:white url('images/menu-bullet.png') no-repeat 10px center;
}
```

15.6　Banner 自动轮播效果

本节将通过 JavaScript 语言实现 Banner 的自动轮播效果，以及使用鼠标控制 Banner 停止轮播和继续轮播的效果。

浏览者打开网页之后，"今日推荐"中的 Banner 会自动轮播 5 张图片。例如，轮播到第 2 张图片时的效果如图 15.26 所示。

当鼠标指针移动到该 Banner 显示的图片上时，轮播停止，效果如图 15.27 所示。当鼠标指针移出 Banner 显示的图片时，图片会继续开始轮播。

图 15.26　Banner 自动轮播效果

图 15.27　鼠标指针移动到图片上时轮播停止

< 257 >

实现 Banner 的自动轮播效果，代码如下。

```
<script type="text/javascript">
window.onload=function()
{
var b1=document.getElementById("binner1");        //获取 Banner 元素
//依次获取每个商品的文本内容
var p1=document.getElementById("p1").innerHTML;
var p2=document.getElementById("p2").innerHTML;
var p3=document.getElementById("p3").innerHTML;
var p4=document.getElementById("p4").innerHTML;
var p5=document.getElementById("p5").innerHTML;
var bp=document.getElementById("p4");
var arr={}
var i=1;
function move()                                   //实现图片切换
{
    b1.src="images/ex"+i+".jpg";                  //通过变量 i 的值改变 Banner 元素的 src 属性值
    //根据图片路径添加对应商品的文本内容
    if(i==1){bp.innerHTML=p1;}
    if(i==2){bp.innerHTML=p2;}
    if(i==3){bp.innerHTML=p3;}
    if(i==4){bp.innerHTML=p4;}
    if(i==5){bp.innerHTML=p5;}
    i++;                                          //图片地址依次切换
    if(i==6)                                      //判断是否切换到最后一张图片
    {
        i=1;                                      //图片路径设置为第 1 张图片的路径
    }
}
b1.onmousemove=function()                         //鼠标指针处于图片上方
{
    clearInterval(Times);                         //清除循环
}
b1.onmouseout=function()                          //鼠标指针离开图片上方
{
    Times=setInterval(move,1000);                 //1000ms 调用一次 move()函数
}
Times=setInterval(move,1000);
  //调用 setInterval()函数创建定时器，定时调用 move()函数开始图片切换
}
</script>
```

15.7 小结

本章为 BABY HOUSING 儿童用品网上商店的网站制作一个完整的首页。希望读者通过对这个案例的学习，可以了解网页设计流程，并能熟练应用前面介绍的 HTML、CSS 和 JavaScript 语言的相关知识。读者也可以根据本次网站首页的设计，自己设置一个简单的网站，以巩固所学的知识。

< 258 >